Grigori Petrovich Grabovoï

LES ÉTOILES

Séries numériques pour la vie éternelle

Catalogage avant publication de Bibliothèque et Archives nationales du Québec et Bibliothèque et Archives Canada

Grabovoï, Grigori, 1963-

Les étoiles : séries numériques pour la vie éternelle

Traduit du russe.

ISBN 978-2-923568-23-2

1. Étoiles - Miscellanées. 2. Séries (Mathématiques) - Miscellanées.
I. Titre.

BF1623.S73G7214 2015 133'.25238 C2015-942022-9

Éditions
Les Éditions Saint-Germain-Morya
C. P. 67004, succ. LeMoyne
Saint-Lambert (Québec) J4R 2T8
Canada

Diffusion
www.saint-germain-morya.com
edition@saint-germain-morya.com
direction@saint-germain-morya.com

Dépôt légal
Bibliothèque et Archives nationales du Québec
Bibliothèque et Archives Canada
Bibliothèque Nationale de France
4e trimestre 2015

ISBN : 978-2-923568-23-2

1 2 3 4 5 - 15 - 19 18 17 16 15

Imprimé au Canada

Grigori Petrovich GRABOVOÏ

né le 14.11.1963 → p352

SAUVEUR
14111963

Séminaires

Les enseignements de Grigori Grabovoï

Le Dr Viatcheslav Konev anime une série de séminaires sur les enseignements de Grigori Grabovoï en Europe et en Amérique. Ces séminaires sont coordonnés par Ischaïa, éditrice aux Éditions Saint-Germain-Morya. Pour connaître les dates des séminaires, communiquer avec Les Éditions Saint-Germain-Morya.

www.saint-germain-morya.com

LETTRE DE RECOMMANDATION ET D'INVITATION

Viatcheslav Konev a participé à mes nombreux séminaires, je lui ai également donné des cours spécialisés de façon individuelle, où il avait atteint un haut niveau. Sa bonne expérience pratique lui permet de transmettre des connaissances relatives à mon enseignement de manière claire et accessible aux auditeurs. En conséquence, je le recommande en tant qu'enseignant pour dispenser les séminaires de 3 jours organisés par Les Éditions Saint-Germain-Morya au Canada, en France, en Suisse et en Italie sur les sujets suivants : l'édification du bonheur, l'enseignement sur l'Amour, la gestion du temps, le rajeunissement, l'enseignement sur l'Esprit, la structure fondamentale de l'Univers, et autres sujets. Ses performances réelles dans l'application des techniques de salut et de développement harmonieux, les résultats parfaits que Konev a obtenus en formant plusieurs personnes de divers pays permettront aux participants aux séminaires d'assimiler rapidement et efficacement l'enseignement.

Cordialement,

Grigori Grabovoï

SOMMAIRE

INTRODUCTION

Les étoiles éloignées, dont seule la lumière est perçue par notre vision physique, ont des liens ténus avec l'âme de l'homme. Grâce à sa vision physique, l'homme peut percevoir la lumière de son âme qui se mélange avec la lumière de son corps. La lumière des étoiles se croise et s'unit avec celle de l'âme de l'homme sur le plan physique. La lumière des étoiles représente un élément de l'Éternité. En effet, une telle lumière atteint souvent l'homme en des millions d'années-lumière tout en constituant une porte dans le monde infini qui se trouve de l'autre côté de la lumière. Lorsqu'elle entre en contact avec la lumière des étoiles, l'âme éternelle peut influencer, grâce à la volonté de l'homme, la réalité physique et informationnelle qui inclut toute l'information.

L'homme est capable d'obtenir la vie éternelle en se concentrant sur les champs d'interaction existant entre la lumière des étoiles et son âme. Ces champs d'interaction sont représentés sous forme de séries numériques.

La méthode de travail qui consiste à utiliser de telles séries numériques est la suivante : examinez avec votre vision spirituelle ou imaginez qu'une série numérique prend sa source aux alentours du corps de l'homme et se pose sur une ligne arrondie de couleur blanc argenté à l'autre extrémité du corps. La série numérique se termine au bout de cette ligne. C'est moyennant le dernier nombre de la série que l'homme s'unit à la lumière de l'étoile. Le dernier nombre acquiert les propriétés de l'infinité. Grâce au dernier nombre de la série, l'homme se connecte à l'Éternité, ce qui l'amène lui, tous les humains et tous les êtres vivants à la vie éternelle.

Les réserves d'énergie de l'Éternité nous permettent de piloter les objets du monde physique. L'homme est capable de diminuer le poids d'un objet physique ou de repousser un astéroïde qui se dirige vers la Terre. Tout cela se fait par l'effort de sa volonté conjugué à la concentration sur les nombres. Il doit exploiter ses possibilités pour protéger la Terre, car l'existence d'une planète physique abritant les hommes et protégée des astéroïdes ainsi que d'autres problèmes provenant d'ailleurs dans l'Univers garantit la vie éternelle. Afin d'influencer des corps physiques extérieurs pour réaliser la vie éternelle de l'homme, il faut se focaliser sur le premier nombre de la série correspondant à l'étoile.

En vous basant sur le nom de l'étoile, vous pouvez déterminer dans quelle partie de l'Univers des problèmes peuvent subvenir, car votre vision spirituelle vous permet de voir les choses suivantes : si le problème provenant de l'étoile apparaît à peine, alors la série numérique respective commence à répandre une lumière verdâtre, ce qui aide l'homme à corriger la situation plus rapidement ; la couleur de la lumière devient rougeâtre si le problème s'intensifie ; enfin, la lumière de la série numérique devient jaunâtre si le problème nécessite une résolution urgente.

Pour normaliser la situation et résoudre le problème détecté dans l'espace sidéral, il faut imaginer que la série numérique est de couleur blanc argenté et maintenir ce pilotage grâce à l'effort de votre volonté pendant quelque temps. En général, vous n'aurez besoin que de millisecondes pour normaliser l'information mais, dans certains cas, il faudra plus de temps. Lors de la résolution du problème, la série numérique correspondant à l'étoile peut produire pendant quelque temps une lumière bleue ou d'un ton clair, sauf la couleur jaune. En examinant la structure du monde, vous pouvez voir que les processus qui s'y déroulent ne sont pas accidentels. Par exemple, les teintes jaunâtres du Soleil rappellent à l'homme de manière sous-jacente qu'il est nécessaire de développer ses forces spirituelles et sa conscience pour pouvoir piloter l'espace sidéral.

Le Soleil constitue un niveau d'entraînement de la réalité tout en étant capable d'influencer la matière de l'homme de manière objective. Par exemple, si vous observez le Soleil pendant un temps prolongé, vous risquez d'avoir des problèmes de vue. Ses teintes jaunâtres provoquent l'anxiété et incitent à trouver une protection contre les événements liés à la couleur jaune. D'un autre côté, le Soleil force l'humanité à réfléchir à la vie sur la Terre : qu'est-ce qu'il faudrait faire si l'énergie solaire commençait à s'épuiser ? Il s'agit de nouveau du pilotage des macro-objets de l'espace sidéral. Puiser de l'énergie de la petite Terre pour en avoir suffisamment afin de restaurer la fonction du Soleil est une tâche assez problématique même dans le cas de l'existence des systèmes technologiques bien développés. Alors, selon la réalité objective, chaque homme raisonnable qui souhaite assurer les conditions de sa vie sera obligé de développer ce qu'il a toujours avec lui, à savoir son esprit, son âme et sa conscience jusqu'à pouvoir réaliser la contrôlabilité absolue de tout l'espace sidéral.

En pilotant, il est nécessaire de prêter l'attention à la couleur du signal émis par les étoiles. Si les étoiles se trouvant à proximité d'un astre qui émet une alerte commencent à envoyer un signal vert, puis rouge ou jaune – alarmant –, cela signifie, selon les lois de l'optique, qu'un objet s'approche de la Terre. Il faudra alors normaliser la plage lumineuse de plusieurs étoiles. Un grand nombre d'objets ont besoin de dizaines, voire de milliers d'années pour se retrouver près de la Terre. Cependant, lorsqu'il ne reste que quelques dizaines d'années-lumière avant que l'objet ne touche la Terre, le principe de la protection de la vie sur la Terre se met à fonctionner. Par conséquent, cet objet potentiellement dangereux ne passe qu'à proximité de la Terre ou s'en éloigne sans la détériorer.

En donnant les connaissances sur la vie éternelle aux hommes, le Créateur a prévu un temps suffisant pour laisser les gens apprendre à piloter tout l'espace sidéral, ce qui assurera la vie éternelle à tout le monde et à chaque être vivant. Un objet dangereux se dirigeant vers la Terre a besoin de milliers d'années pour s'en approcher. Toutefois, il vaut mieux normaliser la situation dès maintenant au moyen des séries numériques, car la volonté de plusieurs personnes dirigée vers le maintien des conditions normales de la vie éternelle et exprimée selon les techniques de concentration sur les séries numériques s'accumule grâce aux prières et aux conversations de l'âme avec Dieu. C'est de cette manière que se normalisent les événements.

Les actions visant la normalisation de l'espace sidéral peuvent faire beaucoup de bien à l'organisme de l'homme. Grâce à de telles actions, il devient plus fort et, par conséquent, est capable d'assurer pour lui-même et pour tous les autres les conditions nécessaires pour avoir une vie saine, harmonieuse et éternelle. Si on établit l'analogie avec le monde physique, on verra que le pilotage des objets de l'espace sidéral ressemble à l'entraînement sur les bancs de musculation.

Le pilotage d'objet améliore également l'activité mentale et restaure rapidement la matière du cerveau. En utilisant le cerveau comme ressource, qui est en constante croissance pour la mise en application de différents processus afin d'atteindre la vie éternelle, il est possible d'amener la réalité plus rapidement vers la vie éternelle pour tout le monde. Lorsque votre cerveau commence à travailler de façon plus intensive pour assurer le développement éternel, votre conscience devient plus claire. De plus, les circonstances extérieures ne vont plus exercer d'influence sur la conscience. Par conséquent, l'homme commence à maintenir la ligne de la vie éternelle avec plus de stabilité à l'intérieur de lui tout en accomplissant différentes actions.

Le corps entier de l'homme, et pas seulement sa tête, devient capable de produire les pensées de plus en plus souvent. L'homme commence à percevoir que tout son corps est en mesure de penser et accepte ce phénomène comme un état heureux. La pensée reproduite par le corps dans son entier crée la réalité de la création qui assure la vie éternelle. En effet, la création peut résoudre n'importe quelle tâche. De cette façon, les techniques de concentration sur les nombres des étoiles permettent de former une approche subjective, qui dépend de l'homme et lui assure la vie éternelle ainsi qu'à tous les autres dans toute la réalité.

Avec le temps, la vie éternelle devient un phénomène naturel et assure la non-mort, car la possibilité d'assurer le pilotage de la technologie de la non-mort ne dépend plus de l'espace sidéral. Les méthodes de concentration sur les nombres des étoiles, qui utilisent clairement l'information de tout l'espace sidéral infini, concrétisent la technologie de la résurrection. Par espace infini on entend une quantité infinie d'informations qui peuvent se positionner de manière réciproque pendant le temps infini de sorte que tout le monde ressuscite. Tout l'espace infini extérieur contenant des étoiles permet de percevoir intégralement la vie éternelle. Cela veut dire qu'il est possible de percevoir non seulement la non-mort, mais également la résurrection des personnes décédées, puisque l'espace infini est le fait de la réalité. Selon la loi de la similitude des liens universels, cet état de la réalité assure l'expansion de la vie éternelle de l'homme. L'infinité du nombre d'étoiles qui résulte de la perception de l'espace infini se trouvant derrière les étoiles permet de comprendre la méthode de pilotage des événements futurs positionnés de l'autre côté de la frontière du temps courant. Tout cela assure l'avenir de la vie éternelle.

Dans cet ouvrage, vous découvrirez les séries numériques attribuées à chaque constellation et à chaque étoile. Ces séries se croisent de telle sorte que toutes les étoiles qui constituent une constellation peuvent s'associer réciproquement lorsque vous vous concentrez sur ces dernières. D'abord, vous vous focalisez sur les nombres correspondant à la constellation, puis sur ceux correspondant à l'étoile. Ce faisant, vous pouvez utiliser la méthode de concentration suivante : focalisez-vous d'abord sur les nombres des constellations, puis sur les trois étoiles que vous choisirez et sur les nombres correspondant à ces étoiles. Vous assurerez ainsi la vie éternelle.

En travaillant avec les nombres des étoiles, vous pouvez prendre en compte le fait suivant : grâce aux appareils techniques, il est possible de détecter un rayonnement émis par l'endroit où l'étoile se trouvait dans le passé, se trouve au moment présent et se trouvera dans le futur. De cette façon, lorsque vous effectuez le pilotage en utilisant les nombres des étoiles, vous devez prendre en compte les renseignements se trouvant dans la conscience collective, car le rayonnement des événements présents, passés et futurs influence les corps physiques au moment actuel. Les observations astronomiques confirmant ce fait ont été réalisées dans les années 1970 grâce au télescope à miroir de l'Observatoire d'astrophysique de Crimée. Une résistance installée dans le plan focal du télescope a été utilisée comme appareil récepteur (capteur). Les observations ont démontré que la conductibilité électrique de la résistance change (augmente) lorsque le télescope est pointé sur l'un des trois points du ciel coïncidant avec les trois positions d'un objet sidéral examiné (étoiles, galaxies). Ces positions correspondent à celles de l'objet sidéral dans le passé, dans le présent et dans le futur.

L'image du passé coïncide avec la position visible de l'objet dans le ciel. L'image véritable de l'objet correspond à la position de ce dernier au moment présent selon les horaires de l'observation, soit l'instant de l'observation. L'image de l'objet dans le futur correspond à la position que ce dernier occupera au moment où il recevra le signal envoyé à partir de la Terre lors de l'observation. Ce signal se propage à la vitesse de la lumière, c'est-à-dire à 300 000 km/s. Les trois images décrites ci-dessus suivent la trajectoire du mouvement de l'objet : la position véritable (actuelle) se trouve au centre de la trajectoire, les positions passée et future se situent de manière symétrique des deux côtés de la position présente.

La position visible de l'objet sidéral éloigné est son « image dans le passé » observée depuis la Terre dans la portée optique du rayonnement électromagnétique. Cependant, en réalité, cet objet ne se trouve plus à cet endroit du ciel, car l'objet se déplace le long de la trajectoire de son propre mouvement pendant que le flux de photons se déplace de cet objet vers la Terre. Plus cet objet se situe loin de nous, plus son signal lumineux (ou tout autre signal électromagnétique) met du temps pour atteindre la Terre. Par exemple, il faut des millions d'années pour que la lumière provenant de la galaxie d'Andromède, qui est la plus proche de la Terre, atteigne notre planète. En utilisant les données connues en astronomie sur la vitesse et la direction du mouvement de l'objet observé, il est possible de déterminer le point du ciel où l'objet doit se situer au moment de l'observation et d'y diriger son télescope réflecteur à miroir. Cet appareil comprend une résistance au lieu d'un oculaire. L'état d'équilibre de cette machine dépend de la conductibilité électrique de la résistance. Il s'avère que l'appareil réagit non seulement à la position visible, mais également à la position réelle de l'objet. Alors, un observateur se trouvant sur la Terre peut obtenir l'information sur l'état d'une entité de l'Univers à l'instant présent selon ses propres horaires et fixer la position véritable de cette entité.

Un télescope construit de cette manière donne également la possibilité d'obtenir l'information sur l'état futur de l'objet, car une telle machine enregistre la position que l'objet occupera lorsqu'il recevra le signal envoyé de la Terre à la vitesse de la lumière au moment de l'observation. De plus, il a été établi par les appareils qu'à la différence des rayons de la lumière, les « rayons » d'émission détectée ne déclinent pas dans l'atmosphère de la Terre. De plus, ces derniers agissent sur la résistance même lorsque l'objectif du télescope est fermé avec un couvercle en Duralumin d'une épaisseur de 2 cm.

Ces résultats ont plus tard été confirmés par les collaborateurs de l'Institut des mathématiques de l'Académie des sciences de l'URSS. Les représentants de cet institut ont réalisé les observations au même endroit, avec le même outil et les mêmes objets astronomiques. Les chercheurs ont également observé le Soleil. En plus d'une résistance à couche métallique (récepteur physique), les scientifiques ont également utilisé les bactéries possédant la propriété de former des colonies dans un milieu nutritif dur (récepteur biologique). Les résultats des observations réalisées à l'aide du capteur physique ont confirmé ceux des années 1970. Lors de l'utilisation du capteur biologique, il a été établi que les bactéries formaient des colonies de manière plus active sous l'action de ce rayonnement qu'en son absence.

Cela prouve que dans l'Univers il y a une interaction universelle qui établit un lien immédiat entre l'observateur et n'importe quel objet, tout en agissant sur les processus physique et biologique.

Alors, l'absorption et la perception de l'information des événements futurs contribuent à l'activité vitale et à l'évolution de la vie. En nous basant sur ces faits, nous pouvons tirer la conclusion suivante : toute forme de vie, notamment celle de l'homme, accroît ses ressources vitales lors de l'interaction avec le rayonnement du futur. Quant à l'homme, les rayonnements de son corps physique, de ces pensées, de son esprit et son âme interagissent immédiatement entre eux et avec tous les événements de n'importe quel instant. C'est pourquoi l'interaction permanente accompagnée du rayonnement du futur se produit lorsque l'homme atteint l'objectif de la vie éternelle de son corps physique pour lui-même, mais aussi pour tous les êtres vivants. En effet, l'information de la vie éternelle est toujours réunie avec l'information du futur infini. Il en ressort que, lors de la formation des événements de la vie éternelle, l'homme reçoit de manière permanente le rayonnement du futur qui lui assure la vie éternelle.

Lors de l'élaboration des inventions « Méthode de prévention des catastrophes et mécanisme pour la réaliser » et « Système de transmission de l'information », j'ai appliqué le principe de l'interaction immédiate intégré à tous les phénomènes de la réalité, notamment au rayonnement de la pensée et à la production d'un biosignal. Cela a été fait moyennant les postulats et les calculs mathématiques décrits dans mon ouvrage scientifique *Structures appliquées au domaine créateur de l'information.*

Cela prouve sur le plan scientifique que grâce à votre conscience vous produisez une interaction immédiate avec tous les objets de la réalité, plus spécialement avec l'information du futur de tous les objets. Par conséquent, tous les objets de la réalité reçoivent le rayonnement émis par l'interaction qui se produit avec vous. Le futur n'est pas fixé solidairement dans l'espace de l'information. Par exemple, l'homme peut aller tant à gauche qu'à droite en une seconde. C'est pourquoi, en émettant le rayonnement de vos pensées sur la réalisation de la vie éternelle, vous êtes en mesure de former l'information du futur qui vous remplira de vie. De cette façon, vous êtes en mesure de créer la vie éternelle pour vous et pour tout le monde à l'aide de vos pensées. Le processus éternel de la vie se réalise grâce à celui de la pensée. Comme il a été prouvé avec les résultats des observations réalisées au moyen du télescope à miroir de 125 cm, le rayonnement émis par l'information du futur développe la vie.

Chacun doit vivre éternellement. C'est pourquoi les connaissances de l'âme sur la réalisation de la vie éternelle peuvent fonctionner immédiatement chez chacun. En outre, la loi sur la progression de la quantité vers la qualité peut vous aider à accumuler les connaissances sur les méthodes de la vie éternelle et réaliser les événements de la vie éternelle de façon plus efficace. Dès lors, si vous maîtrisez les méthodes de la vie éternelle, même grâce à votre capacité d'émettre directement vos pensées, vous créez le monde dans lequel le corps physique en a une. Il faut noter que ces pensées se génèrent pour vous permettre d'appliquer de telles méthodes grâce à une interaction immédiate avec tous les objets de la réalité

Dans ce livre, les lettres grecques et latines correspondent aux étoiles d'une constellation dans l'ordre décroissant de leur éclat (d'« alpha » à « oméga », puis de « a » à « z », et de « A » à « Z »). Les étoiles n'ayant pas de notations littérales sont numérotées en ordre croissant selon leur ascension directe. Les étoiles multiples sont symbolisées par une lettre avec un exposant, par exemple, π^1, π^2, π^3, π^4, π^5 et π^6 Orionis (Orion). Une étoile multiple se compose de trois étoiles ou plus qui semblent se trouver près les unes des autres si on les regarde depuis la Terre. Les lettres majuscules qui suivent le nom de l'étoile dénomment les composantes des systèmes doubles ou multiples, par exemple : « c Cygni A » et « c Cygni B ». Les systèmes stellaires constitués de deux étoiles s'appellent des systèmes stellaires doubles.

Afin d'assurer la vie éternelle pour vous-même et pour tout le monde grâce aux techniques de concentration sur les numéros des étoiles, vous pouvez utiliser le texte et les images présentés dans cet ouvrage. Vous pouvez également contempler les étoiles dans l'espace physique et vous focaliser sur les nombres des étoiles. Il s'agira alors d'une méthode de concentration supplémentaire qui implique également la lumière d'étoiles provenant de l'espace sidéral physique.

Afin de trouver le Nord sur la ligne d'horizon et de commencer la recherche de toutes les autres constellations, il serait opportun de connaître la constellation de la Grande Ourse. En vous orientant sur les étoiles de la Grande Ourse, vous arriverez à comprendre plus rapidement les systèmes stellaires qui vous entourent. Du fait de la position de ses sept plus grandes étoiles, la constellation de la Grande Ourse ressemble à une casserole. Il est facile de trouver la Grande Ourse dans le ciel à tout moment dans la nuit. Cependant, en fonction de la période de la nuit et de la saison, cette constellation est visible tantôt dans le bas du ciel, par exemple, en début de soirée en automne, tantôt dans le haut du ciel, notamment en été, du côté oriental de la voûte céleste au printemps et du côté occidental à la fin de l'été. Vous pouvez également trouver l'étoile Polaire en vous laissant guider par cette constellation. Pour y arriver, tracez une ligne droite à travers les deux étoiles marginales de l'avant de la casserole. Cette ligne vous amènera vers l'étoile Polaire sous laquelle on trouve toujours le Nord sur l'horizon. Si vous fixez l'étoile Polaire, votre visage sera tourné vers le Nord, le Sud sera dans votre dos, l'Est sera à droite et l'Ouest à gauche.

On compte plus de 100 milliards d'étoiles dans notre galaxie. Environ 1 % de ces étoiles est enregistré dans les catalogues astronomiques, ce qui veut dire que ces étoiles ont des noms individuels. Toutes les autres étoiles de la Voie lactée n'ont pas de nom. Elles n'ont jamais été comptées. Il est clair que le nombre d'étoiles des autres galaxies nous est inconnu. En vous concentrant sur les nombres de la série numérique, vous pouvez percevoir la lumière de toutes les autres étoiles à travers le troisième nombre de la série pour vous remplir de l'énergie de cette lumière et de la lumière de l'étoile ou de la constellation correspondant à la série numérique. En prononçant mentalement le cinquième nombre de la série et en percevant simultanément et visuellement la série numérique entière, vous êtes en mesure d'examiner avec votre vision spirituelle d'autres étoiles ou constellations qui peuvent se trouver en dehors de l'espace sidéral physique observé. Vous pouvez en même temps obtenir les connaissances assurant la vie éternelle.

Toutes les étoiles brillantes de la voûte céleste de la Terre et même plusieurs étoiles faibles ont leur propre nom en plus de la dénomination scientifique. Ces noms leur ont été attribués depuis la nuit des temps. On compte près de trois cents étoiles brillantes ayant leur propre nom. Il s'agit d'étoiles repères avec lesquelles les explorateurs s'orientaient depuis longtemps lors de leurs voyages. Les noms de ces étoiles sont généralement très anciens, par exemple, Sirius, Aldébaran, Véga, Bételgeuse, etc.

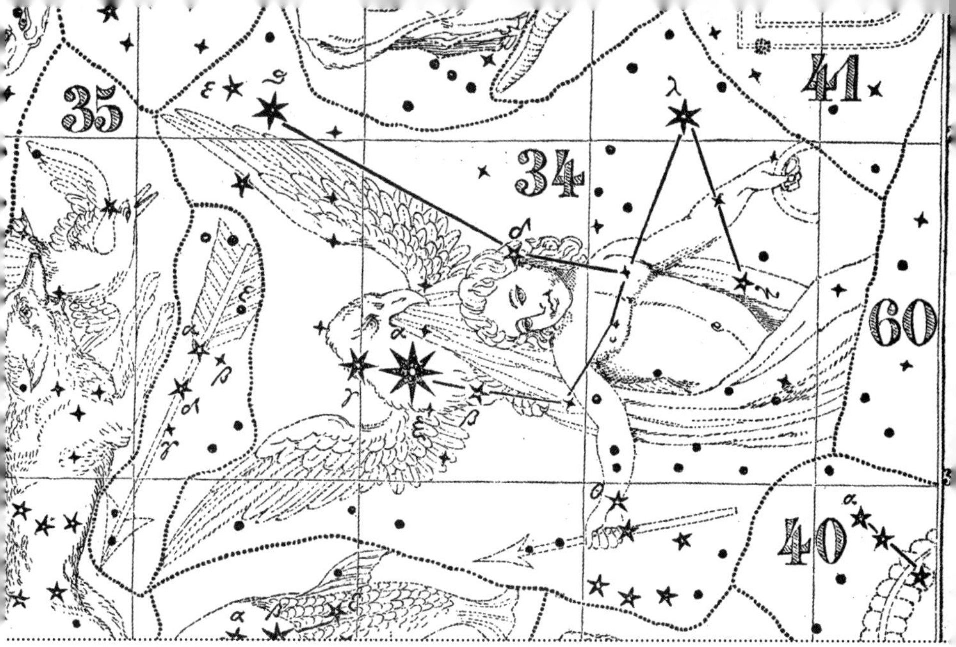

CONSTELLATION
DE L'AIGLE

31964821978

En travaillant avec l'information correspondant à la constellation de l'Aigle, il est nécessaire de prendre en considération toute l'information infinie se trouvant autour de l'image de l'aigle. En effet, la vie éternelle se concentre dans la dynamique du vol de l'aigle, voire dans toute dynamique. De plus, tout l'espace infini extérieur se trouve dans n'importe quelle impulsion dynamique. Par conséquent, la capacité de percevoir la dynamique vous garantit la vie éternelle.

Par exemple, vous pouvez percevoir la dynamique des objets statiques en réfléchissant aux raisons de l'apparition de cet objet, à son développement, son objectif, etc. Cela veut dire que vous pouvez détecter une phase dynamique dans n'importe quel objet.

α Aquilae – Altaïr – 34851421961
β Aquilae – 39871249861
γ Aquilae – 29871429381
δ Aquilae – 31069851064
ε Aquilae – 30649870841
ζ Aquilae – 06489129401
η Aquilae – 39064091421
θ Aquilae – 09874929871
ι Aquilae – 09564129506
ϰ Aquilae – 08454129401
λ Aquilae – 08569129571
μ Aquilae – 31854261871
ν Aquilae – 31649821647
ξ Aquilae – 85421829478
ο Aquilae – 21620140971
π Aquilae – 89064921078
σ Aquilae – 06849121874
τ Aquilae – 85712926871
υ Aquilae – 31831901648
φ Aquilae – 08421729471
χ Aquilae – 08569871428
ψ Aquilae – 85439164871
ω^1 Aquilae – 31658049721
ω^2 Aquilae – 01649289751

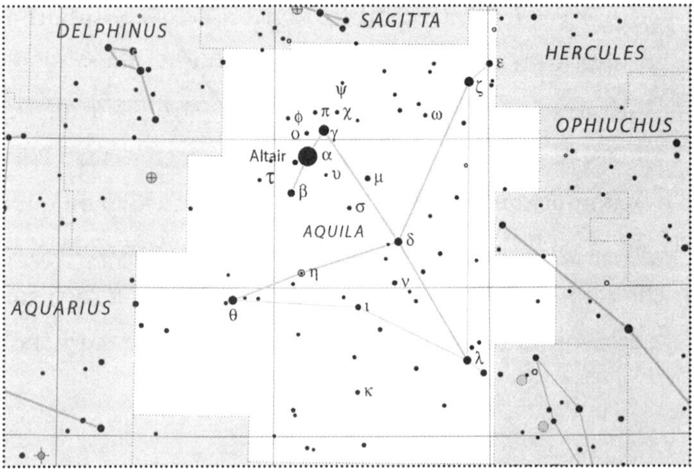

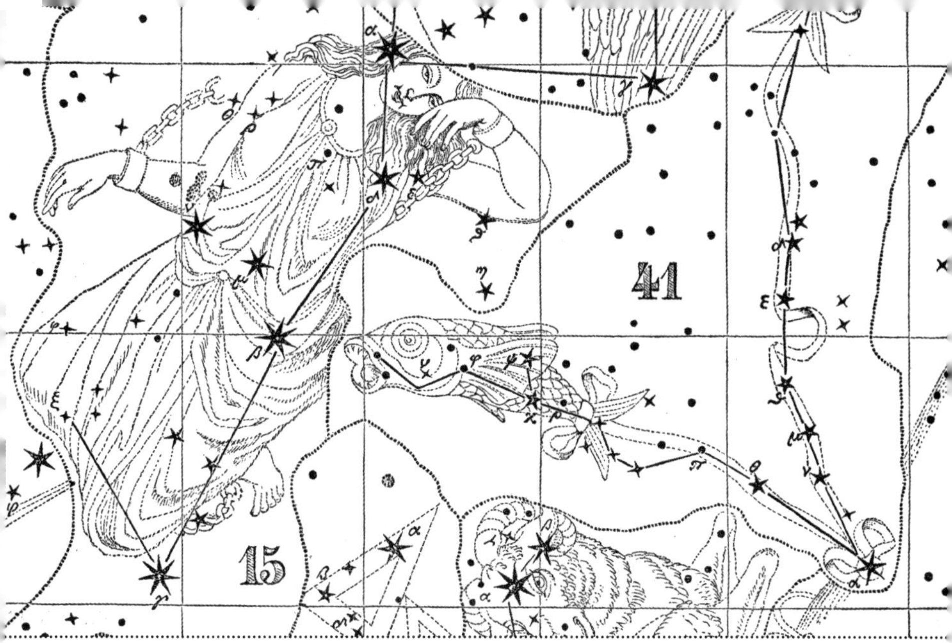

CONSTELLATION **D'ANDROMÈDE**

49873154967

En travaillant sur la constellation d'Andromède, vous devriez utiliser sa présentation schématique ancrée dans la conscience collective. Les galaxies et les constellations éloignées de l'Univers renforcent le signal de votre pensée. C'est pourquoi lorsque vous réfléchissez à la constellation d'Andromède, le signal de votre pensée est plusieurs fois renforcé, il se déplace en pointillés à une vitesse presque maximale.

En examinant l'image de la constellation d'Andromède, vous pouvez voir le suivant : lorsque vous vous focalisez sur ce dessin après la lecture des séries numériques correspondant aux étoiles, le signal provenant directement du pouce de la main droite d'Andromède rend le travail de votre cœur éternel. Si vous vous concentrez sur l'index de sa main droite après avoir lu et prononcé en pensée les nombres correspondant aux étoiles, vous découvrirez que son signal rend votre cerveau éternel. Lorsque vous vous focalisez sur la main droite et la main gauche, votre corps devient éternel en termes du point de vue du fonctionnement de votre pensée. De cette façon, votre pensée devient plus structurée, ce qui rend votre action de penser éternelle.

Il en ressort que pour avoir la vie éternelle vous devez changer la structure de votre processus de pensée. En l'occurrence, votre pensée sera l'infinité même se dirigeant vers le dessin et l'absorbant en entier. Vous pouvez voir que la partie reflétée de la constellation est collée à celle qui est présentée sur la constellation même. Si vous examinez la jambe gauche, vous verrez dans la zone reflétée votre présence. Il s'agit de l'effet du miroir éloigné.

En vous concentrant sur la jambe gauche d'Andromède, vous pouvez rendre votre jambe gauche éternelle. Lorsque vous vous focalisez sur la zone reflétée de sa jambe gauche ou de son pied gauche, vous pouvez voir que votre conscience est présente physiquement dans ce point de l'espace. On assiste à un échange réciproque de l'information entre le niveau physique et le niveau informationnel. De plus, la zone de la conscience dotée de la fonction du développement infini est unie avec votre esprit tout en étant présente physiquement dans ce champ. Si les appareils pouvant détecter le mouvement de votre conscience étaient installés près de votre corps et au point de la constellation, ils détecteraient la même manifestation du champ sur ces deux zones.

Si vous voulez déplacer votre conscience vers ce point non seulement mentalement, mais aussi physiquement, vous devez vous focaliser sur la partie reflétée de la constellation. Cela permet à votre conscience de s'imprégner de l'éternité de l'espace et du temps. Une telle conscience possède les fonctions supplémentaires pour assurer l'éternité de votre corps physique.

Par conséquent, la progression de votre corps physique en direction de l'Éternité sera déterminée par la structure de votre conscience, par le système de la distribution des connaissances dans votre conscience et par le système définissant la façon dont votre processus de pensée se réalise à tous les niveaux naturels. Après avoir lu les connaissances sur cette constellation, vous saurez déjà que le principe du fonctionnement de la conscience, à savoir le principe du processus de penser, peut se répandre dans le temps et l'espace tout en étant lié avec la notion qui est en corrélation avec la présence physique de la conscience en un point éloigné de la réalité.

Par conséquent, vous pouvez déplacer ce principe facilement dans votre conscience, vers votre présence infinie dans tout le futur infini. Prêtez attention au fait qu'un processus d'illumination réciproque et intensive commence à se produire entre les hémisphères gauche et droit de votre cerveau. Ces derniers s'illuminent l'un l'autre avec une lumière extraterrestre, à savoir avec une lumière intérieure, votre propre lumière. Votre monde intérieur dépend largement de l'espace sidéral extérieur. Vous découvrirez que les schémas et les dessins représentant la constellation sont faits de telle ou telle façon non parce que l'artiste a souhaité le faire de cette manière, mais parce que le monde extérieur est construit ainsi en termes d'interaction avec votre univers intérieur. Vous pouvez voir la frontière entre l'univers extérieur et l'univers intérieur à l'endroit où le dessin et son reflet se touchent. Il s'agit d'une bande blanche sur laquelle vous pouvez dessiner n'importe quel événement qui se réalisera lorsque vous piloterez correctement en termes de vie éternelle. De plus, un événement tel que votre vie éternelle doit se réaliser en tout état de cause. C'est pourquoi tous les efforts, toutes les combinaisons des dessins représentés et tous les systèmes numériques fournis dans cet ouvrage doivent être dirigés vers cet événement. Pour cette raison, vous êtes en mesure de détecter un nombre entier et unique. En vous en approchant au niveau de la conscience, vous vous voyez éternel.

En règle générale, vous pouvez utiliser pour cela le chiffre 8 qui se trouve très loin. En faisant un mouvement rapide avec votre conscience dans la direction de ce chiffre, vous voyez que vous êtes éternel.

De cette façon, vous pouvez étudier les fonctions de votre corps éternel et le développer.

α Andromedae – Alphératz – 47851432916
β Andromedae – Mirach – 47819349161
γ^1 Andromedae – Almach – 38472674289
γ^2 Andromedae – Almach – 65437891498
δ Andromedae – 51472621971
ε Andromedae – 67854649129
ζ Andromedae – 42831754916
η Andromedae – 58436172849
θ Andromedae – 49837164989
ι Andromedae – 64972189487
ϰ Andromedae – 32849754927
λ Andromedae – 42931846721
μ Andromedae – 82447654968
ν Andromedae – 53984371824
ξ Andromedae – 42854736421
ο Andromedae – 62459748917
π Andromedae – 46972121847
ϱ Andromedae – 29436489751
σ Andromedae – 42853962149
τ Andromedae – 48454721848
υ Andromedae – 24962728437
ϕ Andromedae – 54931849751
χ Andromedae – 52847321448
ψ Andromedae – 24962872431
ω Andromedae – 31842837147
b Andromedae – 47282431748
c Andromedae – 34954721841
A Andromedae – 52843148354
R Andromedae – 42172484961
S Andromedae – 29436184971
Z Andromedae – 24962172481
2 Andromedae – 34926148948
3 Andromedae – 82947149861
4 Andromedae – 42101952169
5 Andromedae – 47854121948
6 Andromedae – 54971431859
7 Andromedae – 51458949851
8 Andromedae – 49729864989
9 Andromedae – 31754984864
10 Andromedae – 38969151878

11 Andromedae – 54201648739
12 Andromedae – 53964189451
13 Andromedae – 36401752848
14 Andromedae – 64936859748
15 Andromedae – 72854964819
18 Andromedae – 73984121947
22 Andromedae – 69832471948
23 Andromedae – 57121431629
26 Andromedae – 72434189461
28 Andromedae – 54964721974
32 Andromedae – 68131721948
36 Andromedae – 68149721868
39 Andromedae – 71485168947
41 Andromedae – 53849854167
44 Andromedae – 89453831964
45 Andromedae – 85401642868
47 Andromedae – 38549649858
51 Andromedae – 47936489488
55 Andromedae – 88401621978
56 Andromedae – 52847131649
58 Andromedae – 62847351421
59 Andromedae – 68014938429
63 Andromedae – 34910444868
64 Andromedae – 38931751984
65 Andromedae – 38442739831
66 Andromedae – 68434951748

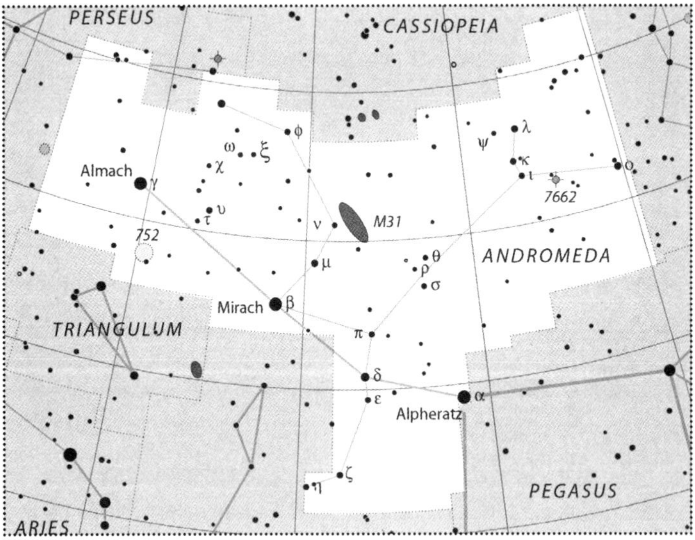

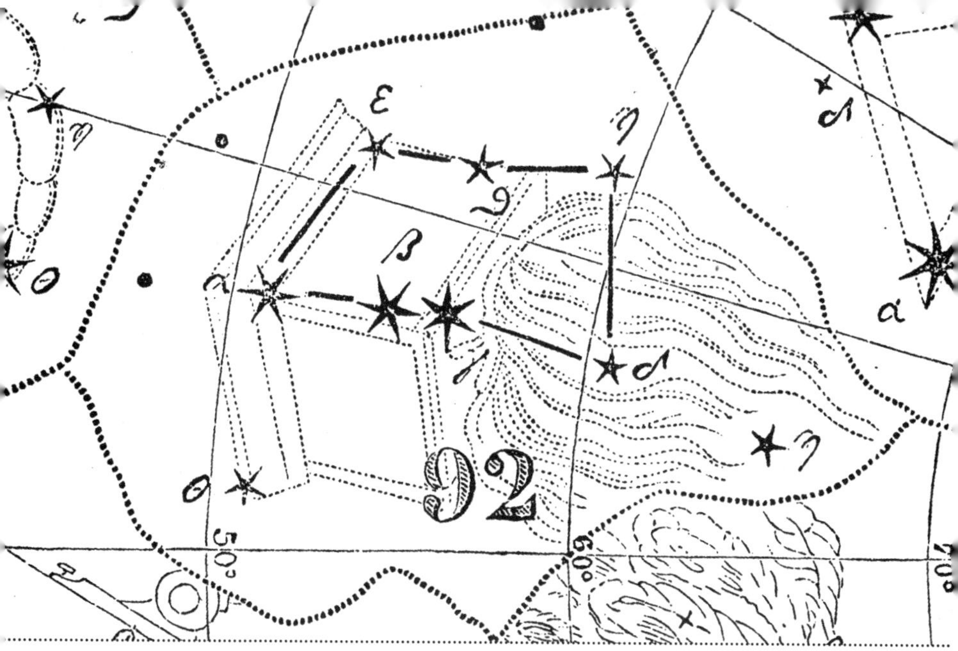

CONSTELLATION
DE L'AUTEL

31853124961

En contemplant le niveau du pilotage basé sur la constellation de l'Autel, vous pouvez détecter le principe de la distribution de l'information selon lequel celle-ci se répand très rapidement à partir d'un endroit précis qui reçoit en échange des données sur cette information.

Par exemple, lorsque vous observez la façon dont le vent se disperse dans différentes directions à partir d'un endroit quelconque, vous pouvez voir un fil, à savoir un lien avec le volume du vent qui, ayant quitté un endroit, est parti quelque part plus loin et a laissé un fil informationnel, à savoir un lien informationnel avec lui. En prenant en compte le fait que le vent constitue les éléments d'air qui se dissipent, vous pouvez voir le système intérieur de l'organisation de l'Univers qui se réalise au niveau des liens intérieurs et profonds. Vous obtenez ainsi l'information sur l'événement au lieu de l'événement même. Ces fils ressemblent à des cordes visibles qui sont parfois tirées. En les observant attentivement, vous saurez quel événement a eu lieu dans cet endroit. En tirant une corde, à savoir un fil, vous pouvez modifier l'événement.

En appliquant un tel principe à l'information future, vous comprendrez qu'il est toujours possible de rendre l'événement constructif si vous connaissez la structure informationnelle de l'événement qui n'a pas encore eu lieu. En effet, le principe du travail avec l'événement du passé est le même que celui du travail avec l'événement de l'avenir. Lorsque vous aurez appris à travailler avec l'information, vous saurez toujours rendre cette dernière capable d'assurer la vie éternelle, indépendamment de la distance entre vous et le futur, que vous utilisez pour la construction de la vie éternelle pour vous et pour tous ceux qui vous entourent.

Lorsque vous travaillez sur l'information dans l'optique de votre conscience, le temps dans le futur auquel vous faites le pilotage pour la vie éternelle n'a pas d'importance. Vous pouvez le faire dans l'Éternité ou dans des centaines d'années en avant, etc.

Selon ce principe unifié, vous êtes un gestionnaire qui a reçu les connaissances sur le niveau assurant déjà le développement éternel futur. Il s'agit d'un des facteurs garantis prouvant que vous êtes en mesure d'atteindre la vie éternelle et que vous la possédez déjà. Votre tâche consiste à réaliser la vie éternelle dans le temps infini.

α Arae – 54874121849

β Arae – 49758900609

γ Arae – 31853961981

δ Arae – 49758961978

ε^1 Arae – 19874121849

ε^2 Arae – 39459121974

ζ Arae – 68437121978

η Arae – 64953121949

θ Arae – 38974921724

ι Arae – 31489121649

ϰ Arae – 49514938171

λ Arae – 38964121938

μ Arae – 38901721949

ν^1 Arae – 54937954871

ν^2 Arae – 65131854871

π Arae – 38514971801

σ Arae – 36458121971

υ^1 Arae – 31485321979

υ^2 Arae – 38614239879

41 Arae – 53964128971

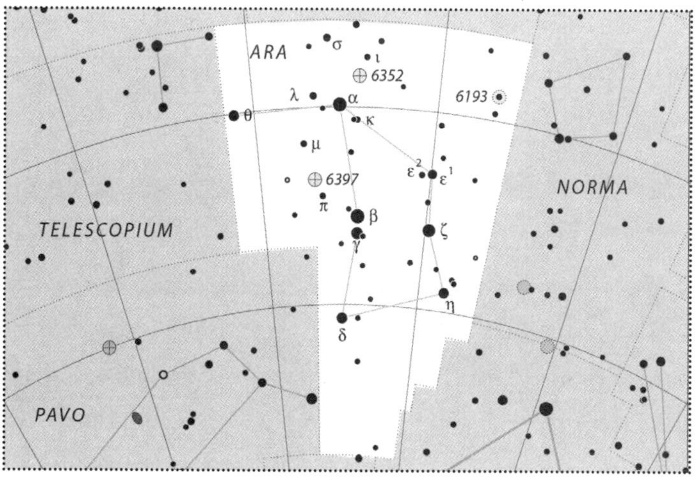

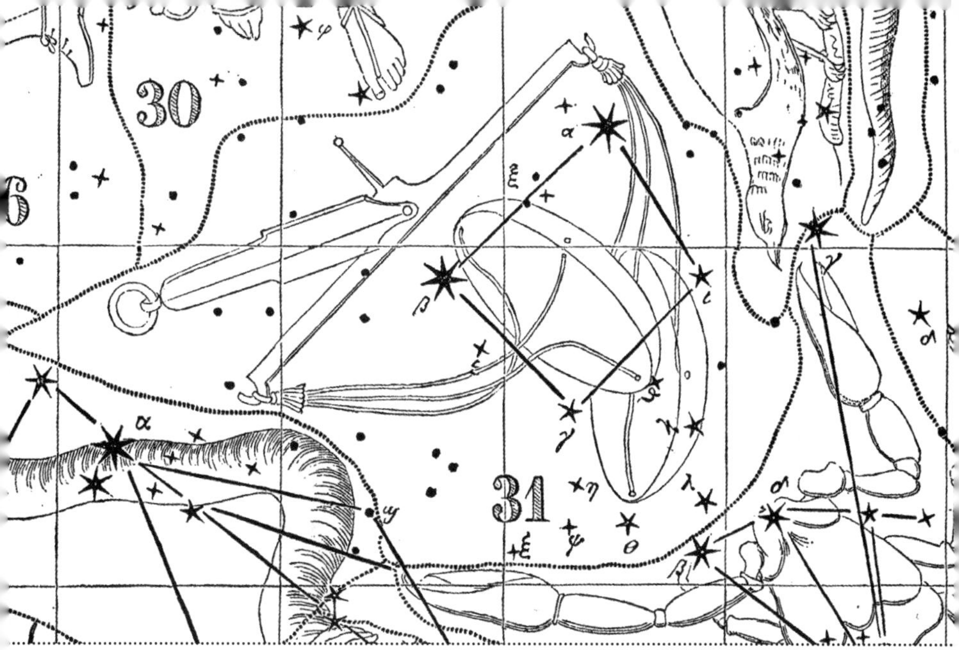

CONSTELLATION
DE LA BALANCE

59861721968

En observant la constellation de la Balance, il faut examiner dans la perception du pilotage une marge intérieure correspondant à l'échelle universelle du développement de l'information. Il y a une harmonie dans le développement même quand il s'agit de l'information de volumes énormes. Si on arrive à déterminer cette structure harmonieuse, on sera en mesure de déterminer la structure de l'Amour qui organise tout. Si vous vous concentrez sur le dessin représentant les plateaux de la Balance, vous pouvez observer le niveau donnant accès à la perception de l'information de l'Amour. De cette façon, il est possible de placer un fragment de l'information dans le pilotage de sorte que l'élément de l'Amour sera présent dans cette information. Cela garantit la stabilité et la progression infinie vers la vie.

α^1 Librae – Zuben Elgenubi 1 – 31485431964

α^2 Librae – Zuben Elgenubi – 42131989842

α2 Librae – Zuben Eschamali – 31684931971

γ Librae – Zuben Elakrab – 36954831748

δ Librae – Zuben Elakribi – 59349719864

ε Librae – 38439689841

ζ Librae – 36415859874

θ Librae – 31851631714

ι Librae – 31858421967

ϰ Librae – 36481451927

λ Librae – 39516973851

μ Librae – 89469571976

ξ^1 Librae – 54862172858

ξ^2 Librae – 36458168971

ο Librae – 31854919864

σ Librae – Brachium – 59358961971

τ Librae – Dhira al Akrab – 64937481958

υ Librae – 31862121493

2 Librae – 51381421901

3 Librae – 69853121861

4 Librae – 31958421949

5 Librae – 31684539451

10 Librae – 69713859456

11 Librae – 31789421841

12 Librae – 58462931874

16 Librae – 39874189858

17 Librae – 62831721981

18 Librae – 59869131949

22 Librae – 69854129878

23 Librae – 49159481964

26 Librae – 49759188817

28 Librae – 31485461938

30 Librae – 59864129400

33 Librae – 49758961749

36 Librae – 58014964802

37 Librae – 60125419864

41 Librae – 58169731918

42 Librae – 84954864971

47 Librae – 58516431884

48 Librae – 84964121847

49 Librae – 31869451728

50 Librae – 31684964871

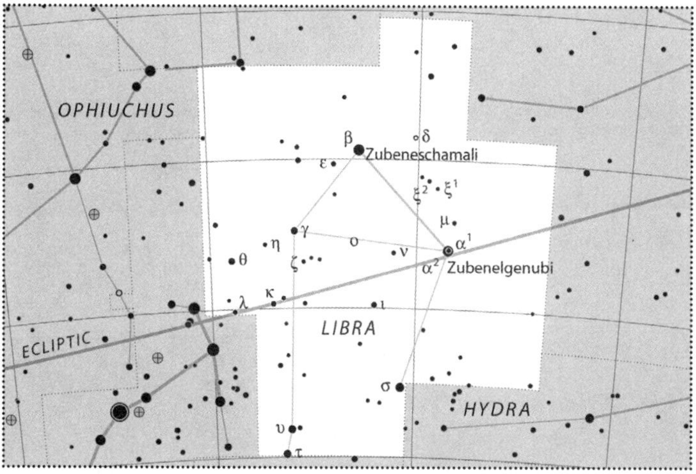

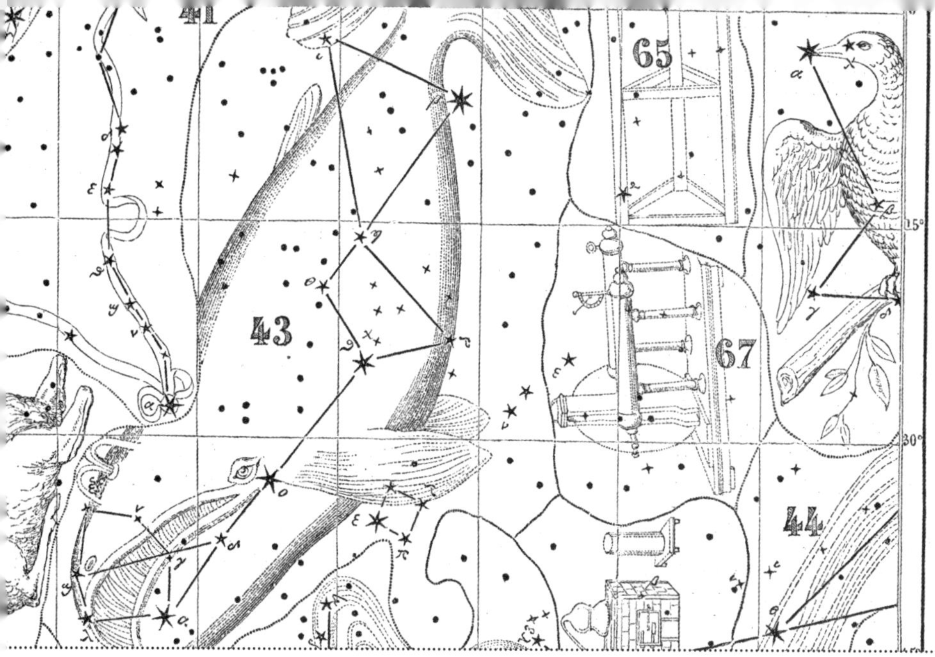

CONSTELLATION
DE LA BALEINE

51489161481

En utilisant la constellation de la Baleine pour le pilotage, vous pouvez voir que la transformation de la vie existant dans l'eau en vie existant hors de l'eau constitue l'action de la conscience collective, qui réunit différentes formes de vie aussi bien dans l'eau qu'à l'extérieur de l'eau.

Il existe un contact entre ces formes d'êtres vivants dans la conscience collective. La phase de la conscience collective qui définit les êtres vivant dans l'eau est plus contrôlée que la phase qui définit les êtres se trouvant en dehors de l'eau.

En utilisant une réflexion inverse, vous pouvez détecter la loi du développement selon laquelle le niveau se trouvant à l'extérieur de l'eau peut atteindre le niveau situé encore plus haut dans d'autres espaces sédiraux qui développent la vie. La vie est une forme de l'espace. Par conséquent, l'espace peut aussi se développer selon l'information de la vie. Le niveau du développement de la conscience chez les êtres vivant dans l'eau peut atteindre le niveau permettant de se déplacer plus librement. Cela se produit en conformité avec le principe de l'égalité de l'information qui donne la possibilité d'atteindre le niveau d'un déplacement libre propre aux êtres vivant en dehors de l'eau.

Ensuite, si on suit la logique de l'exploration de la conscience de cette constellation, vous verrez que la vie peut être aussi développée dans l'eau qu'à l'extérieur de l'eau. C'est pourquoi, lorsque vous observez les espaces sidéraux à travers votre conscience, vous pouvez voir qu'il peut y avoir de la vie dans les espaces où il y a de l'eau, à savoir dans un milieu liquide. Dans ce cas, lorsque vous examinez l'étoile 70 de la constellation de la Baleine, vous pouvez voir qu'il y a des formes vivantes. La substance liquide extérieure constitue également une forme de vie pour ceux qui se trouvent dans cette substance.

En considérant avec le recul le regroupement de l'information, vous obtenez son caractère indiscernable extérieur. Cela veut dire que les êtres vivants interagissent avec la structure liquide étant également un être vivant. Par conséquent, l'évolution de la civilisation permet à toutes les formes développées de progresser. Cependant, elles peuvent se développer sans émettre l'information dans l'espace sidéral. C'est pourquoi une grande partie de l'espace sidéral ne donne pas de signes de vie, bien que la vie existe à plusieurs endroits.

Pour découvrir une telle forme de vie, il faut utiliser les télescopes de la manière suivante : il faut y introduire des fonctions supplémentaires, notamment le traitement informatique de la lumière avec un microprocesseur de calcul de l'information qui provient de la lumière. Cela permettra de capter les formes de vie de manière plus précise. La recherche de différentes formes de vie est une des tâches du développement de l'humanité et de toute civilisation, parce que la connaissance des formes et de leur évolution permettra d'assurer plus rapidement le développement de la vie éternelle dans tout l'espace sidéral.

La forme de vie identique à l'homme et existant dans la zone de l'étoile Polaire est représentée par les mêmes humains que ceux vivant sur la Terre. Cependant, ceux-ci avaient appris les lois de la vie éternelle et avaient répandu la vie dans la zone de la constellation de la Grande Ourse. Donc, cette forme de vie permet de comprendre les lois de la vie éternelle de l'homme grâce à la focalisation sur les nombres de la constellation de la Grande Ourse.

Pour aider tous les êtres vivants à obtenir la vie éternelle, vous pouvez vous concentrer sur la série numérique correspondant à la constellation de la Grande Ourse et sur les cinq premiers nombres de la série de la constellation de la Baleine qui continuent la série numérique de la Grande Ourse : 2173196481851489.

Vous pouvez appliquer le principe de la prolongation d'une série numérique moyennant une autre série à la pratique de la concentration, lorsque vous souhaitez réunir les caractéristiques du pilotage de différentes étoiles ou constellations.

α Ceti – Menkar – 34974854961

β Ceti – Deneb Kaitos – 39487421971

γ Ceti – Kaffaljidhmah – 31684121971

δ Ceti – 89437121864

ε Ceti – 31486401871

ζ Ceti – Baten Kaitos – 34874584861

η Ceti – 62139421871

θ Ceti – 54931621971

ι Ceti – Deneb al Shemali – 64753121864

o Ceti – Mira – 39873159861

$\varkappa^1$ Ceti – 31684851481

λ Ceti – 64754856871

μ Ceti – 62871381471

ν Ceti – 51481351489

ξ^1 Ceti – 69871321961

ξ² Ceti – 84531589461

ϱ Ceti – 89159431961

τ Ceti – 59364859471

φ¹ Ceti – 53960121962

φ³ Ceti – 58964721981

χ Ceti A – 53964721981

g Ceti – 83959421971

2 Ceti – 63851421871

6 Ceti – 89531491481

9 Ceti – 51969871981

11 Ceti – 21564915481

13 Ceti – 36954221874

15 Ceti – 39659871964

20 Ceti – 63954831979

25 Ceti – 21961721841

27 Ceti – 36454121874

29 Ceti – 39869159748

32 Ceti – 62459121864

34 Ceti – 31064854041

36 Ceti – 24354821064

38 Ceti – 30154920648

40 Ceti – 58969124978

42 Ceti – 31485451961

44 Ceti – 31654881971

47 Ceti – 84906129871

49 Ceti – 69354121849

57 Ceti – 36481421871

61 Ceti – 31480169408

π Ceti – 89315189461

σ Ceti – 31654989871

υ Ceti – 36975151481

φ² Ceti – 59454131981

φ⁴ Ceti – 36853121871

χ Ceti B – 39658129861

1 Ceti – 36121851871

3 Ceti – 49754984961

7 Ceti – 93589561731

10 Ceti – 31960121964

12 Ceti – 31459861978

14 Ceti – 59436121981

18 Ceti – 20164851978

21 Ceti – 38569421749

26 Ceti – 31654821978

28 Ceti – 62837124971

30 Ceti – 53964129971

33 Ceti – 50160429189

35 Ceti – 21749851721

37 Ceti – 01427549861

39 Ceti – 31064124981

41 Ceti – 21469729854

43 Ceti – 54964121981

46 Ceti – 69354854971

48 Ceti – 36874121854

50 Ceti – 91471854961

58 Ceti – 63854121971

62 Ceti – 34854964781

63 Ceti – 84754861971

64 Ceti – 45381431968

66 Ceti – 31854121978

67 Ceti – 31854721874

70 Ceti – 31861739868

71 Ceti – 01407481968

75 Ceti – 63874121858

77 Ceti – 31606121989

79 Ceti – 48974121968

80 Ceti – 31060451989

81 Ceti – 09431654891

84 Ceti – 53864121871

93 Ceti – 01485451874

94 Ceti – 83138654974

95 Ceti – 63854973871

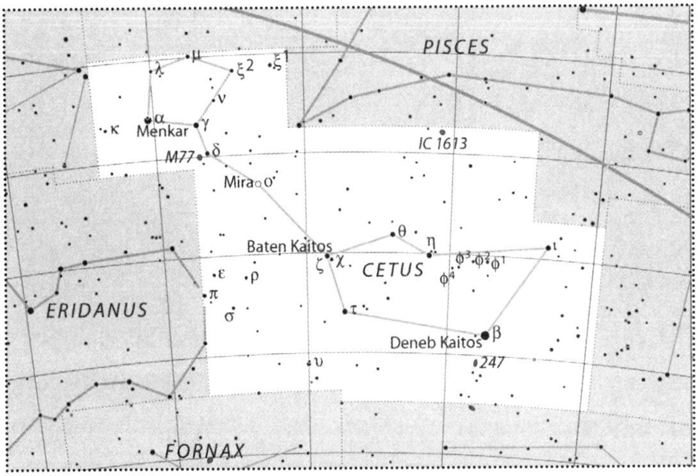

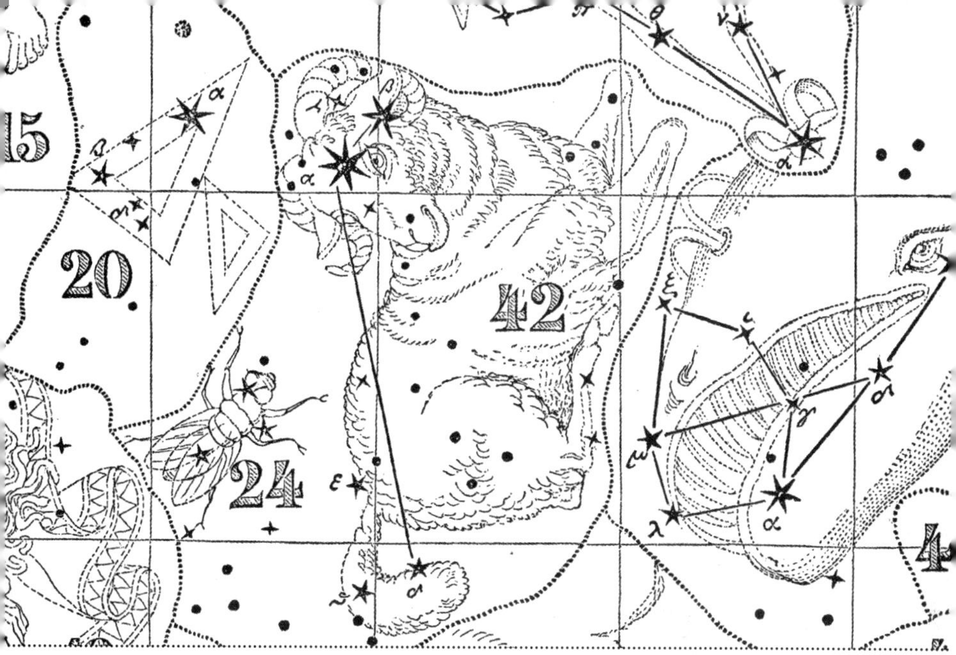

CONSTELLATION
DU BÉLIER

45721861984

En examinant la constellation du Bélier de plus près, vous pouvez voir que les processus se déroulant à l'intérieur de cette constellation sont largement contradictoires. De ce fait, il faut intégrer toutes les contradictions à l'intérieur d'un système clos pour qu'elles ne vous empêchent pas de suivre le chemin du développement éternel.

α Arietis – Hamal – 30154820149

β Arietis – Sheratan – 60149539871

γ^1 Arietis – Mesarthim – 54481069481

γ^2 Arietis – 30964951981

δ Arietis – Botein – 60854830481

ζ Arietis – 60490850481

θ Arietis – 04951284971

ϰ Arietis – 39804655544

μ Arietis – 64974129859

ξ Arietis – 31604566861

π Arietis – 29874831978

ϱ^2 Arietis – 31989421971

σ Arietis – 74951721971

ε Arietis – 30649850141

η Arietis – 60840920961

ι Arietis – 31654821671

λ Arietis – 30629854906

ν Arietis – 19839189861

ο Arietis – 31064548971

ϱ^1 Arietis – 63875189861

ϱ^3 Arietis – 45871421861

τ Arietis – 54853189561

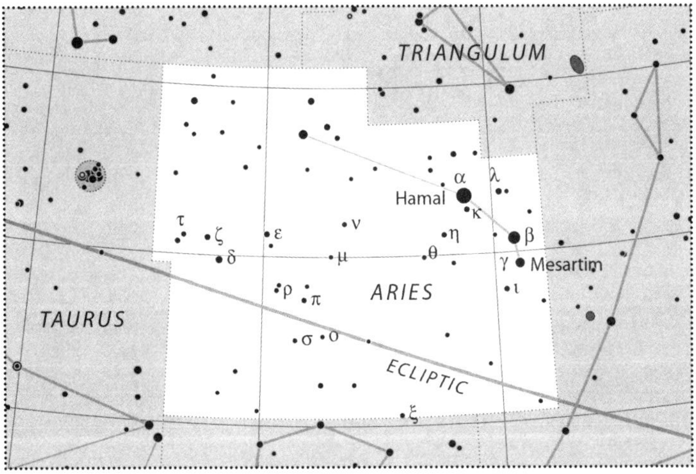

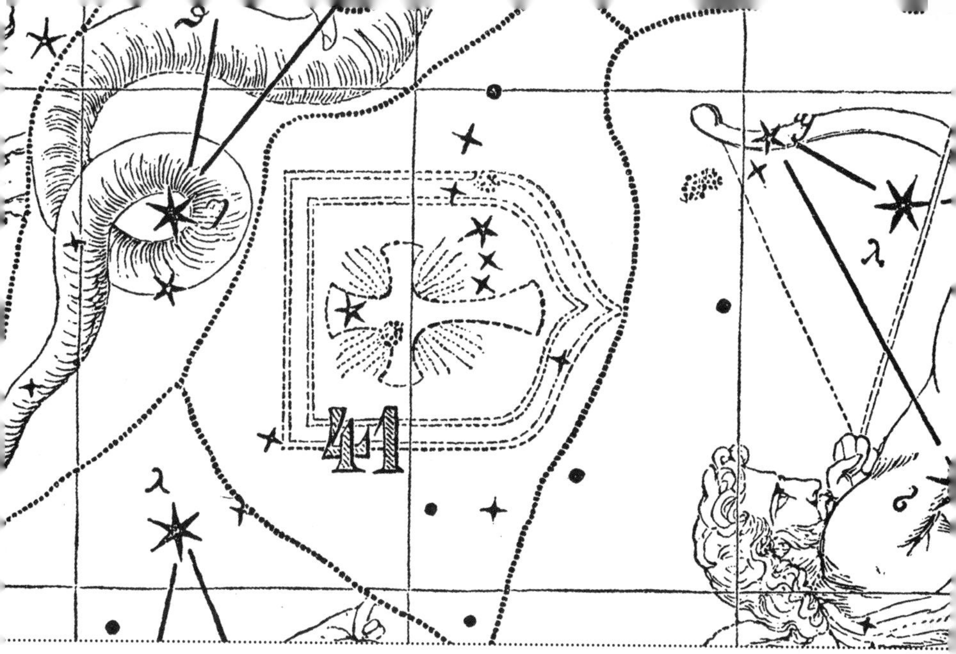

CONSTELLATION
DU BOUCLIER

31874981961

Grâce à la fonction réfléchissante du bouclier qui est intégrée dans le mot même « Bouclier », vous pouvez réaliser le pilotage suivant : il faut imaginer que le rayon du Soleil dirigé vers le Bouclier et le Bouclier lui-même sont considérés comme un élément reflété de la constellation. Cette dernière protège le corps physique de l'homme, un objet ou une information quelconque. Par la suite, vous pouvez répandre le rayon du Soleil réfléchi sur le Bouclier sur les séries numériques correspondant aux étoiles de cette constellation.

Les séries numériques dans le cadre du pilotage de l'évolution et de la vie éternelles sont considérées comme celles qui se trouvent sur le rayon du Soleil réfléchi sur le Bouclier. Il s'agit d'un moyen de piloter dans le champ de la constellation du Bouclier.

Dans la zone de l'étoile δ Scuti, vous pouvez détecter à l'aide des événements passés le niveau de pilotage décrit ci-dessous. Comme le rayon de Soleil se trouvait dans le passé à un instant précis, le rayon réfléchi contient une caractéristique successive du rayon du Soleil. D'abord, le rayon tombe sur le Bouclier puis se réfléchit sur ce dernier. Une action successive se réalise. Cependant, si vous imaginez cette action dans l'espace géométrique, par exemple devant vous, vous verrez que cette action se reflète dans le passé. Par conséquent, vous observez la projection des événements passés à travers le Bouclier reflété. Dans le cas où vous avez besoin d'aligner les événements passés d'une certaine façon dans l'optique de la réalisation de la vie éternelle et du développement éternel, cette technologie vous permettra de normaliser les événements du passé grâce au champ de l'étoile δ Scuti.

En l'occurrence, le pilotage des événements passés pénètre dans le facteur physique du pilotage. Si vous examinez ce processus à une distance éloignée de la Terre où le temps n'existe pas, où on prend en considération uniquement le niveau événementiel de la Terre et où on voit de loin tous les événements d'un coup, vous serez en mesure d'observer la structure spécifique de la conscience de l'homme. Si vous vous mettez à la place de Dieu, le Créateur, et que vous imaginez la façon dont Il organise l'espace, vous pourrez voir que le pilotage à travers l'étoile δ Scuti s'effectue sur les événements passés. L'observateur extérieur découvrira que les événements passés changent également. De plus, ces derniers peuvent devenir davantage positifs. Par exemple, on peut empêcher ainsi l'interruption de la vie de l'homme dans le passé. Cette ressource possède déjà une signification génétique. Par conséquent, vous pouvez accroître la ressource de la vie de l'homme et de son développement éternel grâce à la possibilité de piloter les événements passés en direct par l'action de sa conscience, soit sur le plan physique.

Le rayonnement présent est le passé pour le rayonnement du futur détecté par le télescope. Cependant, il est le présent pour nous. Vous pouvez ainsi pénétrer dans le passé d'un niveau physique, mais cela est possible uniquement par la réalisation de la vie éternelle pour tous. Vous pouvez modifier le passé seulement si vous élargissez le temps de la vie de chaque personne jusqu'à l'infini.

La formule grâce à laquelle vous pouvez vous déplacer dans le passé à travers la constellation du Bouclier est représentée ci-dessous :

$$L = \frac{L_{\alpha\ Scuti} \times SN_{\alpha\ Scuti}}{c.10^{17} \times N}$$

Où : S = Déplacement dans le passé pour cinq minutes et le retour dans le présent
L = Distance entre la Terre et l'étoile α Scuti
SN = Série numérique de l'étoile α Scuti
c = Vitesse de lumière
N = Nombre de battements du cœur par minute de la personne réalisant le déplacement

Vous pouvez utiliser cette formule pour faire déplacer un élément de votre conscience dans le passé par la constellation du Bouclier.

Sous réserve d'une quantité suffisante des cristaux à pointes travaillées de façon spéciale et de machines informatiques à action rapide, dont les premiers modèles devraient être élaborées vers 2027, on pourra utiliser cette formule pour faire déplacer l'homme dans le passé pour cinq minutes.

La formule sera modifiée dans le cas de l'utilisation d'autres constellations. Les appareils pour cela n'apparaîtront qu'après 2027.

Cette formule fournit une approche fondamentale à la construction des systèmes du déplacement des champs informationnels et des corps physiques dans le temps. Grâce au développement des technologies, il ne sera pas difficile pour les scientifiques d'élaborer les systèmes d'instruments sur la base de cette formule afin de créer par la suite un appareil permettant aux humains de se déplacer dans le temps.

Si on multiplie S par le chiffre 5, on peut obtenir un dispositif assurant le déplacement dans le futur afin de réaliser la vie éternelle pour tout le monde.

Les machines conçues pour le déplacement dans le passé peuvent de façon mécanique réaliser la résurrection grâce à la non-mort des gens ayant vécu dans le passé. Pour le faire, les gens venant du passé doivent se déplacer dans le présent ou le futur avant que l'événement de leur décès ait lieu. C'est dans l'avenir ou le présent que tout le monde possède la vie éternelle. C'est dans ce temps qu'on peut trouver les technologies de la réalisation de la vie éternelle pour tous.

Comme il est possible d'accroître la démographie dans le présent ou l'avenir indépendamment de l'origine des humains, de telles personnes pourront s'adapter facilement à de nouvelles conditions de vie et vivre sur la Terre ou sur d'autres planètes habitables de l'Univers.

De cette façon, on atteindra l'invulnérabilité absolue de la vie indépendamment de tous les événements. Il s'en suit que la vie remplira tout l'espace sidéral et se développera éternellement ensemble avec le processus de l'agrandissement infini de l'espace sidéral. Ce processus a déjà été déterminé par les scientifiques.

Au début du XXIe siècle, nous sommes obligés de réaliser le processus de la résurrection moyennant le développement de la conscience. Ce processus ressemble à la machine décrite ci-dessus qui permet à la personne ressuscitée de se téléporter du passé dans le présent ou le futur sans traverser le moment où sa vie a été interrompue. Lorsqu'il sera possible de construire les machines résurrectionnelles, on pourra utiliser les ressources de la conscience et de l'action de l'homme pour accélérer la conquête de l'espace sidéral afin de répandre la vie éternelle. Dans ce cas, chacun possédera les connaissances de la résurrection et de la vie éternelle sur la base de sa conscience, de son âme et de son esprit sans avoir besoin d'utiliser les machines, car la vie éternelle se réalise grâce à votre propre conscience. Il n'y a aucune dépendance aux machines.

L'homme est capable tout seul d'utiliser différentes méthodes pour assurer la résurrection et la vie éternelle. Par exemple, il sera possible de créer le corps physique de l'homme grâce à son âme et à son esprit éternels. Pour le faire, il faudra juste lancer, à travers sa conscience, l'action de l'Esprit visant la création du corps physique de l'homme avec la même âme et la même conscience. La question liée au champ de la réincarnation sera résolue grâce à la compréhension du fait que Dieu vit dans l'âme de chacun. Les âmes des personnes ayant plusieurs réincarnations selon la philosophie bouddhiste se trouvent à la même distance de Dieu et sont regroupées ensemble dans le corps de Dieu et dans l'essence de la vie éternelle. Par conséquent, ces personnes ont les âmes identiques, une conscience différente qui est dirigée vers la réalisation des mêmes tâches de la vie éternelle. Cela veut dire que dans le champ du regroupement de l'âme dans le corps de Dieu, les personnes réincarnées ont la même âme qui se manifeste dans les corps physiques de manière identique. Cependant, comme elles ont différentes consciences, elles sont des personnes différentes. Cela ressemble à l'action de Dieu, car Il se trouve partout, bien que la réalité soit variable.

Différentes âmes se trouvent souvent près l'une de l'autre par rapport à Dieu. Si les personnes avec de telles âmes se rencontrent, elles se disent qu'elles ont trouvé une âme sœur. Toutefois, si les âmes se trouvant à proximité l'une de l'autre ne se regroupent pas dans le corps de Dieu, il ne s'agit plus de la réincarnation d'une âme venant de Dieu. Ce sont juste des âmes qui sont proches l'une de l'autre.

Au fur et à mesure que l'information sur la résurrection et la vie éternelle se développera dans la société, toutes les notions décrites se trouvant dans la conscience collective seront connues de manière fondamentale. En explorant l'espace sidéral, vous verrez se réaliser le plan du Créateur éternel qui veut faire tout à Son image. Au présent, le déplacement dans le temps est considéré avant tout comme un agrandissement de la ressource génétique de l'homme en vue du développement éternel.

Si vous examinez la situation des choses ou des textes dans les livres, vous pourrez voir une transformation se réaliser sur le plan physique. Cela ressemble à une construction dans le pilotage du temps où une transformation des événements passés sur le plan physique se manifeste également dans le futur et pénètre dans la structure du développement éternel, à savoir dans le plan constructif nécessaire pour la réalisation du développement éternel et de la vie éternelle pour tout le monde.

Dans la zone de l'étoile ε Scuti, vous pouvez examiner un champ d'information. Si vous vous y connectez grâce à votre conscience, vous serez en mesure de voir une base de données et une information sur le développement scientifique de l'Univers visant l'évolution éternelle.

Imaginez qu'un rayon lumineux se répande depuis votre corps physique, principalement depuis votre tête, jusqu'à l'étoile ε Scuti. Ce rayon dans le champ de ε Scuti traverse les champs ayant un poids corporel physique. De cette façon, vous pouvez obtenir les connaissances scientifiques du pilotage.

On peut affirmer que les connaissances scientifiques appartiennent à la science de la cognition, car la cognition possède une forme informationnelle de la vitesse, une forme du développement et une forme d'un ensemble des faits qu'on peut transformer dans une analyse et obtenir des connaissances scientifiques. Les connaissances scientifiques du développement éternel se trouvent de manière plus concentrée dans la zone de l'étoile ε Scuti.

Pour autant, si vous obtenez la technologie du développement du pilotage par la cognition scientifique, vous serez en mesure de mettre en pratique et de développer cette technologie grâce à la structure de votre conscience. Toutes les connaissances que vous obtenez à un niveau quelconque de pilotage, notamment dans l'espace sidéral, constituent toujours votre expérience personnelle. Par conséquent, vous êtes capable de développer la structure de la cognition plus loin dans toute direction grâce à la structure de votre propre conscience.

Lorsque vous prêtez l'attention au principe du bouclier dans votre conscience, vous voyez que votre corps est déjà complètement protégé. En travaillant avec l'information de cette constellation, vous avez la possibilité d'apprendre par l'intermédiaire de votre processus de pensée et d'imaginer localement que vous réfléchissez dans cette constellation et que le bouclier est inconditionnel, c'est-à-dire que vous êtes invulnérable. Si vous comprenez et apprenez ces choses à un niveau plus profond, à savoir sur le plan spirituel et au niveau de votre âme, vous arriverez à élaborer une technologie de réalisation de l'invulnérabilité en tout état de cause. De cette façon, cette technologie assure l'éternité de votre corps physique, tout comme l'éternité d'autres corps physiques.

α Scuti – 51861431971

β Scuti – 89474121864

γ Scuti – 89871831961

δ Scuti – 89436171851

ε Scuti – 31964189178

ζ Scuti – 51849169871

η Scuti – 89874121964

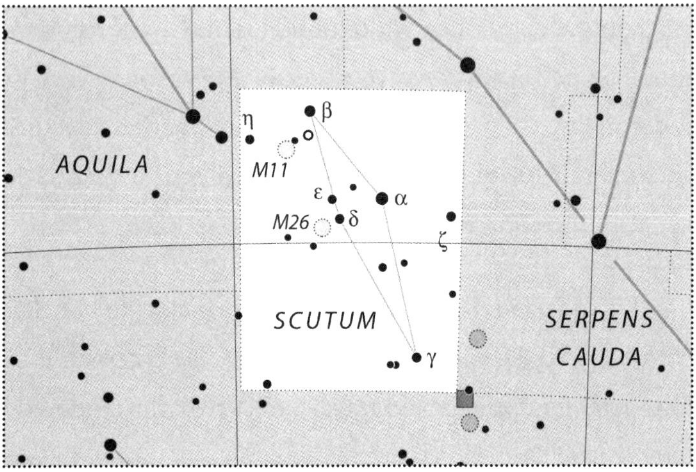

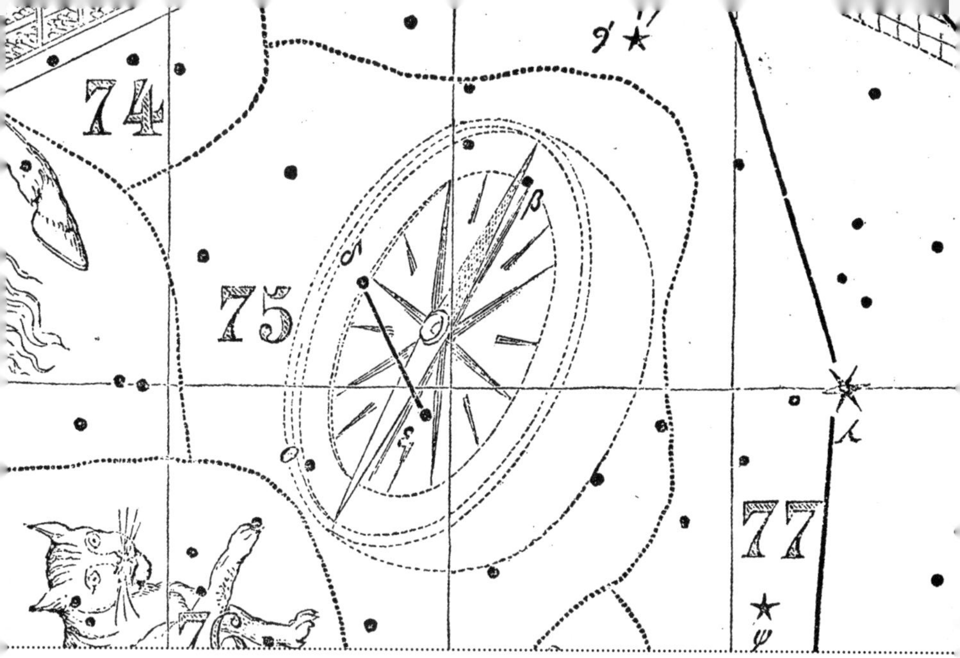

CONSTELLATION
DE LA BOUSSOLE

32417821961

En considérant la constellation de la Boussole comme un système d'orientation dans la structure du développement de votre pensée dans l'espace sidéral, vous pouvez découvrir la loi suivante : en développant votre pensée à travers la constellation de la Boussole, vous pouvez voir que votre pensée dans l'espace cherche à connaître cet espace pour obtenir la vie éternelle. Voici le principe qui en découle : lorsque vous utilisez la constellation la Boussole, vous êtes capable de détecter une ligne concrète permettant de réaliser la vie éternelle et d'assurer la vie éternelle que vous avez déjà grâce à la ligne des connaissances vous montrant dans quelle direction il faut avancer. Ces connaissances sont critiques pour assurer des mouvements et réaliser l'objectif de manière correcte.

α Pyxidis – Al Sumut – 31864970801

β Pyxidis – 49873121868

γ Pyxidis – 31473854891

δ Pyxidis – 39464281961

ε Pyxidis – 23874129861

ζ Pyxidis – 39489151964

η Pyxidis – 54964851971

θ Pyxidis – 39654821978

ϰ Pyxidis – 31483151961

λ Pyxidis – 39871429854

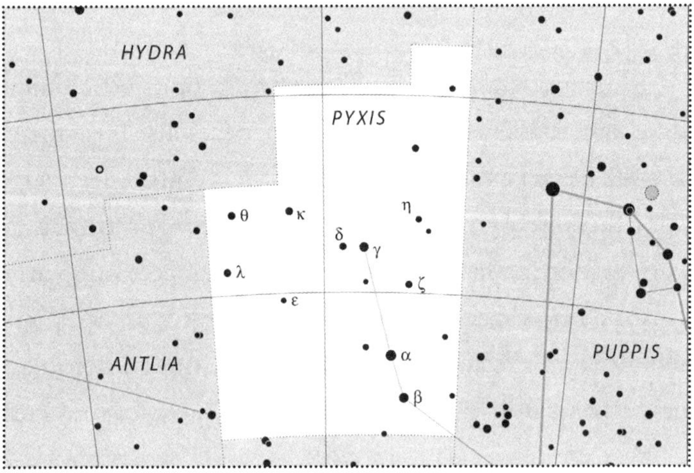

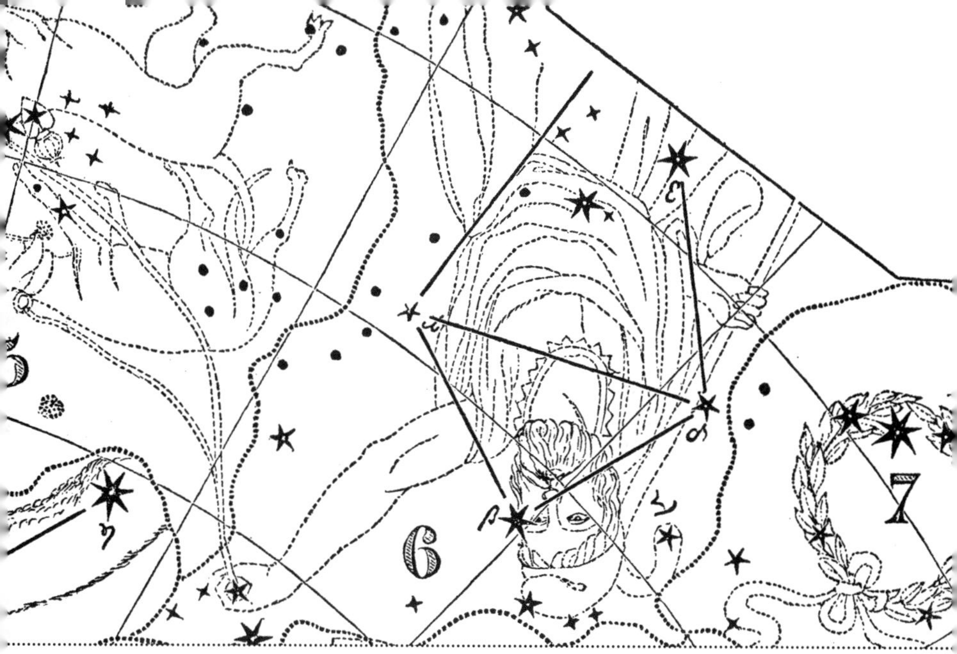

CONSTELLATION
DU BOUVIER

5156183174 8

Lorsque vous faites le pilotage en utilisant l'information de la constellation du Bouvier, il est nécessaire d'examiner le pilotage de l'axe de la symétrie entre la zone reflétée de la constellation et la constellation même. Vous pouvez voir dans le reflet que l'union au niveau du talon gauche du Bouvier constitue le niveau qui permet de protéger l'homme contre les éventuels problèmes liés à son corps physique en ce qui concerne le pilotage, l'information et toutes les constructions événementielles. Vous devez juste vous concentrer sur ce niveau. La réalisation de ce processus entraîne la création de l'énergie de la croissance du corps éternel. En réalisant une telle concentration, vous pouvez voir qu'un flux de lumière provient directement du pied gauche et commence à monter dans le corps entier. Il s'agit de l'éternité du corps qui organise de manière autonome le corps lors de son développement et de son mouvement. Il s'agit de la lumière qui reproduit le corps et se trouve à l'intérieur de ce dernier. Tout élément se composant de lumière reproduit le corps. Il s'agit du principe de l'autoproduction du corps à partir de lui-même. Il suffit d'examiner une seule cellule et vous verrez que cette dernière peut reproduire le corps entier. Ce principe signifie que l'homme se développe éternellement tout en étant autonome. Il peut progresser et vivre éternellement en utilisant uniquement son corps physique.

Dans l'espace sidéral qu'on peut observer avec nos yeux physiques et qui entoure la Terre, il y a 14 champs dans lesquels se trouvent des organismes proches et identiques à l'homme. Les habitants de trois champs (deux de ces trois champs sont peuplés par les mêmes êtres que les humains sur la Terre) ont maîtrisé les technologies de la vie éternelle grâce au développement de leur conscience. Ces trois zones représentent presque 20 % du nombre total des champs. Cela signifie que la vie éternelle des organismes vivants est un phénomène assez répandu dans l'Univers et qu'il est possible de l'étudier et de le connaître.

Dans le journal *Votre conseiller à la maison*, numéro 1-2 (45-46) paru en janvier 2000, j'ai publié l'article « Sensation ! De la bardane sur Mars ! » (p. 17), qui présente la prévision de pilotage. Selon ma prévision, il y a de l'eau et de la vie sur Mars bien que les robots mobiles n'eussent pas fourni ces renseignements à ce moment. Les robots mobiles ont confirmé plus tard cette information qui a été publiée dans tous les principaux médias. Le but de la prévision de pilotage concernant l'espace sidéral consiste à découvrir la vie et à transformer la réalité et la conscience collective en vie.

En élargissant votre conscience avant son interaction avec l'espace sidéral, vous pouvez percevoir de manière analogique les renseignements sur les endroits où il y a de la vie dans l'espace, faire le pilotage pour organiser la vie dans des endroits concrets de l'interaction entre la conscience et l'espace sidéral et y transmettre mentalement les connaissances sur la vie éternelle. Vous pouvez obtenir immédiatement en retour les connaissances déjà acquises et développées si vous vous branchez sur le rayonnement de l'avenir de l'étoile vers laquelle vous avez dirigé les connaissances sur la vie éternelle.

Bien que cette action puisse vous prendre seulement quelques secondes, vous développez la sphère de vos connaissances sur la vie éternelle pour des millions d'années. En effet, la ligne du déplacement de la sphère mentale de vos connaissances vers l'étoile représente un rayon provenant de la position actuelle (vraie) de l'étoile. Un rayon provenant de l'avenir de l'étoile, qui se trouve souvent à des millions d'années dans le futur à partir du temps courant, est la ligne du déplacement de la sphère de vos connaissances qui ont déjà été développées et qui proviennent de l'étoile.

Afin de maîtriser plus rapidement les technologies de la réalisation de la vie éternelle, il est important de travailler sur les catégories du temps avec lesquelles la conscience de l'homme entre en contact. Elle s'habitue plus rapidement à de grandes valeurs de temps. Comme résultat, vous obtenez un effet de rajeunissement et une amélioration de la santé. De cette manière, vous pouvez apprendre la vie éternelle à vous-même et à d'autres personnes, en vous basant sur les connaissances courantes et en percevant vos connaissances qui ont été développées par d'autres personnes dans l'espace sidéral grâce au rayonnement provenant de l'avenir.

α Bootis – Arcturus – 31864751971

β Bootis – Nekkar – 34967129874

δ Bootis – 19871321948

γ Bootis – Segin – 38461751948

ε Bootis – 42861721984

ζ Bootis – 51421721964

η Bootis – Muphrid – 62831721948

θ Bootis – Asellus primus – 42151961974

ι Bootis – Asellus secundus – 14831621981

h Bootis – Merga – (38) – 89459489759

$\varkappa^1$ Bootis – 64389489729

$\varkappa^2$ Bootis – Asellus tertius – 36489531649

λ Bootis – 85461721948

μ^1 Bootis – Alkalurops – 54621721839

μ^2 Bootis – 69874159864

ν^1 Bootis – 51231621864

ν^2 Bootis – 36481551978

ξ Bootis – 54936121989

ο Bootis – 51864151429

π^1 Bootis – 31649121959

π^2 Bootis – 51664854961

ϱ Bootis – Al Hamalain – 49751861978

τ Bootis – 16838121964

υ Bootis – 36829429871

φ Bootis – 69471321978

χ Bootis – 19854121968

ψ Bootis – 21831721429

ω Bootis – 59319495681

b Bootis – 31641921971

c Bootis – 61989351964

d Bootis – 31854981968

e Bootis – 19454789871

f Bootis – 39619421978

g Bootis – 31759831981

i Bootis – 31564189871

k Bootis – 36849129878

A Bootis – 46584951968

1 Bootis – 93561421989

2 Bootis – 59868129871

3 Bootis – 51429136871

9 Bootis – 59471851968

11 Bootis – 61358971348

14 Bootis – 54864121979

18 Bootis – 31754981964

26 Bootis – 36184121978

32 Bootis – 36149759859

34 Bootis – 61738421959

40 Bootis – 31754969871

7 Bootis – 31649789869

10 Bootis – 31654874981

13 Bootis – 96971451981

15 Bootis – 69318459361

20 Bootis – 59484121858

31 Bootis – 59849759164

33 Bootis – 89474129878

39 Bootis – 62854121967

50 Bootis – 65436129879

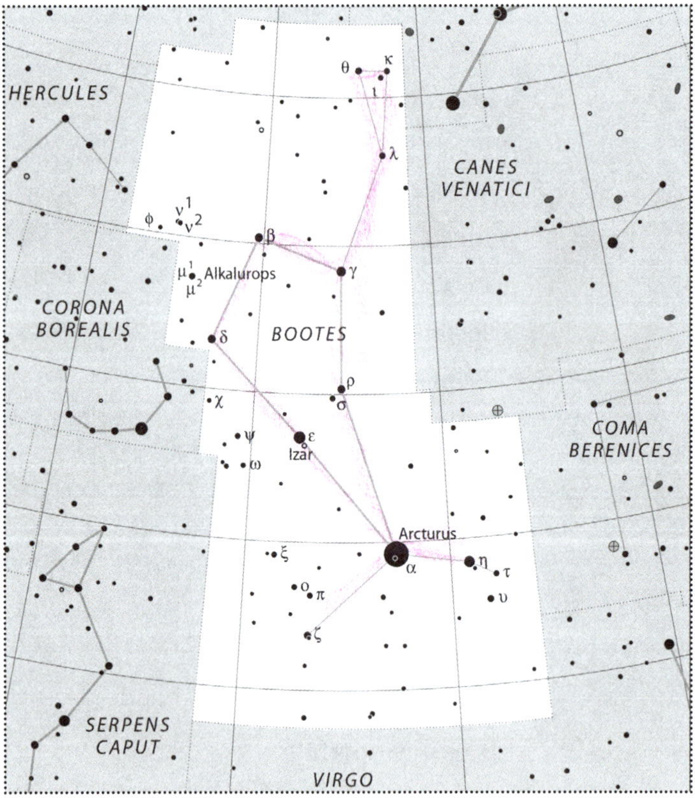

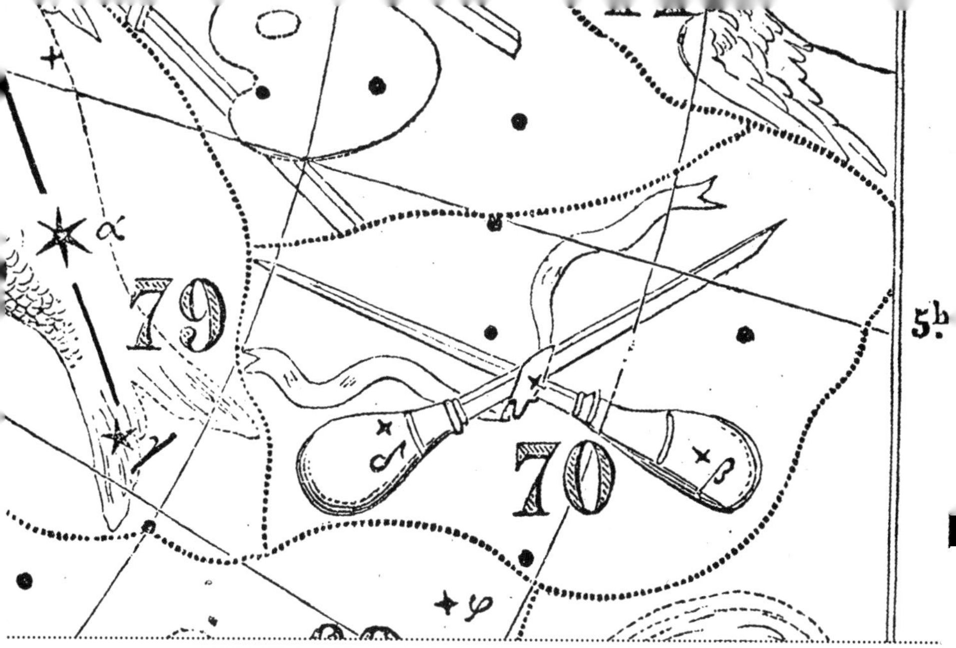

CONSTELLATION
DU BURIN

25406871958

Le pilotage par l'information de la constellation du Burin se base sur le principe suivant : vous vous contemplez à travers l'espace qui est à la fois éloigné de vous et près de vous. C'est pourquoi vous pouvez diversifier l'espace, à savoir créer des champs de rapprochement et d'éloignement grâce à votre conscience. Cela vous permet de déterminer votre endroit. Plus exactement, vous pouvez, au moyen de cette constellation, déterminer exactement l'endroit et le temps qui est le dérivé de celui-ci. Ainsi, vous êtes capable de construire précisément et concrètement les événements de la vie éternelle.

α Caeli – 21650121974

β Caeli – 49754864871

γ[1] Caeli – 01700020864

γ[2] Caeli – 01060108974

δ Caeli – 54873959878

ζ Caeli – 04564971981

λ Caeli – 85364789871

ν Caeli – 54789421964

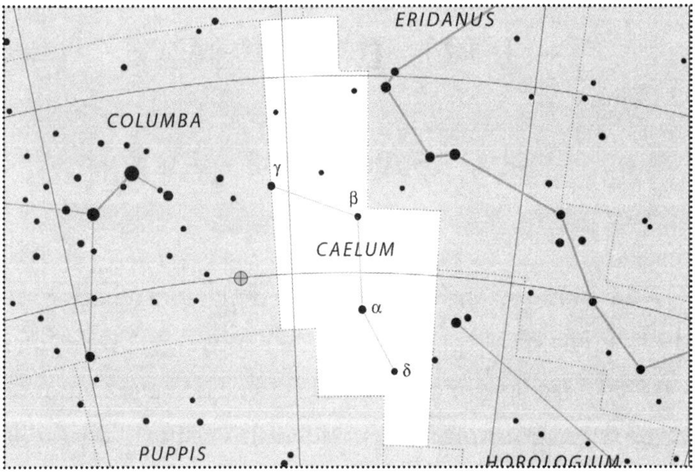

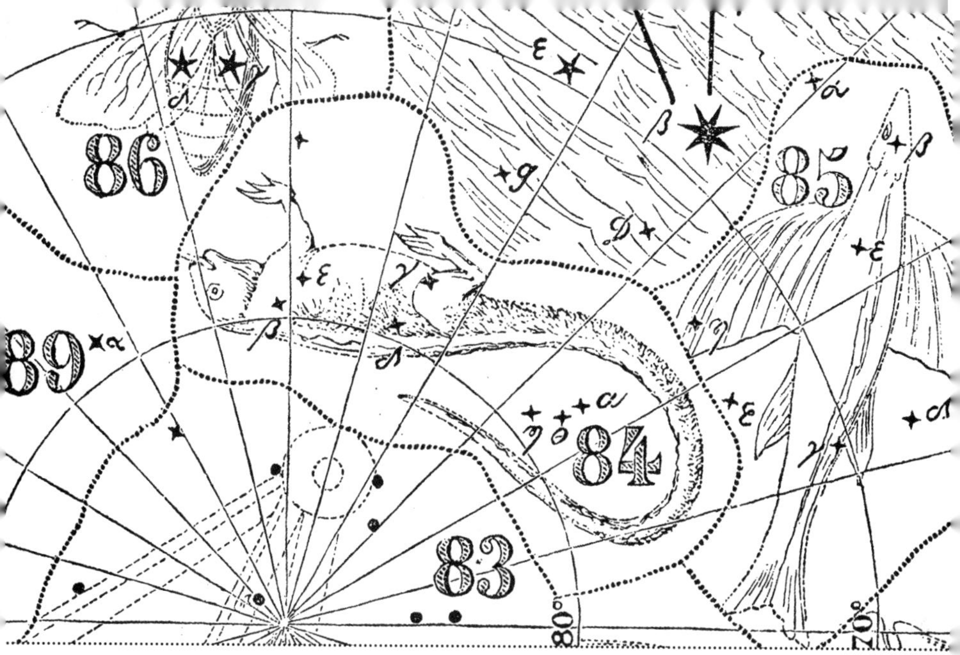

CONSTELLATION
DU CAMÉLÉON

31948121814

Lorsque vous considérez tout ce qui a lieu autour de vous comme une structure qui concerne votre âme et que vous comprenez que tout cela a déjà eu lieu dans votre âme il y a longtemps, vous voyez que l'Univers est aussi réel que vous-même dans toutes ses manifestations. Par conséquent, votre pensée sur la vie éternelle est absolument réelle, tout en vous assurant la vie éternelle.

α Chamaeleontis – 21948131981

β Chamaeleontis – 49871481931

γ Chamaeleontis – 38964128981

δ^1 Chamaeleontis – 31480621854

δ^2 Chamaeleontis – 31854121861

ε Chamaeleontis – 38458121961

ζ Chamaeleontis – 38967148954

η Chamaeleontis – 34856197841

θ Chamaeleontis – 28164978141

ι Chamaeleontis – 38151421861

ϰ Chamaeleontis – 38564701908

μ^1 Chamaeleontis – 31967128960

μ^2 Chamaeleontis – 31460120848

ν Chamaeleontis – 14954824981

π Chamaeleontis – 28964858971

9 Chamaeleontis – 39467894981

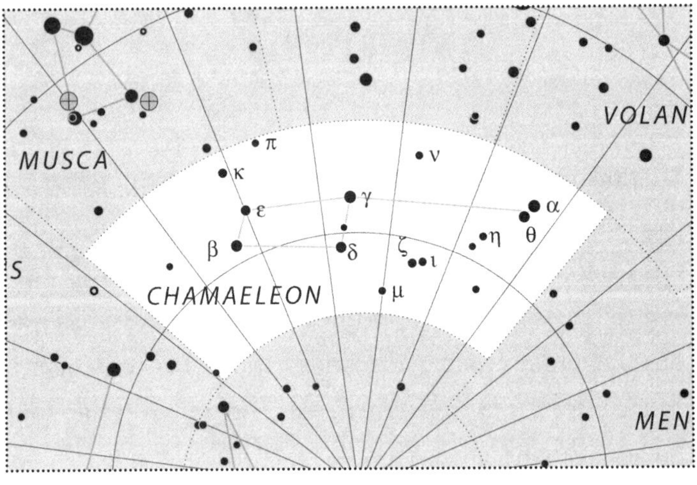

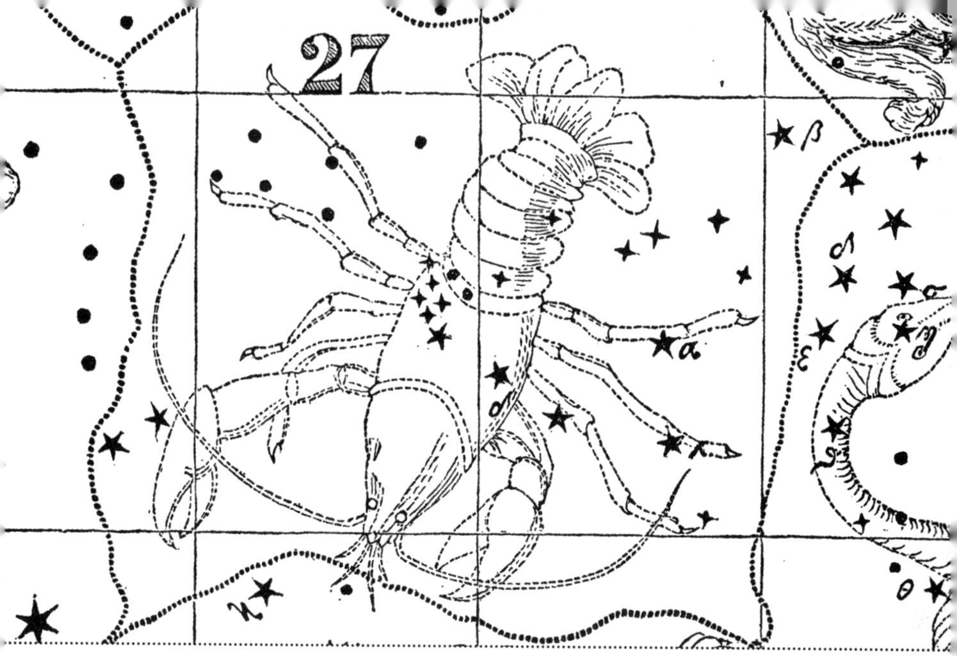

CONSTELLATION
DU CANCER

53964879851

Vous êtes capable d'examiner les objets de la réalité là où ils se trouvent. Cependant, vous avez également la possibilité d'examiner l'information sur ces derniers. Une superposition de l'information sur l'objet de la réalité doit créer ce que vous souhaitez et ce qu'il est nécessaire de réaliser grâce à l'effort de votre volonté.

α Cancri – Acubens – 39749158164
β Cancri – Altarf – 89384129371

γ Cancri – Asellus Borealis – 85960129849

δ Cancri – Asellus Australis – 57136489871

ε Cancri – 31648539749

ζ Cancri – Tegmen – 31568131978

η Cancri – 36875428974

θ Cancri – 58931678971

ι Cancri – 89365429371

ϰ Cancri – 31485431978

λ Cancri – 53964729381

μ^1 Cancri – 31560121748

μ^2 Cancri – 31864351710

ν Cancri – 36854929871

ξ Cancri – 64971329873

o^1 Cancri – 62834159871

o^2 Cancri – 36484121978

π^1 Cancri – 30864859871

π^2 Cancri – 39164971964

ϱ^1 Cancri – 54951659871

ϱ^2 Cancri – 57861421981

σ^1 Cancri – 53864129871

σ^2 Cancri – 39867129007

σ^3 Cancri – 31480100116

τ Cancri – 61044450878

υ^1 Cancri – 14253129871

υ^2 Cancri – 53180849888

ϕ^1 Cancri – 64213401648

ϕ^2 Cancri – 68049350648

χ Cancri – 50484121941

ψ^1 Cancri – 81349861871

ψ^2 Cancri – 39475169871

ω Cancri – 38964129871

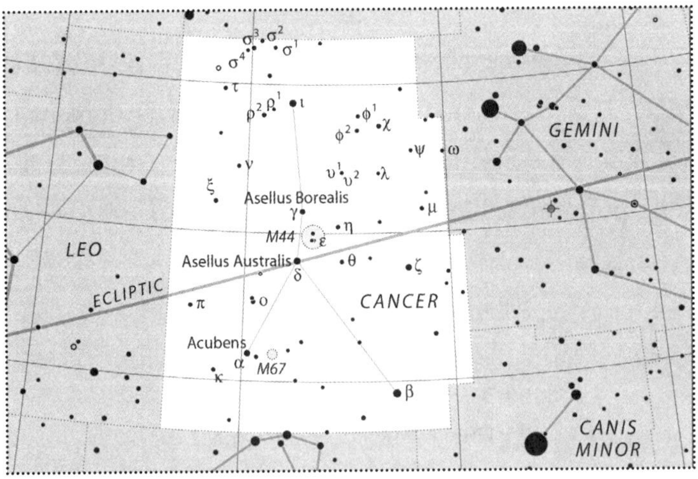

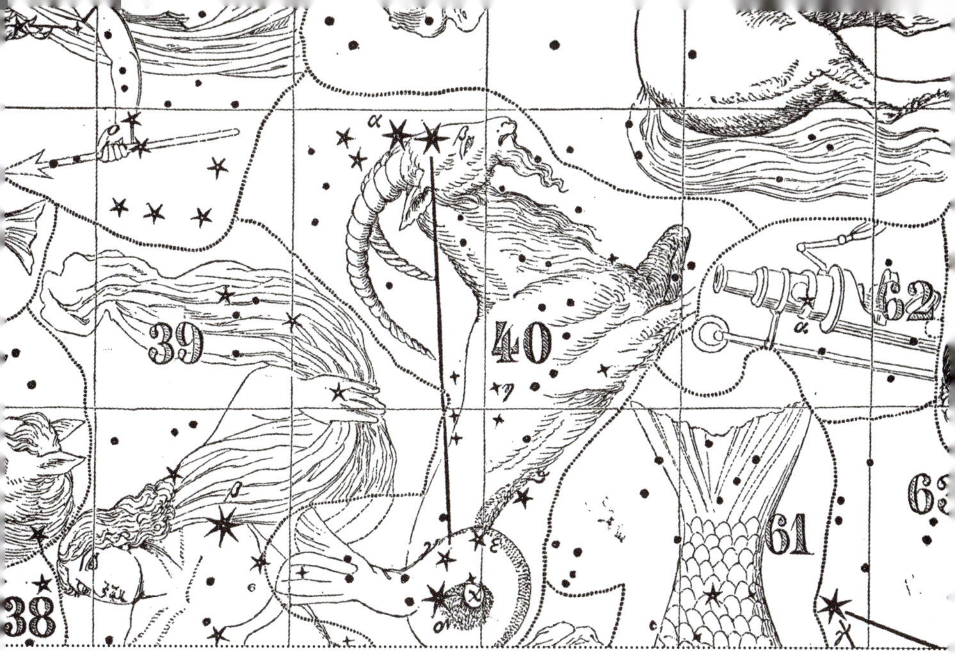

CONSTELLATION
DU CAPRICORNE

31849171964

Lorsque vous travaillez dans le but d'assurer la vie éternelle pour vous-même et pour tout le monde au moyen de la constellation du Capricorne, vous pouvez vous rendre compte du fait qu'une ligne traverse l'étoile 35 de la constellation. Il s'agit d'un lien entre le niveau matériel de la réalisation de la conscience et celui qui se manifeste avant le niveau matériel. On peut voir que les fonctions de certaines étoiles qui constituent les éléments de l'organisation de l'univers entier, laissent passer à travers elles des liens informationnels concrets, à savoir des canaux avec un niveau d'information. Ces liens sont visibles et déterminent ce que nous percevons comme une télépathie et comme une forme de pensée.

Nous arrivons à la conclusion qu'il existe des formes de matière dans l'Univers qui sont une pensée pour nous, mais qui sont pourtant des éléments de la réalité physique à un point éloigné de nous. La pensée est matérialisée à un certain point.

C'est pourquoi, si nous dirigeons notre pensée vers la résurrection selon les lois du développement de cet espace, l'homme sera en mesure de ressusciter quelqu'un, car il réalisera sa pensée tout simplement après avoir connu la structure de l'espace sidéral. Ainsi, l'homme est capable d'exclure complètement la mort de ses événements et de ceux des autres. Il s'agit de la vie éternelle construite sur la base de la pensée qui est toujours avec l'homme.

α^1 Capricorni – Giedi Prima – 54873121964

α^2 Capricorni – Giedi Secunda – 58967121849

β Capricorni – Dabih – 23486171939

β^2 Capricorni – 34967829864

γ Capricorni – Nashira – 31864729854

δ Capricorni – Scheddi – 39486721879

ε Capricorni – Kastra – 64973121878

ζ Capricorni – 48564971981

η Capricorni – Armus – 53964721847

θ Capricorni – Dorsum – 69874129439

ι Capricorni – 54712464859

κ Capricorni – 34864721849

λ Capricorni – 89458964717

μ Capricorni – 39874821964

ν Capricorni – Alshat – 59487121648

ξ^1 Capricorni – 54864121647

ξ^2 Capricorni – 49874801649

ο Capricorni – 39859161971

π Capricorni – Okul – 49854321648

ϱ Capricorni – Bos – 52864171848

σ Capricorni – 85436121874

τ Capricorni – 38689564871

τ1 Capricorni – 52836874821

υ Capricorni – 34856121974

φ Capricorni – 53968179864

χ Capricorni – 64971858131

ψ Capricorni – 31462854961

ω Capricorni – 39485464721

b Capricorni – 34964184978

c Capricorni – 49654821964

A Capricorni – 89431654878

3 Capricorni – 64971568974

4 Capricorni – 21968129874

17 Capricorni – 29384149861

19 Capricorni – 29436129879

20 Capricorni – 34961871848

21 Capricorni – 49385126871
26 Capricorni – 39459729489
27 Capricorni – 34874121968
29 Capricorni – 34189000648
30 Capricorni – 31860108948
31 Capricorni – 54948729906
33 Capricorni – 31054689874
35 Capricorni – 34680630974
37 Capricorni – 16480401649
38 Capricorni – 31964121871
41 Capricorni – 23964821871
42 Capricorni – 39451721864
44 Capricorni – 39654821967
45 Capricorni – 21384951971
47 Capricorni – 24968428978
50 Capricorni – 39654829871

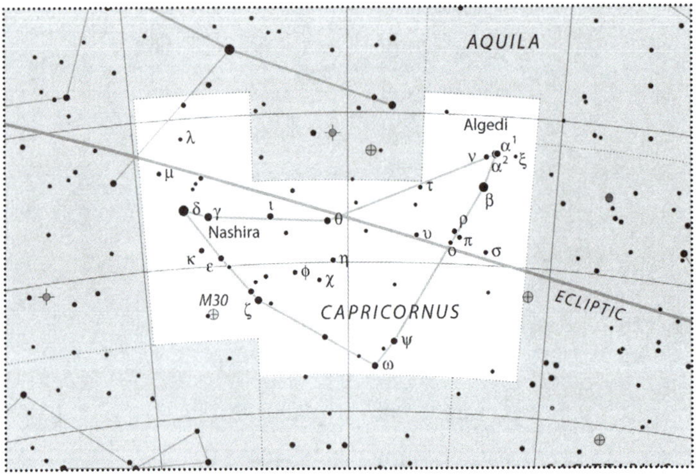

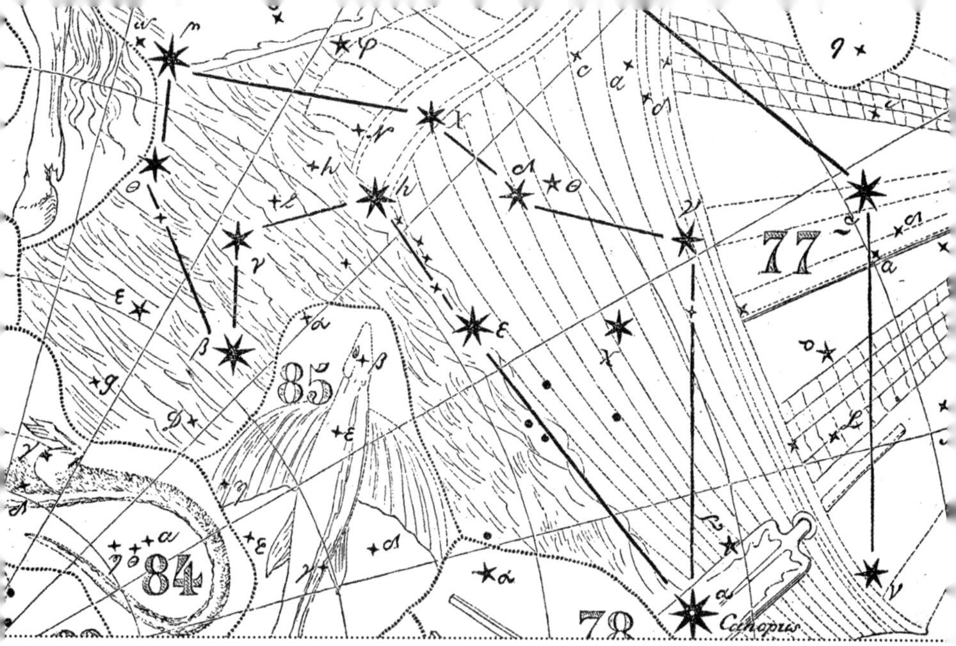

CONSTELLATION
DE LA CARÈNE

54874124968

Vous pouvez utiliser la série numérique de h Carinæ pour piloter le temps. Grâce à la perception des nombres de la série avec un rayonnement blanc intense, il est possible de détecter un niveau plus actif dans cette série.

On peut utiliser la série numérique de q Carinæ pour piloter les processus organisationnels de l’Univers et du monde entier.

En examinant la constellation de la Carène, vous pouvez voir au niveau de l'information que tout l'espace sidéral entourant le corps physique, surtout l'espace qui entre en contact avec le corps, commence à créer votre corps au moment de ce contact, même s'il s'agit de l'air, d'un arbre ou de l'eau que vous avez touchés avec votre main. Tout ce qui vous entoure, ainsi que vos pensées, crée votre corps physique. On assiste alors à une transformation de la création et des objets physiques en pensées aidant à affirmer et fixer l'idée que votre corps physique existe physiquement à ce moment et constitue une structure permettant d'organiser votre pensée. Cette transformation affirme l'idée que votre corps physique sera éternel. Il s'agit alors du principe de l'analogie que nous comprenons grâce à notre pensée.

α Carinæ – Canopus – 53124854961

β Carinæ – Miaplacidus – 69353879871

ε Carinæ – Avior – 64719421981

η Carinæ – Foramen – 45123149871

θ Carinæ – 36014985361

ι Carinæ – Turais – 68412151978

υ Carinæ A – 31864854971

υ Carinæ B – 89431651971

χ Carinæ – 89431759481

ω Carinæ – 36854121971

a Carinæ – 53184921971

b^1 Carinæ – 39654849781

b^2 Carinæ – 64754821984

c Carinæ – 36871421854

d Carinæ – 36124951981

e^1 Carinæ – 64129854128

e^2 Carinæ – 64185400108

f Carinæ – 00041683184

g Carinæ – 01004816481

h Carinæ – 31967121849

i Carinæ – 64973849851

k Carinæ – 64784584871

m Carinæ – 34964121971

p Carinæ – 48574931968

q Carinæ – 31831651971

r Carinæ – 49754831961

s Carinæ – 49384121971

t^1 Carinæ – 54801621949

t^2 Carinæ – 64129129871

u Carinæ – 83164129754

w Carinæ – 63854721949

x Carinæ – 83154851961

y Carinæ – 49571849871

z^1 Carinæ – 64121921871

z^2 Carinæ – 42864729871

A Carinæ – 54168931978

B Carinæ – 63814584971

C Carinæ – 58974851961

D Carinæ – 89439129871

E Carinæ – 59364121879

G Carinæ – 89364851971

H Carinæ – 83451849871

I Carinæ – 53978121964

K Carinæ – 36874859871

L Carinæ – 39164859171

M Carinæ – 01049860841

N Carinæ – 90845151871

O Carinæ – 61354989547

P Carinæ – 31854121678

Q Carinæ – 39459789481

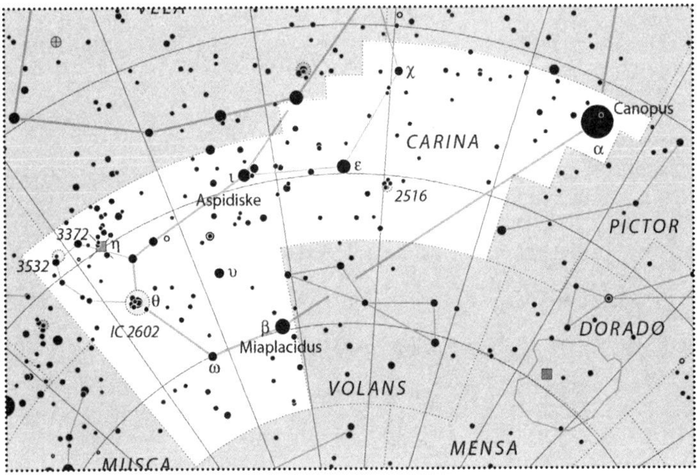

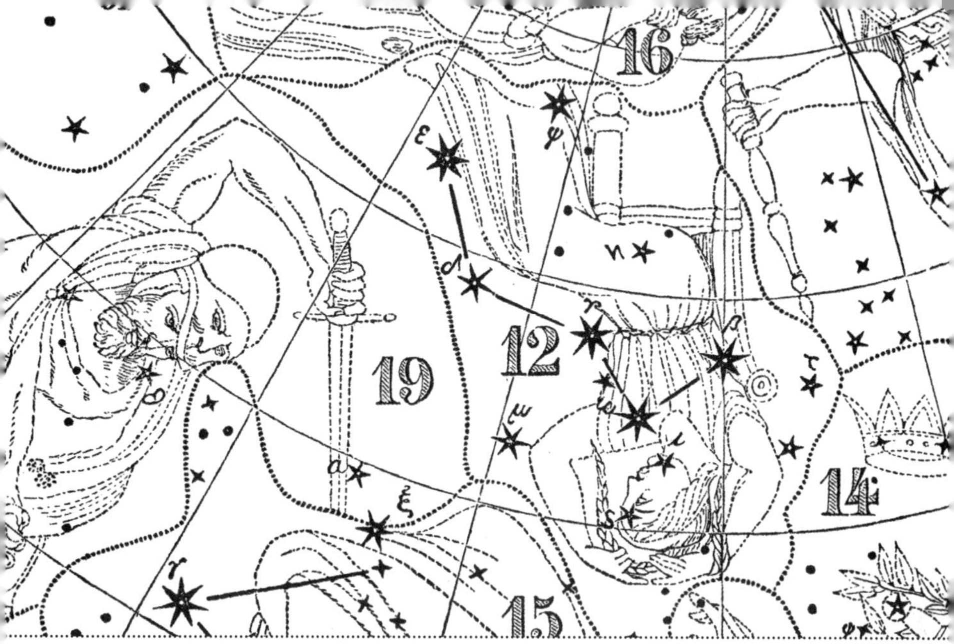

CONSTELLATION
DE CASSIOPÉE

49731621851

Lorsque vous contemplez la constellation de Cassiopée avec votre vision physique, vous pouvez découvrir une lumière provenant de cette constellation. Vous la ressentez sur le plan physique, à savoir avec vos yeux et tout votre corps. Vous percevez cette lumière comme une lumière, mais en réalité, c'est plutôt un élément, soit un flux d'information. L'information n'est pas la lumière telle qu'elle, parce que nous ne percevons pas toujours comme de la lumière les choses que nous percevons comme de l'information. Cependant, l'information peut organiser une lumière, tout comme la lumière peut organiser la notion de l'information.

Tout est assez facile sur le plan de la logique géométrique : la lumière est une chose, tandis que l'information sur la lumière en est une autre qui constitue le niveau informationnel qui vous concerne. Lorsque vous transformez l'information au niveau de l'état, à savoir sans la transférer au niveau de la lumière, vous arrivez à organiser la vie éternelle dans votre corps physique.

Si vous arrivez à comprendre tout le niveau informationnel de l'évolution éternelle dans le plan de la logique et de la concision, la résurrection globale aura lieu malgré tout, car il s'agit de l'information qui avait déjà été déclarée. Donc, tout cela se produira.

Tout ce qui est constructif et qui avait été déclaré aura lieu. Il s'agit d'une loi du développement éternel. Il faut juste la comprendre et l'intégrer. Alors, vous pouvez formuler et intégrer des lois qui rempliront par la suite le rôle de lois universelles. La création des lois nécessaires pour le développement éternel et pour la vie éternelle, ainsi que leur approbation et leur réalisation, constitue un élément important du travail avec la constellation de Cassiopée impliquant votre conscience, la structure de votre âme et de votre esprit.

α Cassiopeiae – Schedar – 49726421728

β Cassiopeiae – Caph – 62831421004

γ Cassiopeiae – Tsih – 93164871978

δ Cassiopeiae – Ruchbah – 73964121984

ε Cassiopeiae – Segin – 69384129451

ζ Cassiopeiae – 63854926714

η Cassiopeiae – Achird – 62831724984

θ Cassiopeiae – Marfak – 83163949873

ι Cassiopeiae – 39864721978

κ Cassiopeiae – 62314921874

λ Cassiopeiae – 89364721894

μ Cassiopeiae – 62149872189

ν Cassiopeiae – 24754621847

ξ Cassiopeiae – 36849859471

ο Cassiopeiae – 62314928967

π Cassiopeiae – 89354936178

ρ Cassiopeiae – 62937124984

σ Cassiopeiae – 31464728948

τ Cassiopeiae – 89316749851

υ^1 Cassiopeiae – 36849728431

υ^2 Cassiopeiae – 49364721947

φ Cassiopeiae – 62314829464

χ Cassiopeiae – 64873121849

ψ Cassiopeiae – 36484121971

ω Cassiopeiae – 23149864174

A Cassiopeiae – 29437824891

1 Cassiopeiae – 31489121841

2 Cassiopeiae – 64124829871
4 Cassiopeiae – 24731426101
6 Cassiopeiae – 49754861871
9 Cassiopeiae – 89436129471
10 Cassiopeiae – 36831421871
12 Cassiopeiae – 31854921971
13 Cassiopeiae – 44854621749
16 Cassiopeiae – 69354989171
21 Cassiopeiae – 31654900906
23 Cassiopeiae – 08649121978
31 Cassiopeiae – 69236893174
32 Cassiopeiae – 89547148961
35 Cassiopeiae – 64836121978
38 Cassiopeiae – 47129649871
40 Cassiopeiae – 61968120848
42 Cassiopeiae – 63149859164
43 Cassiopeiae – 47589489749
44 Cassiopeiae – 61731849871
47 Cassiopeiae – 61354921968
49 Cassiopeiae – 49564189464
50 Cassiopeiae – 62139879871
51 Cassiopeiae – 62314921874
52 Cassiopeiae – 62349751931
53 Cassiopeiae – 61453721874
54 Cassiopeiae – 26489421971
55 Cassiopeiae – 62354989161

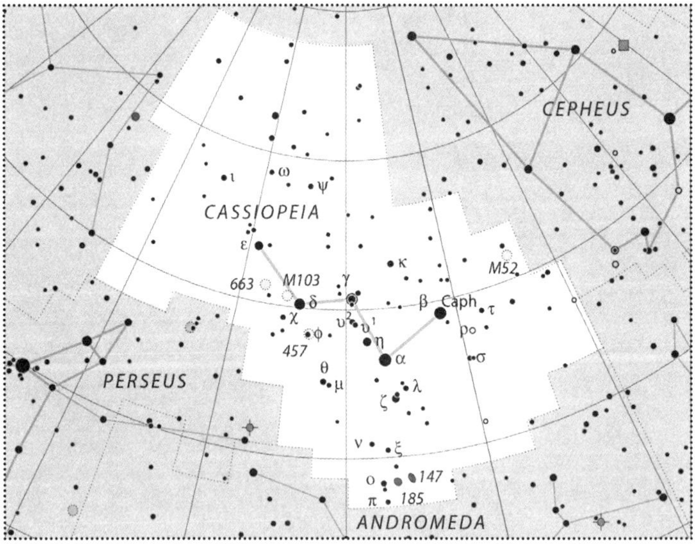

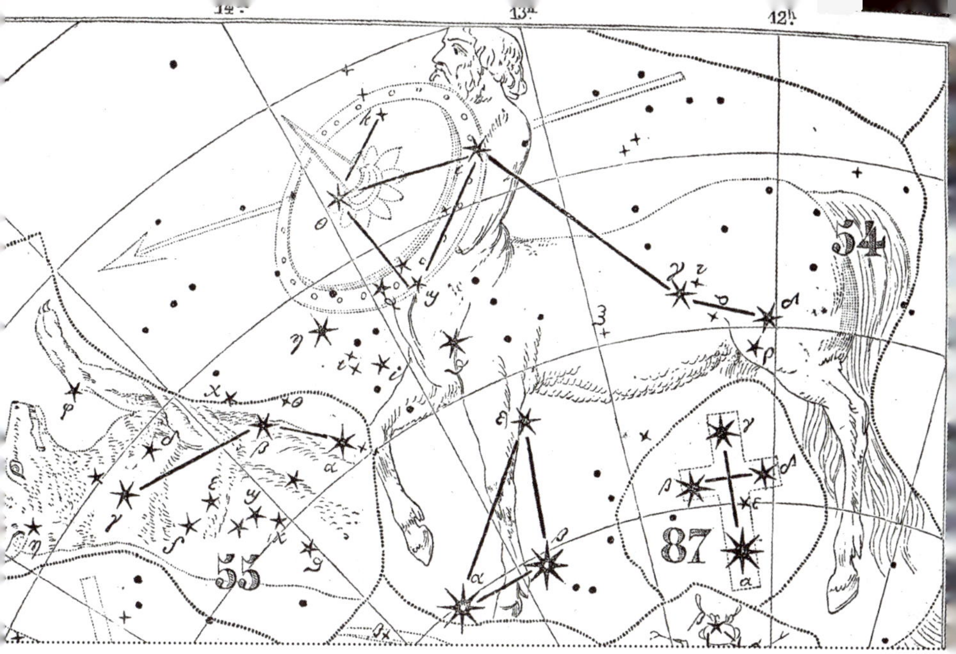

CONSTELLATION
DU CENTAURE

58410648949

Dans la zone de l'étoile α¹ Centauri, le long du vecteur dirigé vers la Terre, il y a une forme de vie semblable à celle de la vie de l'homme. En vous basant sur ce fait, vous pouvez examiner la distance entre α¹ Centauri et la Terre, ainsi que l'évolution de la vie dans l'espace interplanétaire. En termes de croissance de la matière de l'Univers, vous pouvez examiner également la croissance de la matière de la vie. À cet effet, on découvre une série de lois, notamment la loi sur la possibilité de franchir l'espace à une vitesse extrêmement rapide. Ces lois se basent sur deux niveaux de vie se trouvant à une grande distance dans l'espace sidéral. Voici la première loi : la vie sur la Terre se distribue selon les mêmes conditions et sur les mêmes niveaux spatiaux dans l'optique du développement éternel que toute autre matière dans l'Univers.

La deuxième loi est la suivante : les formes de vie cherchent à s'approcher les unes des autres pour que la vie de ces formes et celle de toutes les autres formes évoluent de manière encore plus intensive. Cela veut dire que la loi du développement éternel se répand dans toutes les formes de vie.

La troisième loi constitue plutôt le principe du développement de la vie dans l'espace sidéral et intergalactique. Selon cette loi, il est indispensable de développer une activité intelligente dans l'espace sidéral pour développer la vie en conformité avec la première et la deuxième lois. De cette manière, lorsque vous trouvez une forme de vie quelque part, vous devez obligatoirement utiliser des technologies pour faire évoluer cette forme vers l'intelligence, le progrès et, par conséquent, vers l'égalisation de celle-ci avec toutes les autres formes de vie développées.

Dans la zone de l'étoile π Centauri, vous pouvez observer le phénomène suivant : lorsque la conscience se répand sur le plan infini de l'espace sidéral de l'Univers, certaines positions apparaissent. Ces dernières nous indiquent qu'il existe un niveau de création de la matière, à savoir celui de l'organisation de l'essence originelle de la matière. En examinant ces structures dans la zone de l'étoile π Centauri avec votre conscience, vous pouvez voir apparaître l'image de l'homme lors de la création des fractions originelles de la matière dans des espaces sidéraux éloignés. La fraction originelle de la matière se forme à partir de l'image correspondant à l'homme. On peut ainsi poser la conclusion suivante : l'organisation de la matière dans l'optique de la vision du niveau divin commence à partir du niveau originel de l'intelligence de l'homme. Par conséquent, on voit bien que Dieu a la forme de l'homme.

Ce principe fournit plusieurs significations pratiques lorsque vous examinez le pilotage dans l'espace sidéral, car vous avez la possibilité de restaurer la matière physique de l'homme et d'améliorer sa santé au niveau de l'organisation de la matière. Alors, si l'homme a été créé dans le processus historique de la Terre, le processus de la résurrection globale est directement lié avec le développement des technologies de la connaissance des étoiles éloignées. En effet, il est toujours possible de restaurer la forme et l'impulsion originelle dure toujours. Cela veut dire que vous pouvez restaurer le corps physique d'un homme qui a vécu selon les lois physiques. Vous pouvez notamment restaurer sa structure spirituelle, sa conscience et la structure de l'âme qui existent dans l'information et sur le plan historique de l'évolution de l'espace sidéral. La structure de l'âme apparaît là où l'homme a été restauré.

De cette façon, en cas d'utilisation des appareils qui aident à ressusciter les gens grâce à la connaissance des lois de la physique, il faut intégrer la fonction de pilotage dans ceux-ci à travers l'espace sidéral extérieur. Dans notre situation, l'instrument pratique du pilotage se base sur la possibilité de réaliser une accélération à travers l'étoile π Centauri pour ressusciter tout le monde.

Le lien direct entre les étoiles π Centauri et ϱ Centauri se base sur le fait qu'une forme de matière se trouve dans la zone de l'étoile ϱ Centauri. Cette forme possède un niveau de concentration du développement de la matière physique. À cet égard, grâce au développement de la technologie de la vie éternelle et de la non-mort de l'homme, la non-mort est déjà déterminée tout en étant réalisable au moyen d'une perception correcte d'une matière éloignée, par exemple, d'une matière qui se trouve près de l'étoile ϱ Centauri. Cette dernière nous fournit une technologie complète de non-mort. En associant ϱ Centauri avec l'étoile π Centauri qui contient l'information de la réalisation de la résurrection globale, vous pouvez prendre en considération le principe selon lequel aucune matière, ni même la matière physique, ne peut être détruite. Tout peut être restauré. La matière physique existante de la vie est également indestructible. De plus, elle peut exister éternellement. Un homme qui est né un jour ou un être vivant qui avait été créé possèdent la technologie de la non-mort dans le temps infini.

Lorsque vous voyez la vie autour de vous dans toutes ses manifestations infinies, vous comprenez que chaque élément de la vie est éternel.

α^1 Centauri A – Rigil Kentaurus – 58149881848

α^2 Centauri B – 51981421971

β Centauri – Hadar – 51431721481

γ Centauri – 51871381458

δ Centauri – 61871421851

ε Centauri – 68131721964

ζ Centauri – 58060484971

η Centauri – 89564971851

θ Centauri – Menkent – 30968121978

ι Centauri – 53489129871

κ Centauri – 38967129849

λ Centauri – 89406121984

μ Centauri – 38968121748

ν Centauri – 54960421981

ξ^1 Centauri – 51869489471

ξ^2 Centauri – 58960129871

o^1 Centauri – 51960129481

o^2 Centauri – 59873131964

π Centauri – 89436189758

ρ Centauri – 51964189141

σ Centauri – 31864181971

τ Centauri – 51485131748

υ^1 Centauri – 51481481961

υ^2 Centauri – 38484231849

ϕ Centauri – 85161789164

χ Centauri – 81549871961

ψ Centauri – 31864121871

ω Centauri – 81968121989

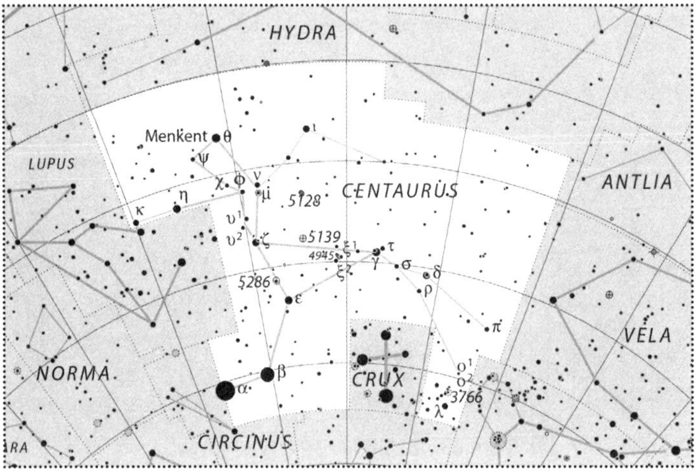

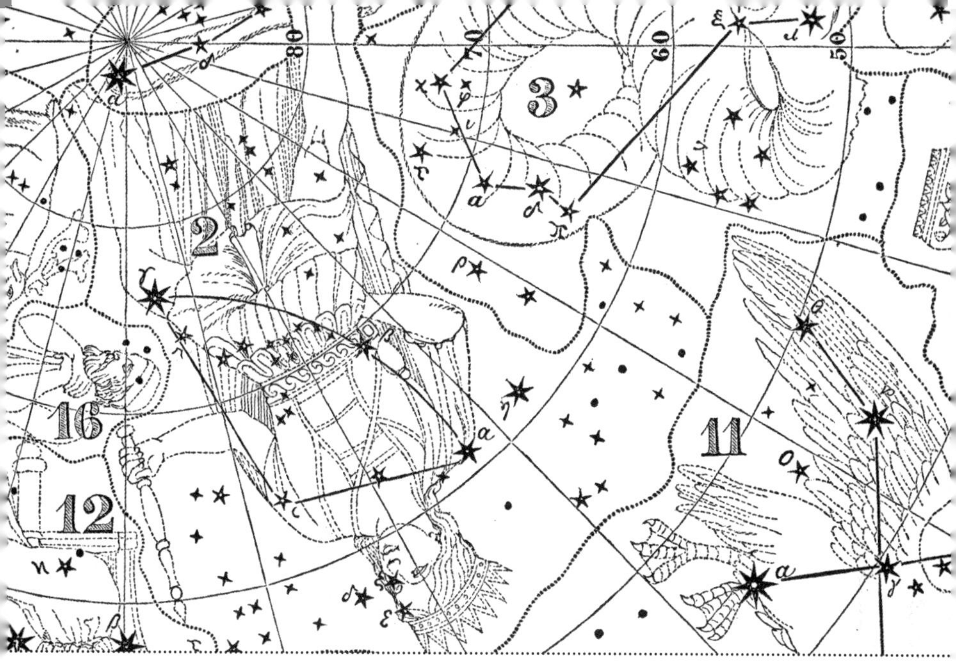

CONSTELLATION DE CÉPHÉE

31960121929

Dans la zone de l'étoile α Cephei, ainsi que dans le centre de cette étoile et dans le centre géométrique de cette zone, vous pouvez percevoir à travers votre conscience et le diagnostic spirituel qu'il existe une information qui est l'organisation des formes de vie. Un niveau d'information précède l'organisation de la vie. Si vous renforcez l'action de cette information moyennant votre conscience, la progression de la vie s'accélérera et, par conséquent, vous verrez accroître le processus de la réalisation du développement éternel et de la vie éternelle.

De cette façon, si vous vous concentrez sur cette étoile, plus exactement sur la série numérique lui correspondant, vous avez la possibilité d'obtenir plus rapidement les facteurs assurant votre vie éternelle et celle de tout être vivant.

Vous considérez la pensée telle qu'elle est dans votre compréhension. Cependant, d'autres personnes risquent de ne pas la discerner ou bien de la comprendre différemment. C'est pourquoi, si vous vous focalisez sur les étoiles de la constellation de Céphée, vous êtes en mesure d'amener vos pensées et celles des autres vers le champ informationnel synchronisé se dirigeant vers le développement éternel et la vie éternelle. Vous créez ainsi l'harmonie du processus de la pensée. Cette harmonie est souvent nécessaire pour la vie éternelle. De plus, chacun peut maîtriser cette harmonie, car elle existe en chacun. Par conséquent, chacun peut assurer la vie éternelle dans le corps physique pour soi-même et pour autrui.

α Cephei – Alderamin – 51861421978

β Cephei – Alfirk – 51861421981

γ Cephei – Alrai – 31874851961

δ Cephei – 38974561987

ε Cephei – 31871421981

ζ Cephei – 89453189748

η Cephei – 50149389871

θ Cephei – 36489451978

ι Cephei – 39671429871

ϰ Cephei – 36849129871

λ Cephei – 34960129851

μ Cephei – 34189729868

ν Cephei – 39850169864

ξ Cephei – 01849549861

ο Cephei – 39571069481

π Cephei – 30450129861

ϱ Cephei – 58406129878

υ Cephei – 31064858971

υ^1 Cephei – 38485169471

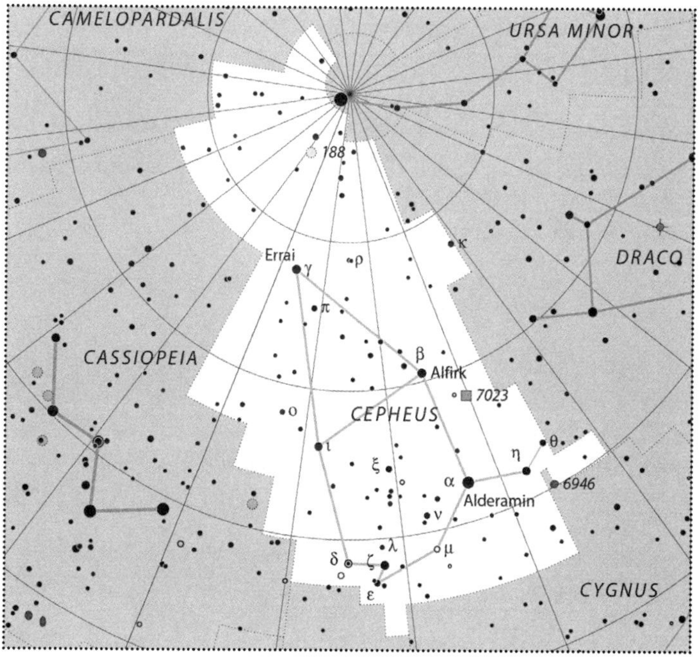

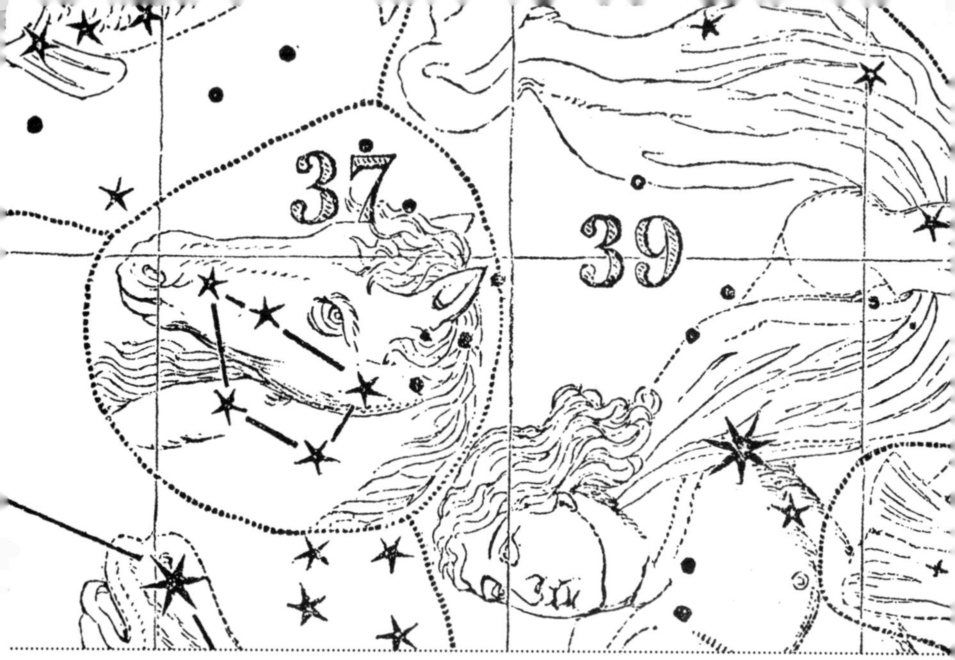

CONSTELLATION
DU PETIT CHEVAL

97845169481

Le pilotage à travers le système d'étoiles de la constellation du Petit Cheval vous permet de voir les événements futurs dans une réflexion spéculaire. Alors, il est plus facile d'atteindre ces événements et de les aligner comme bon vous semble. Cela veut dire que vous pouvez les adapter à vos besoins en ce qui concerne le développement éternel et la vie éternelle pour vous et pour ceux qui vous entourent.

α Equulei – Kitalpha – 59384871961

β Equulei – 39754986148

γ Equulci – 51974891849

δ Equulei – Pherasauval – 53149489471

ε Equulei – 46859171981

λ Equulei – 48561431981

2 Equulei – 39164871961

3 Equulei – 89451961784

4 Equulei – 59861489871

6 Equulei – 59431781964

9 Equulei – 31854721989

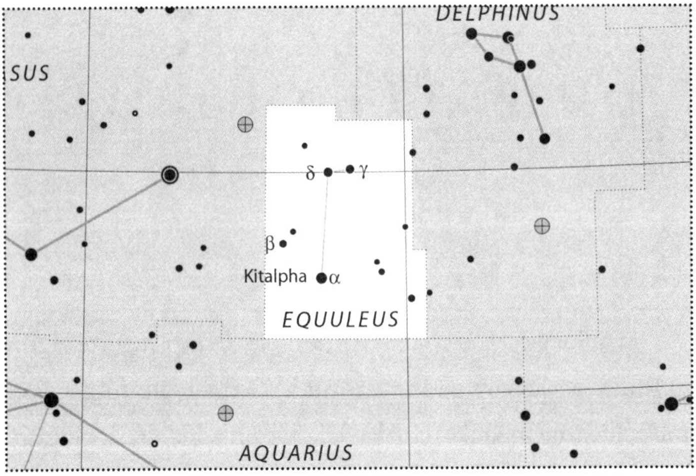

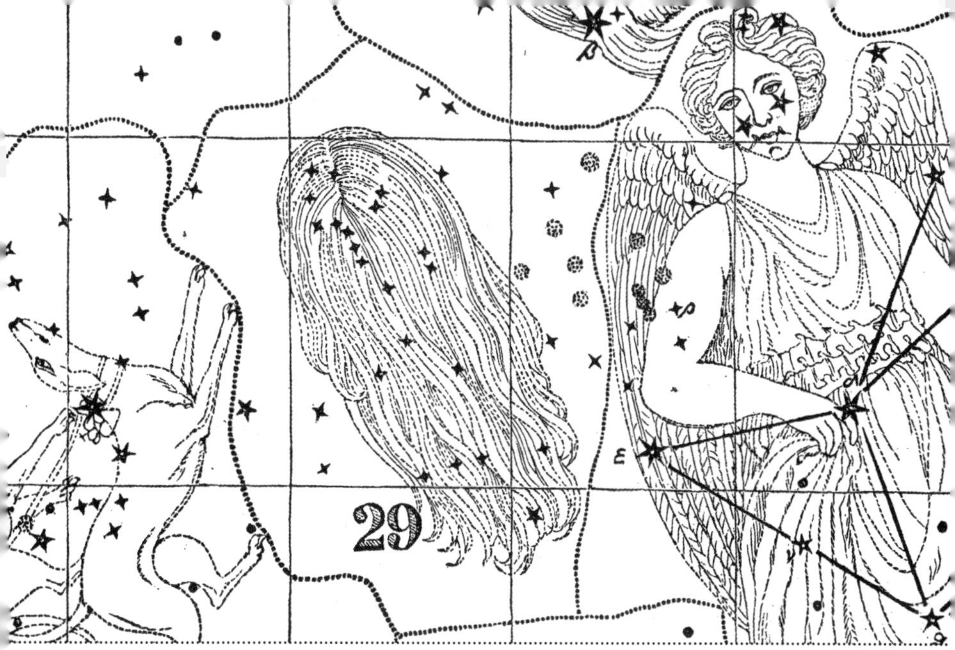

CONSTELLATION DE LA CHEVELURE DE BÉRÉNICE

24971831961

Lorsque vous regardez la constellation de la Chevelure de Bérénice dans le ciel la nuit avec votre vision physique ou que vous percevez ce champ de l'espace d'une autre façon tout en examinant la constellation dans votre conscience, vous pouvez voir que chaque cheveu dessiné ou imaginé correspond au niveau du mouvement d'une information. Si vous pénétrez dans la structure intérieure de ce cheveu, vous pouvez voir que l'information, de couleur dorée, est neutre initialement. La couleur dorée est la conséquence du mouvement de l'information.

Si vous arrêtez l'information par votre pensée, la couleur de l'information commencera à se transformer en blanc. Vous verrez en même temps l'action du Créateur qui organise cette information. Donc, la couleur est la caractéristique du pilotage. Par exemple, si vous parcourez chaque cheveu en exerçant le pilotage, vous apercevrez que plus vous avancez mentalement avec votre information le long de chaque cheveu, plus l'information devient claire. Il est possible d'en conclure que tout mouvement ou développement contribue à une croissance plus importante des forces créatives. La création est un avenir inévitable. Par conséquent, tout ce qui peut produire le bien et la création doit être éternel. De cette manière, l'Éternité est intégrée dans l'essence même de l'homme, car ce dernier est capable d'agir. Toute action donne lieu à l'éternité de la progression et de la vie.

Faites faire à votre conscience des mouvements sur des champs choisis de l'espace sidéral. Ainsi, vous pouvez créer des actions de pilotage pour toute la matière de l'Univers en vue de la vie éternelle. Vous êtes en mesure notamment de le faire pour la matière se trouvant derrière le noir indiscernable afin de créer au temps opportun une protection contre les objets ayant des fonctions indéfinies. Les scientifiques étudient de plus en plus les traces de la matière cachée qui est beaucoup plus importante que la substance dont l'univers visible est construit.

Ce sujet a été présenté dans l'article « Les astronomes recherche dans le noir » dans le journal *La prévision : une solution de pilotage*, n° 2 (15) en février 2003 :

« En fournissant la prévision pour juin 2002 concernant l'espace sidéral dans *La prévision : une solution de pilotage* n° 5 (6), Grigori Grabovoï a dit qu'il est nécessaire d'examiner le pilotage de l'information optique dans le cadre des recherches scientifiques. Grâce à un tel pilotage, il ne sera possible de différencier des objets très éloignés que dans le signal optique... Dans ce cas, nous pouvons définir n'importe quel objet non spécifique ayant une nature ondulatoire différente ou une organisation extrêmement solide différente. Cela donne la possibilité de se protéger contre les objets possédant les fonctions indéfinies et présentant un danger pour la planète...

« Afin de distinguer la puissance du signal *noir* (faible), il faut savoir différencier l'information même lorsque cette dernière n'est pas détectée clairement par l'optique. Autrement dit, il est nécessaire de reconnaître dans le fond noir de l'espace sidéral les systèmes physiques qui peuvent être neutralisés... On pourrait également voir un certain espace autour du signal optique. Il s'agit de la diminution du signal et de sa transformation en une perception non différenciée pour le télescope. Il est indispensable de savoir obtenir l'information se trouvant derrière le noir indiscernable.

« La dernière conférence scientifique *L'astrophysique des matières hautes : aujourd'hui et demain* ayant eu lieu en

2002 a été organisée par l'Académie russe des sciences à l'Institut des recherches spatiales. Nous avons trouvé cette information dans les communiqués de presse publiés par les organisateurs de la conférence et sur Internet. On trouve beaucoup de références au docteur Rashid Sunyaev, directeur de l'Institut Max-Planck d'astrophysique en Allemagne et chef du laboratoire de l'Institut des recherches spatiales. Nous allons présenter uniquement les données les plus intéressantes obtenues à partir de l'étude des problèmes et des réalisations astrophysiques confirmant les prévisions de Grigori Grabovoï.

« À la fin de l'année, les principales maisons d'édition ont publié les listes des tâches les plus importantes pour la science fondamentale. La plupart de ces tâches concernent l'astrophysique. Selon Sunyaev, nous vivons dans un temps unique semblable à l'époque des grandes découvertes géographiques. Les scientifiques suivent le chemin de Magellan en ce qui concerne l'Univers. Ils trouvent partout des traces de matière cachée qui est 15 fois plus importante que la substance que nous connaissons et dont le monde visible est construit.

« L'existence d'une substance cachée et la quantité de la *matière noire* sont confirmées par plusieurs méthodes, notamment par la prise de mesure du champ gravitationnel des amas de galaxies dans les rayons X et lors de la déformation des *lentilles gravitationnelles* (représentation des galaxies lointaines à travers les amas des galaxies). De plus, le problème de l'oscillation du neutrino souligné par un prix Nobel a prouvé que le neutrino a une masse. Pour l'instant, seule sa frontière inférieure a été mesurée. L'apport des neutrinos auparavant considérés neutres dans la densité moyenne de la substance dans l'Univers a démontré, grâce au télescope Hubble, qu'il est impossible d'accorder le spectre de l'émission lumineuse avec les rayons X dans aucun des modèles théoriques acceptés. La vraie science commence là où il est impossible de faire rentrer la nouvelle information dans les cadres déjà connus... »

α Comae Berenices – Al Dafirah – 64754981974

β Comae Berenices – 75964121984

γ Comae Berenices – 45831421872

1 Comae Berenices – 64854958964

2 Comae Berenices – 45154893854

3 Comae Berenices – 69758979867

4 Comae Berenices – 19454261978

5 Comae Berenices – 62854129878

6 Comae Berenices – 51649281940

7 Comae Berenices – 16985421971

8 Comae Berenices – 59868121974

9 Comae Berenices – 58942131968

10 Comae Berenices – 53121621859

11 Comae Berenices – 36837121851

12 Comae Berenices – 64971521958

13 Comae Berenices – 59864121721

14 Comae Berenices – 53121849878

16 Comae Berenices – 61817219489

17 C. Berenices – 89841351964
18 C. Berenices – 31654981949
20 C. Berenices – 56489131974
21 C. Berenices – 54936121984
22 C. Berenices – 36489151967
23 C. Berenices – 37849121851
24 C. Berenices – 56481891429
25 C. Berenices – 69451729851
26 C. Berenices – 12384921759
27 C. Berenices – 36151421971
28 C. Berenices – 42869427849
29 C. Berenices – 54216421978
30 C. Berenices – 64971851961
31 C. Berenices – 54968121971
32 C. Berenices – 58421729401
35 C. Berenices – 62149751981
36 C. Berenices – 72159871968
37 C. Berenices – 54861729806
38 C. Berenices – 54961181949
39 C. Berenices – 54758121968
40 C. Berenices – 58904131968
41 C. Berenices – 36151681971

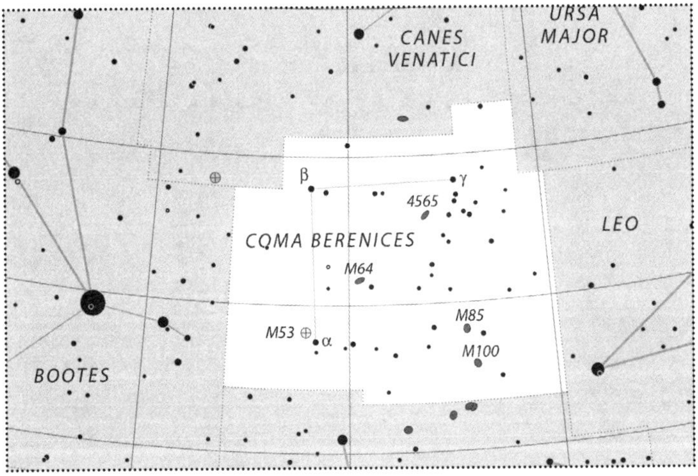

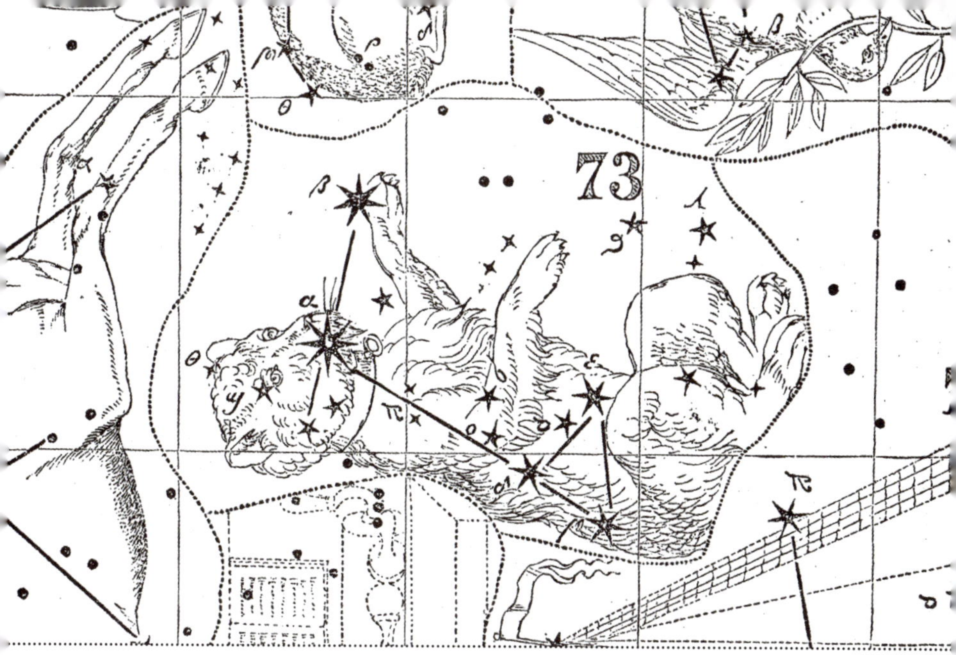

CONSTELLATION
DU GRAND CHIEN

51421831994 Sirius

En vous concentrant sur la constellation du Grand Chien, vous devez appliquer la technologie suivante : examinez le dessin représentant le Grand Chien, focalisez votre attention sur les oreilles droite et gauche, puis sur sa queue, puis sur ses pattes avant, la droite et la gauche, puis sur ses pattes arrière, la droite et la gauche ; après cela, faites passer le vecteur du pilotage, à savoir le vecteur du rayon de lumière, dans la zone de la colonne vertébrale, approximativement au milieu du dos. Par la suite, concentrez-vous davantage et examinez l'information du Grand Chien se reproduire. Il s'agit du principe de la création et du rétablissement de l'information du Grand Chien. Une fois que vous aurez examiné cette information, vous verrez qu'il est possible de restituer tous les phénomènes en vous focalisant très fort sur la forme de cette information qui est intégrée soit dans la conscience collective, soit dans votre conscience. Vous pouvez extraire cette information grâce à l'observation ou tout simplement à la perception.

Si vous vous concentrez sur la constellation du Grand chien, si vous l'examinez dans le plan de la réflexion, à savoir dans le plan de la symétrie, et que vous examinez la patte gauche reflétée du Grand Chien, vous verrez la structure de l'organisation du tissu du corps humain. Il en ressort que tout élément de la réalité comporte une impulsion se trouvant dans la réflexion spéculaire, soit dans une autre information où la création de l'homme se déroule. Il est possible de trouver le champ de la restauration et de la vie éternelle de l'homme dans n'importe quel champ reflété d'un objet quelconque de l'information. Il s'agit également d'une des lois du développement de l'information applicable lors de l'observation de la structure des étoiles dans la direction du développement éternel.

α Canis Majoris – Sirius – 49871321949

β Canis Majoris – Murzim – 31964829875

γ Canis Majoris – Muliphein – 31978136485

δ Canis Majoris – Wezen – 31648951974

ε Canis Majoris – Adhara – 48549871949

ζ Canis Majoris – Furud – 38451781948

η Canis Majoris – Aludra – 35481971946

μ Canis Majoris – Isida – 31945849751

θ Canis Majoris – 31948789421

ι Canis Majoris – 21651481974

ϰ Canis Majoris – 49837184951

λ Canis Majoris – 49531871849

ν^1 Canis Majoris – 45831981947

ν^2 Canis Majoris – 31931861879

ν^3 Canis Majoris – 59845849871

ξ^1 Canis Majoris – 31481549861

ξ^2 Canis Majoris – 31684951961

o^1 Canis Majoris – Menkelb Prior – 31649851971

o^2 Canis Majoris – Menkelb Posterior – 54831649878

π Canis Majoris – 31967181948

σ Canis Majoris – 59864759431

τ Canis Majoris – 59431749849

ω Canis Majoris – 36948159871

3 Canis Majoris – 59381489641

10 Canis Majoris – 49561729859

11 Canis Majoris – 31654851964

12 Canis Majoris – 58961466848

15 Canis Majoris – 31485161978

17 Canis Majoris – 38449121649

26 Canis Majoris – 31948569874

27 Canis Majoris – 39849151968

29 Canis Majoris – 31489549759

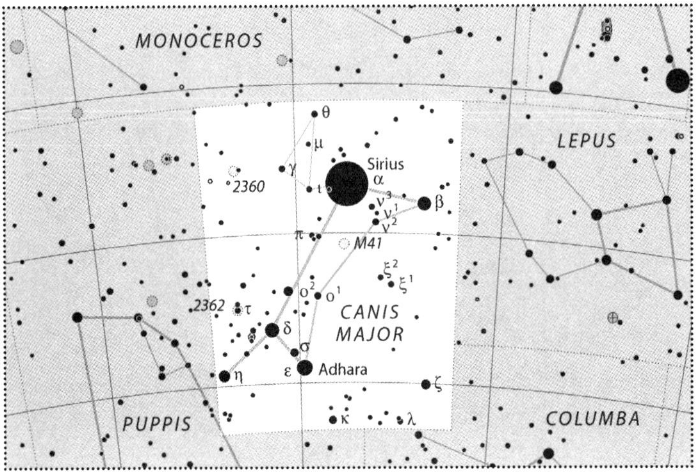

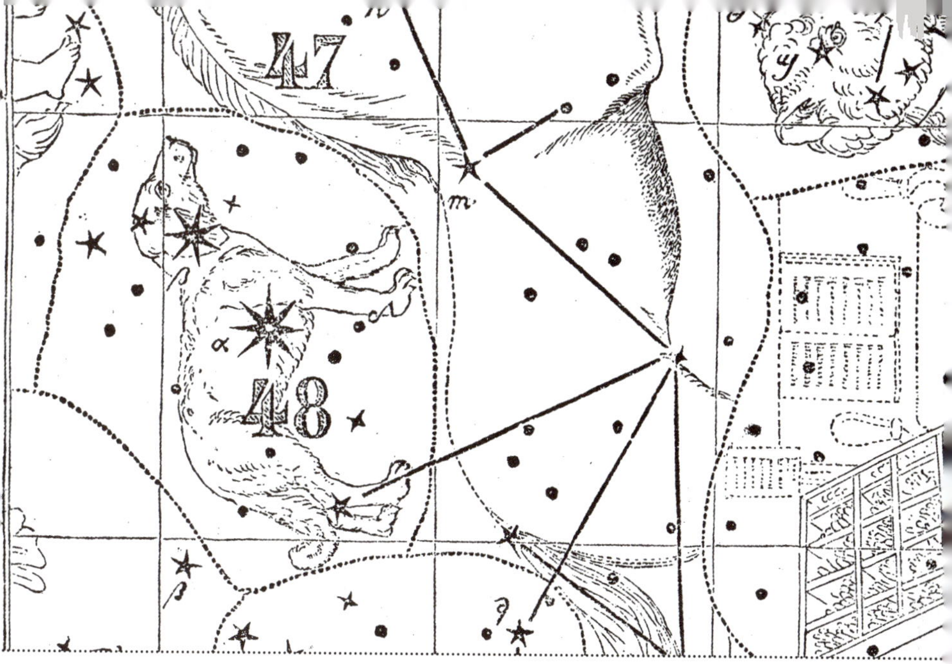

CONSTELLATION
DU PETIT CHIEN

49561721981

Dans la constellation du Petit Chien, vous pouvez construire votre conscience tout en la rendant infiniment étendue et à la fois concrète.

α Canis Minoris – Procyon – 47864121894

β Canis Minoris – Gomeisa – 31984921961

γ Canis Minoris – 49589197861

δ^1 Canis Minoris – 54854921978

δ^2 Canis Minoris – 01451641906

δ^3 Canis Minoris – 47854721847

ε Canis Minoris – 38421421961

ζ Canis Minoris – 36891871849

η Canis Minoris – 58421639491

G Canis Minoris – 38564121971

1 Canis Minoris – 39571401624

6 Canis Minoris – 49051929071

11 Canis Minoris – 38436198451

14 Canis Minoris – 64851871949

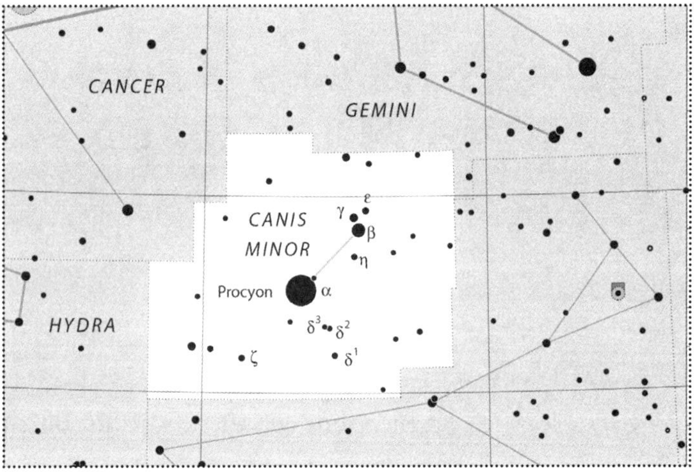

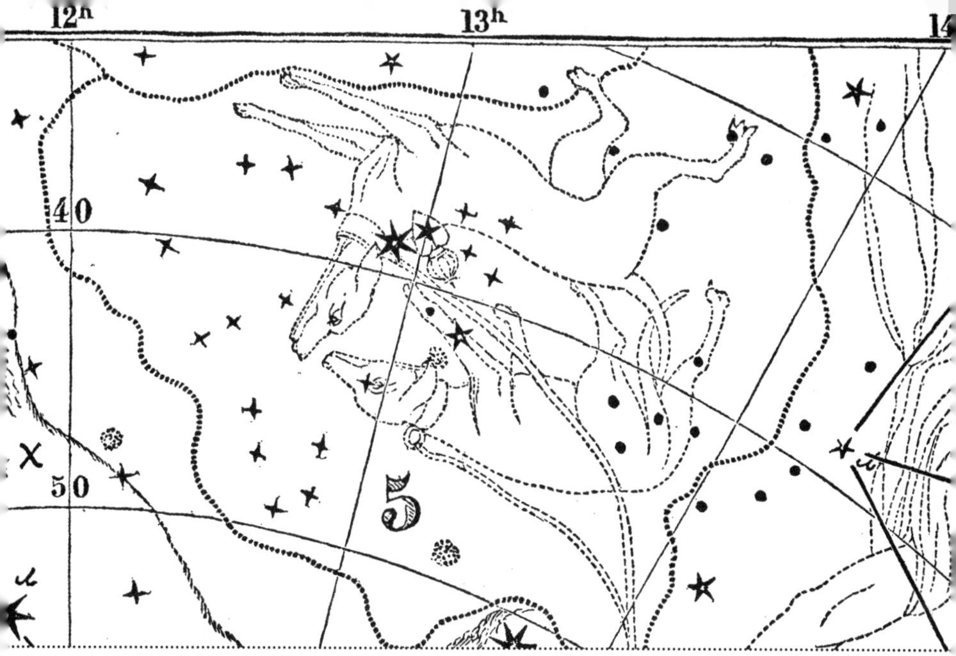

CONSTELLATION
DES CHIENS DE CHASSE

39160400981

En travaillant avec l'information de la constellation des Chiens de chasse, il est nécessaire avant tout d'examiner la notion de vitesse dans l'espace sidéral. Il faut étudier le champ à une vitesse dépassant quelque chose de rapide. S'il y a une vitesse quelconque, notamment le mouvement de l'information ou de la lumière, alors il y a quelque chose qui le dépasse. Par exemple, on peut considérer que le chien se trouvant plus haut sur le dessin dépasse un peu celui qui se trouve plus bas, ou bien vice versa. Il est indispensable de détecter la structure qui suit cette dynamique.

Supposons que vous détectez derrière une forme géométrique en mouvement la structure qui la suit (il s'agit de la vitesse). Par conséquent, si vous voyez une forme, vous verrez toujours une autre forme qui suit la précédente.

Ainsi, vous passez au niveau de réflexion dans lequel vous pouvez toujours trouver un événement qui suit le premier. Il s'agit alors de la vie éternelle!

Il vous suffit de vous percevoir vous-même une seule fois, et voilà, la vie éternelle sera déjà préparée. C'est ce type de connaissance que vous pouvez réaliser à l'intérieur de vous-même lorsque vous travaillez avec la constellation des Chiens de chasse dans l'optique de la réalisation de la vie éternelle.

α^1 Canum Venaticorum – Cor Caroli – 31651421971

α^2 Canum Venaticorum – Cor Caroli – 36871321949

β Canum Venaticorum – Chara – 89436121971

γ Canum Venaticorum – La Superba – 36485139729

2 Canum Venaticorum – 31754961971

3 Canum Venaticorum – 24864149758

4 Canum Venaticorum – 89613485167

5 Canum Venaticorum – 34918567148

6 Canum Venaticorum – 42101985496

7 Canum Venaticorum – 64159431981

9 Canum Venaticorum – 53164879184

10 Canum Venaticorum – 39864859871

11 Canum Venaticorum – 58436199481

14 Canum Venaticorum – 41631849871

15 Canum Venaticorum – 84964129789

17 Canum Venaticorum – 31864859871

19 Canum Venaticorum – 31649189458

20 Canum Venaticorum – 61354849721

21 Canum Venaticorum – 68131453869

23 Canum Venaticorum – 14961871943

24 Canum Venaticorum – 61354989871

25 Canum Venaticorum – 34716418958

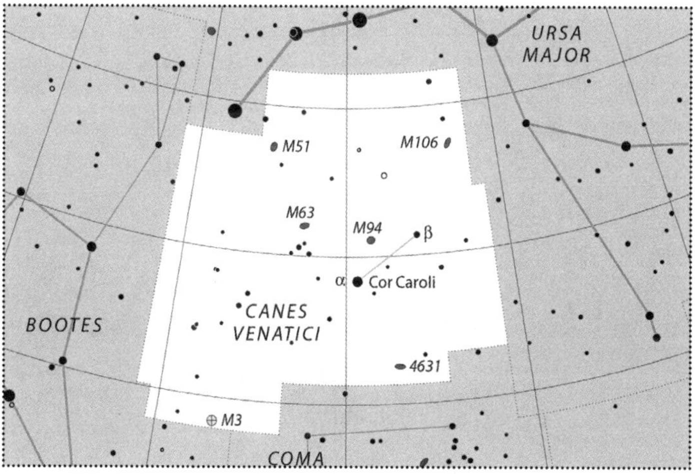

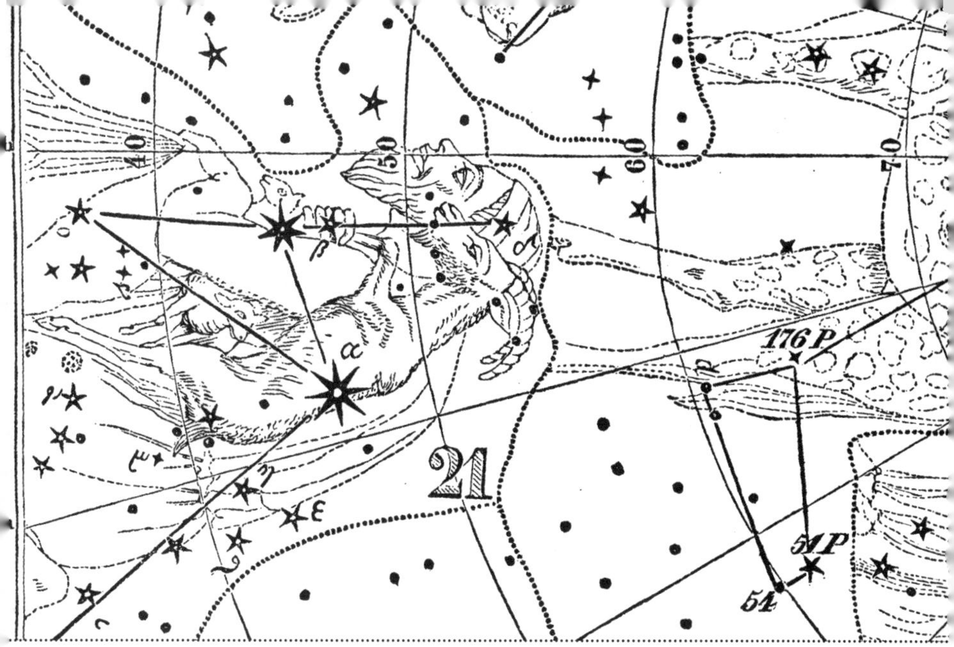

CONSTELLATION
DU COCHER

3683 7121859

En faisant le pilotage au moyen de l'information de la constellation du Cocher, il est nécessaire de voir le principe de l'assistance d'autres systèmes. Lorsque l'homme se développe, naît, accumule des connaissances, il aide d'une certaine manière le monde entier à se développer éternellement. Cela s'explique par le fait suivant : lorsque l'information de l'homme interagit avec le monde l'entourant et en premier lieu avec les systèmes des organismes vivants, ces derniers se dirigent vers l'homme comme vers le système qui fournit les connaissances du développement éternel à ces organismes à partir de la forme de son corps. C'est pourquoi, après avoir étudié la perception de l'homme par les animaux, il est possible de voir que ces derniers perçoivent avant tout la lumière provenant du corps physique sur le plan de la perception intérieure qui pilote les animaux mêmes. Seulement après cela, l'animal perçoit le corps humain au niveau de son esprit, à savoir au niveau intérieur de l'animal. De cette façon, la transmission des connaissances se fait en premier lieu avant l'action du corps.

À ce titre, vous pouvez toujours trouver la perspective du pilotage où l'animal ne sera pas agressif envers l'homme, car cette perspective implique la transmission des connaissances. Vous pouvez répandre ce niveau d'absence d'agressivité, à savoir ce niveau d'esprit pacifique et de création, en vous focalisant sur le corps de l'homme et séparément sur les animaux. De plus, toute l'information transitionnelle constitue l'édification pour la progression éternelle, car le système de l'édification et du développement inconditionnels doit se réaliser dans la structure du développement éternel. Dans le cas du pilotage décrit ci-dessus, cette action se produit de manière optimale et rapide.

α Aurigae – Capella – 21854261971

β Aurigae – Menkalinan – 59861271984

δ Aurigae – Prijipati – 19754121968

ε Aurigae – Al Anz – 58962131979

ζ Aurigae – Hoedus I – 31684121974

η Aurigae – Hoedus II – 38961321978

θ Aurigae – Mahasim – 58436121849

ι Aurigae – Hassaleh – 16837121949

κ Aurigae – 62842131981

λ Aurigae – Al Hurr – 98431621978

μ Aurigae – 16824128949

ν Aurigae – 31658121967

ξ Aurigae – 85936121971

ο Aurigae – 59864159789

π Aurigae – 16831721948

ρ Aurigae – 56484121841

σ Aurigae – 59131781949

τ Aurigae – 54964121972

υ Aurigae – 69754821971

φ Aurigae – 16894121978

χ Aurigae – 17848131689

ψ^{1} Aurigae – 56131721894

ψ^{2} Aurigae – 61837121974

ψ^{3} Aurigae – 16871421989

ψ^{4} Aurigae – 16974129859

ψ^{5} Aurigae – 64974121984

ψ^{6} Aurigae – 68974859864

ψ^{7} Aurigae – 19754969871

ψ^{8} Aurigae – 16839129864

ψ^{9} Aurigae – 17839429874

ω Aurigae – 36101921981

2 Aurigae – 59864129874
5 Aurigae – 14872129864
6 Aurigae – 36849121978
9 Aurigae – 19419139658
12 Aurigae – 36817589421
14 Aurigae – 69719459758
16 Aurigae – 19759439861
17 Aurigae – 69451729489
18 Aurigae – 19759429481
19 Aurigae – 19784751967
22 Aurigae – 99764854961
26 Aurigae – 61931751428
28 Aurigae – 59464759891
36 Aurigae – 19875136849
38 Aurigae – 18958121964
39 Aurigae – 19654121948
40 Aurigae – 61901259431
41 Aurigae – 69431659871
42 Aurigae – 62101926971
43 Aurigae – 42161831978
45 Aurigae – 69754931689
47 Aurigae – 19454721968
48 Aurigae – 18965131978
49 Aurigae – 52131621984
51 Aurigae – 62831721749
53 Aurigae – 69428127851
54 Aurigae – 12864126478
59 Aurigae – 62419736984
60 Aurigae – 31684129758
62 Aurigae – 84936154871
63 Aurigae – 85131721948
64 Aurigae – 36159859748
65 Aurigae – 38749198564
66 Aurigae – 17854131684

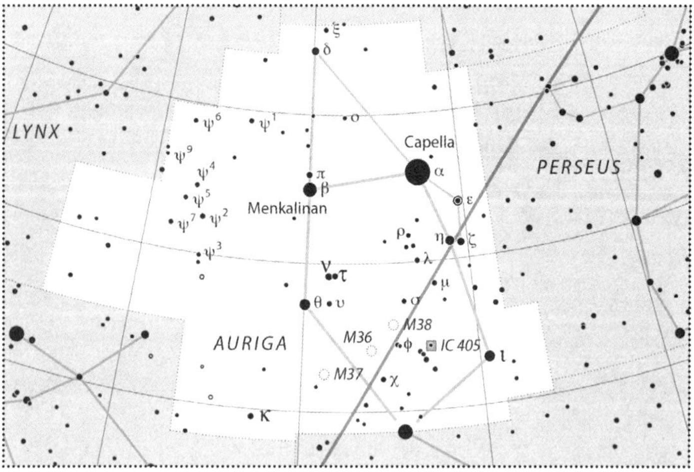

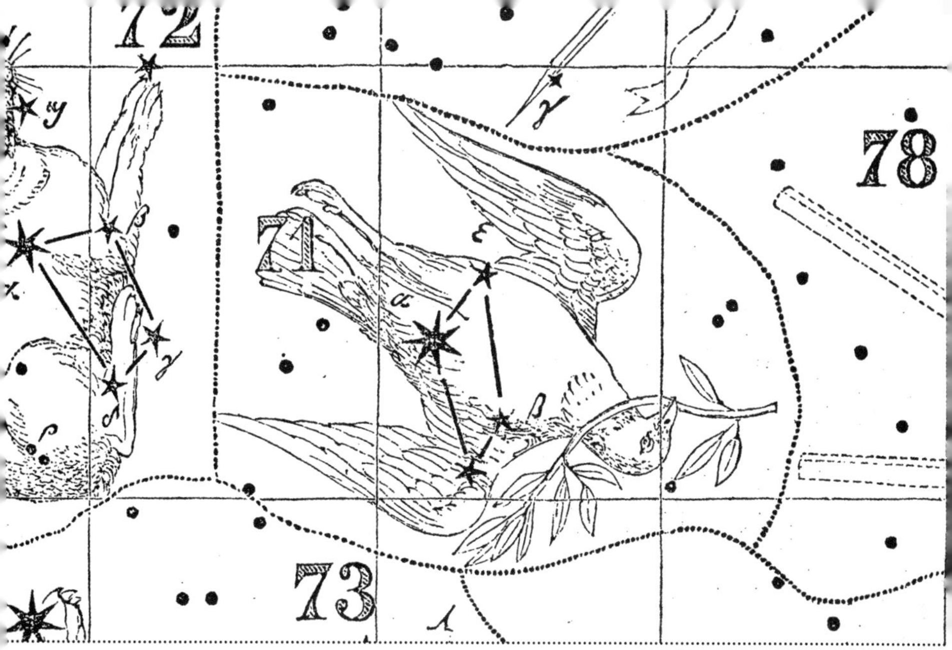

CONSTELLATION
DE LA COLOMBE

36489531849

Pour la constellation de la Colombe, vous pouvez considérer le pilotage dans l'optique de la conscience collective correspondant à la colombe qui est le symbole de la paix. Si vous prenez en compte l'élément végétal se trouvant dans le bec du pigeon, vous verrez que la conscience collective influence l'espace sidéral, le monde extérieur et l'espace sidéral, tout en réagissant de manière impulsive avec le système de la conscience collective. Si vous examinez les trous noirs dans l'espace sidéral, vous verrez que lorsque cette information se répand elle n'atteint pas celle qui correspond à la forme de la colombe.

Cela veut dire que dans votre conscience, vous êtes en mesure de déterminer un mécanisme de recherche de l'espace sidéral qui fonctionne selon les lois déterminées. Chacun peut établir ce mécanisme pour lui-même et explorer tout l'espace sidéral extérieur en se basant sur la comparaison des éléments de la conscience collective et le niveau extérieur de l'espace. La conscience collective transforme l'espace sidéral d'une certaine façon. De plus, vous avez la possibilité d'obtenir un mécanisme très efficace destiné à protéger tous les systèmes de l'espace sidéral grâce à l'intégration dans la conscience collective des formules et des images qui créent le monde et qui assurent le développement éternel et la vie éternelle.

α Columbae – Phact – 48564729847

β Columbae – Wazn – 81384974168

γ Columbae – 31654981975

δ Columbae – Ghusn al Zaitun – 36958171984

ε Columbae – 31685429861

η Columbae – 42154821984

θ Columbae – Al Kurud – 18564971851

κ Columbae – Al Kurud – 18560125955

λ Columbae – Tsze – 31854861975

μ Columbae – 31456189878

ν^1 Columbae – 36874129859

ν^2 Columbae – 89169721984

ξ Columbae – 31485161728

ο Columbae – 89437956841

π^1 Columbae – 42867121984

π^2 Columbae – 38961729849

σ Columbae – 45384121645

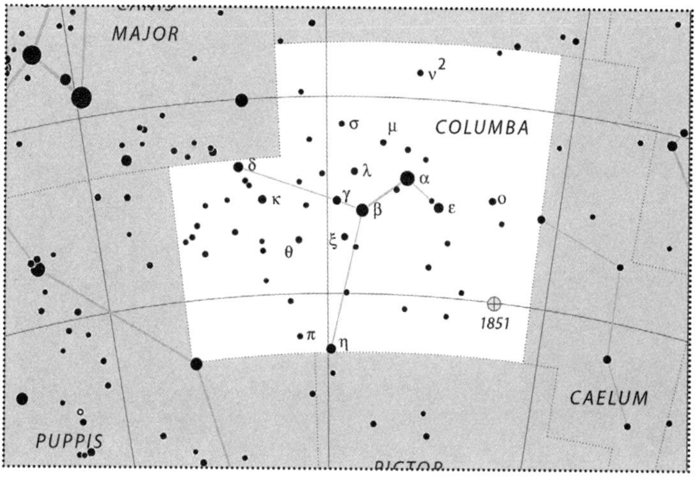

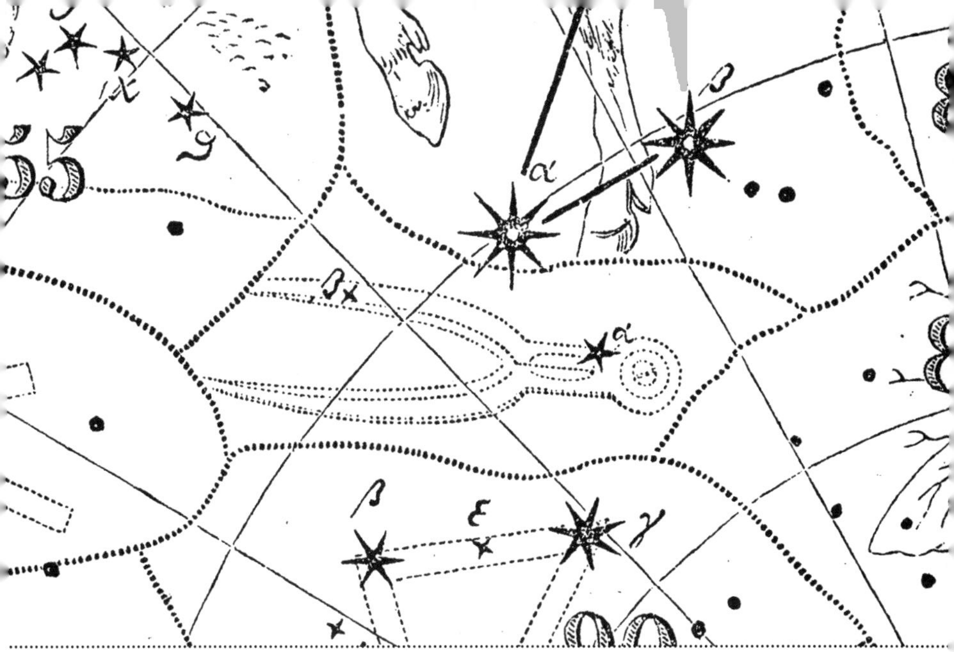

CONSTELLATION
DU COMPAS

51879859461

Dans la constellation du Compas, vous devez trouver vous-même la structure intérieure de votre pensée, l'action de votre âme et de votre esprit afin de vous reconnaître dans le temps infini des signes informationnels de l'espace sidéral. Lorsque vous trouverez votre information dans la constellation du Compas, vous verrez que votre place dans le monde physique est fixée par un rayon d'éternité. Vous êtes éternel, c'est pourquoi vous avez trouvé vous-même le processus de pensée dans l'espace sidéral extérieur. Votre processus de pensée est le reflet et la réalisation du macro- et du microcosme.

α Circini – 58106429871

β Circini – 89459489718

γ Circini – 89864129871

δ Circini – 50864989871

ε Circini – 89568129748

ζ Circini – 89406129471

η Circini – 85968129748

θ Circini – 89406129478

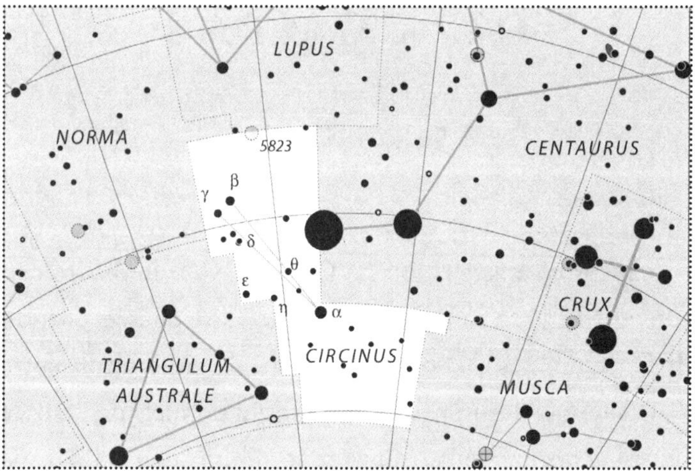

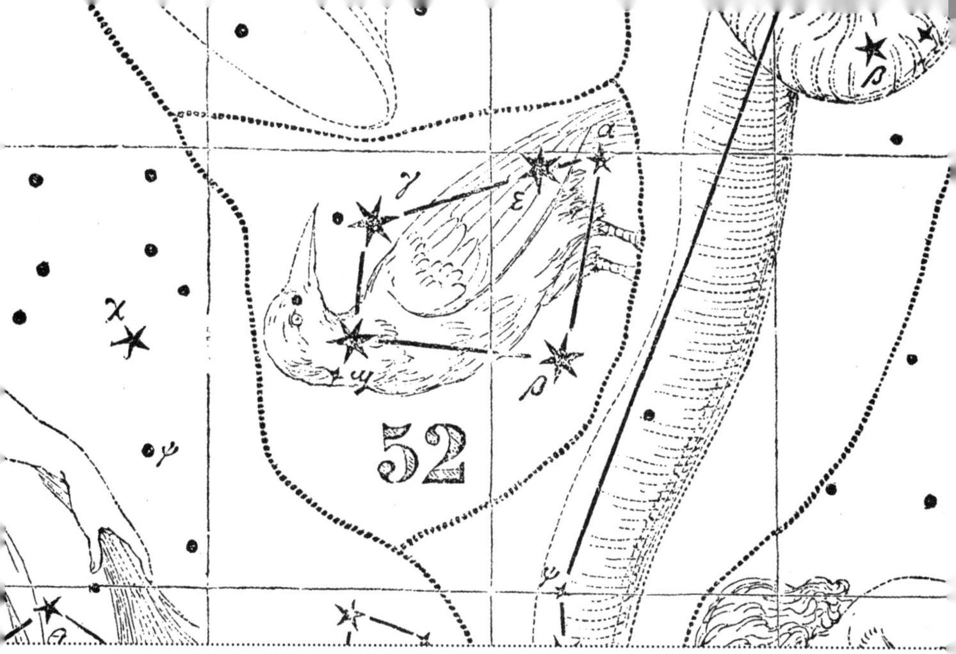

CONSTELLATION
DU CORBEAU

31969851981

Dans la constellation du Corbeau, il faut observer le principe informationnel qui caractérise la structure du vol de l'oiseau dans l'air au moment où il bat des ailes : un mouvement d'air se produit en dessous d'elles. L'interaction entre l'air et le plumage du corbeau constitue le niveau du pilotage permettant de prendre des décisions concernant les systèmes dans lesquels il est difficile d'en prendre pour les raisons suivantes : soit il n'y a pas assez d'information, soit il n'y a pas de nécessité de prendre une décision au moment actuel, car cet événement est éloigné. Vous pouvez approcher ces tourbillons d'air et voir qu'il y a des lignes entre ces derniers et que les flux d'air dans ces lignes n'ont pas de tourbillons. En vous basant sur ces choses, vous remarquerez que toute information contient des systèmes permettant d'obtenir le pilotage nécessaire, même en cas d'absence d'information et d'actions dont vous avez besoin.

α Corvi – Al Chiba – 31564121981

β Corvi – Kraz –36871851461

γ Corvi – Gienah Corvi – 42137861906

δ Corvi – Algorab –13849751961

ε Corvi – Minkar – 19354961981

ζ Corvi – 13964851968

η Corvi – Avis Satyra – 31964181949

3 Corvi – 61481571841

6 Corvi – 38149751964

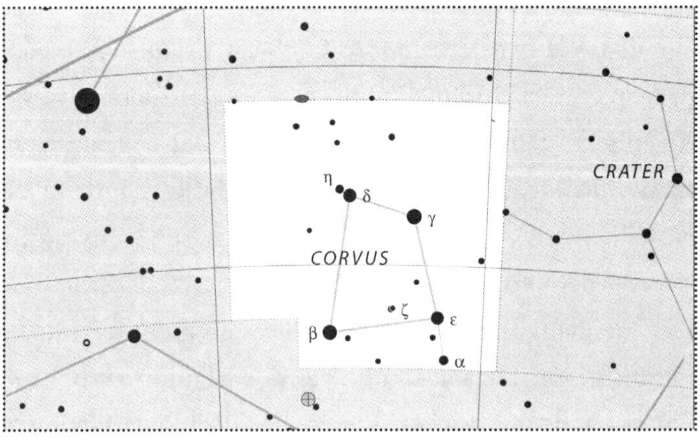

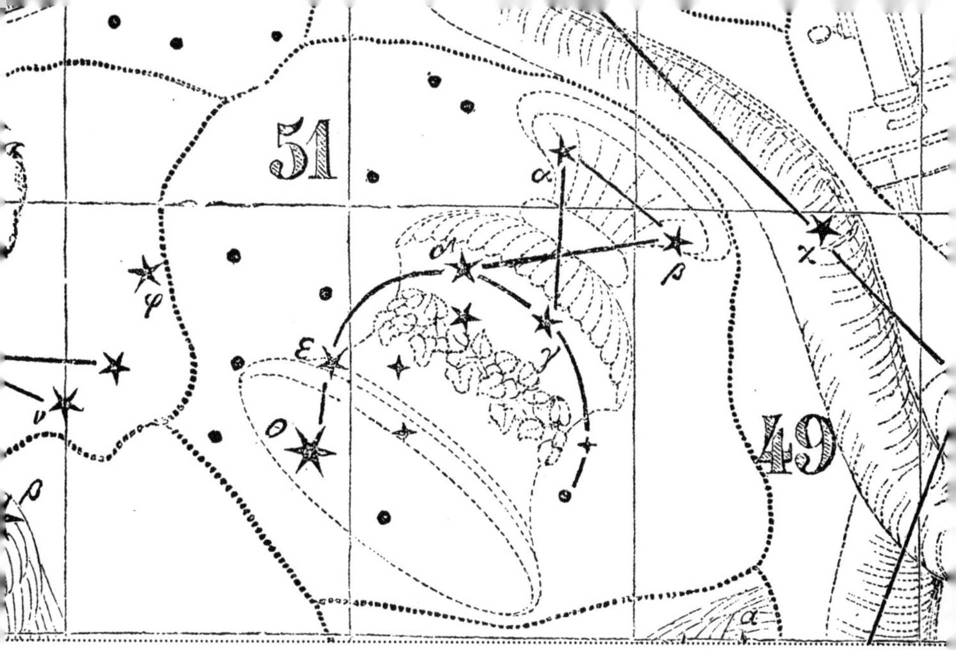

CONSTELLATION
DE LA COUPE

51831421971

Vous pouvez voir une mesure de l'action du pilotage dans la constellation de la Coupe. Lorsque vous souhaitez stabiliser le pilotage et voir jusqu'où il faut continuer votre action, vous pouvez vous focaliser sur la constellation de la Coupe et observer une structure d'évaluation de la situation. Vous comprendrez ainsi ce qu'il faut faire dans le pilotage par la suite. Ce faisant, imaginez la caractéristique suivante : imaginez que de l'eau se déverse dans la coupe;

par conséquent, l'eau finira par faire déborder la coupe et commencera à se déverser en dehors de cette dernière. Vous devez vous concentrer sur votre intérieur et ne pas laisser l'eau se déverser, ce qui est la norme pour ce pilotage. Cette norme est atteinte lorsque vous vous focalisez sur les étoiles de la constellation de la Coupe.

Vous devez également prendre en compte le fait que vous considérez la norme du pilotage pour un instant donné du temps. Le pilotage suivant peut être plus long ou plus court. Toutefois, la capacité de normaliser le pilotage, de ne pas le faire durer trop longtemps ou bien, au contraire, de ne pas normaliser les actions de la conscience avec une impulsion plus longue est une caractéristique importante du pilotage. Cette caractéristique est très importante, car elle vous permet d'optimiser le pilotage pour le développement éternel et d'obtenir les résultats du pilotage plus rapidement.

Sur l'image de la constellation, la coupe est représentée telle qu'elle est représentée sur le plan de la perception. Cependant, vous pouvez renverser cette coupe et la déplacer dans un autre endroit. Vous ressentirez ainsi que tout est mobile. L'information du travail avec n'importe quelle constellation peut être déplacée à tout endroit. De cette façon, vous pouvez créer le principe universel du pilotage de l'espace sidéral entier en vous posant les questions suivantes : de quelle manière est-il possible de faire entrer en contact le travail effectué dans une constellation avec celui effectué dans une autre constellation ? Quels principes et méthodes technologiques peuvent apparaître lors de la réalisation de la vie éternelle et pour sa réalisation ?

α Crateris – Alkes 30964120984

β Crateris – 51493189471

γ Crateris – 61971381949

δ Crateris – 89478129481

ε Crateris – 39864871951

ζ Crateris – 89489171978

η Crateris – 39864129871

θ Crateris – 89731851964

ι Crateris – 51831721874

ϰ Crateris – 36839121978

λ Crateris – 89475131868

ψ Crateris – 51631871981

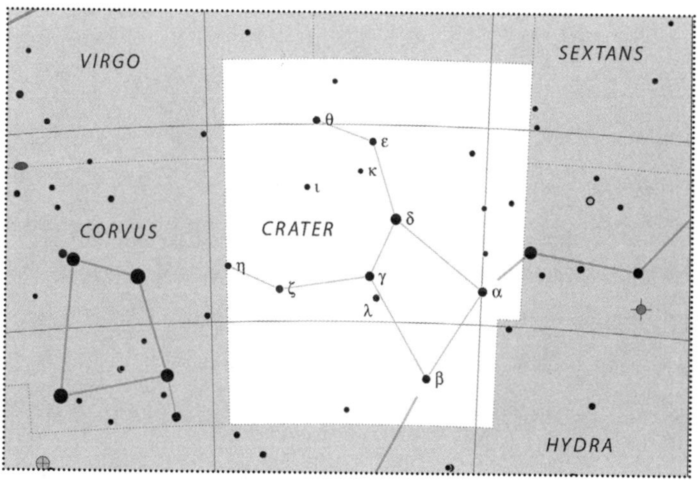

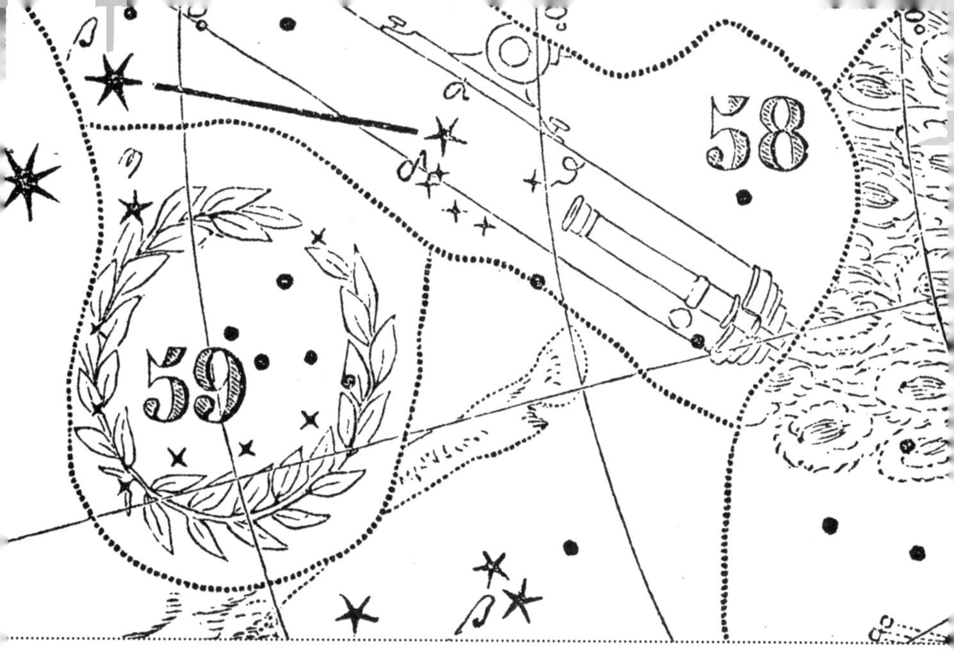

CONSTELLATION
DE LA COURONNE AUSTRALE

51964951971

La technique de pilotage basée sur cette constellation a un caractère réglementaire tout en visant les objets de l'Univers et de l'espace sidéral dans son ensemble. Vous pénétrez dans le point de ce pilotage par votre conscience et vous vous apercevez que vous vous y trouvez déjà. Vous pouvez étudier tout pilotage en prenant en compte son lien avec vous selon le système des liens globaux. Vous pouvez comprendre ainsi de quelle façon il faut piloter, ce que vous devez faire à un moment concret, quelle action il faut entreprendre au niveau physique pour que cette action soit correcte dans l'optique de la vie éternelle et du développement éternel pour vous et pour toutes les autres personnes se trouvant dans leur corps physique.

α Coronae Australis – Alphekka Meridiana – 53854129871

β Coronae Australis – 89474231971

γ Coronae Australis A – 69439859471

γ Coronae Australis B – 39864129871

δ Coronae Australis – 39650129718

ε Coronae Australis – 31684129874

ζ Coronae Australis – 30189450864

η^1 Coronae Australis – 64129879881

η^2 Coronae Australis – 89349879861

θ Coronae Australis – 30489459471

$\varkappa^1$ Coronae Australis – 30960120984

$\varkappa^2$ Coronae Australis – 30459429471

λ Coronae Australis – 89459139481

μ Coronae Australis – 89564129871

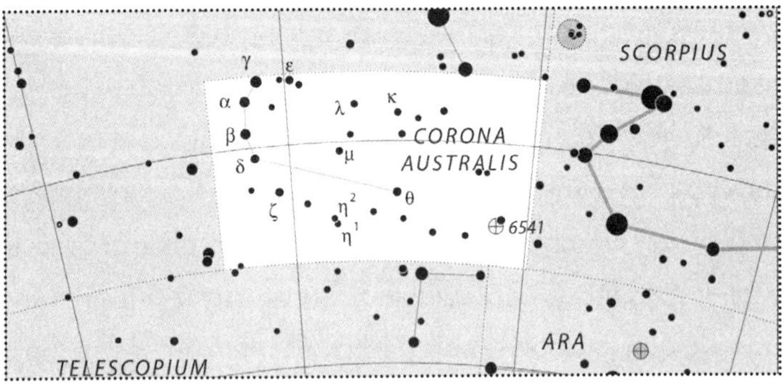

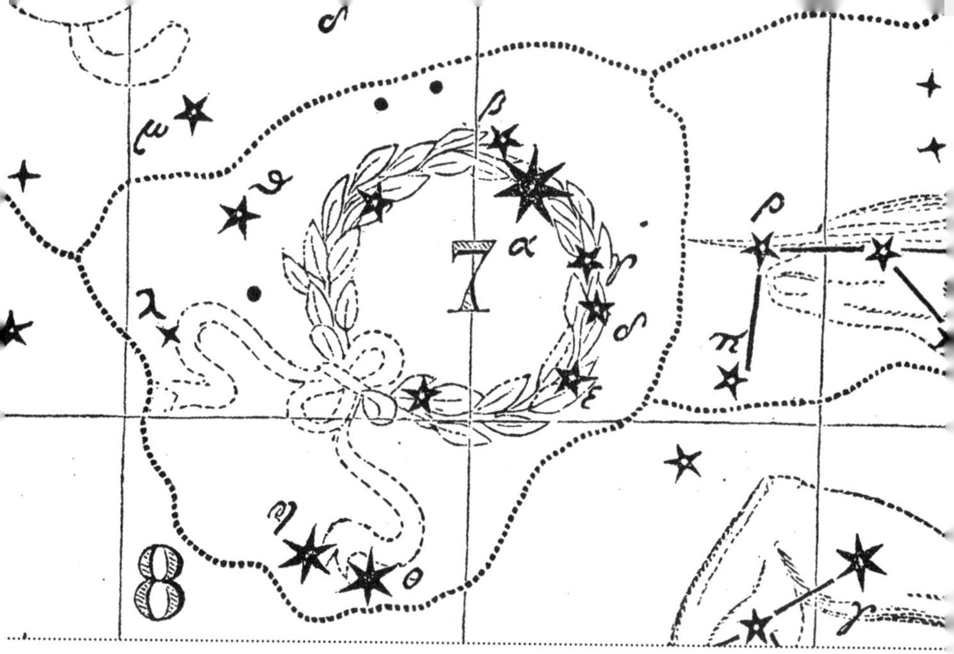

CONSTELLATION
DE LA COURONNE BORÉALE

5986413 1981

Quand il s'agit du pilotage à travers cette constellation, l'expression « couronne boréale » (Coronae Borealis), dans son sens commun, crée un contour de pilotage. Grâce à ce contour, vous pouvez effectuer le pilotage et viser le développement éternel de sorte que ce dernier soit réalisable pour vous et pour tout le monde tant à un moment précis, à savoir pour toute l'humanité en une fois, que pour chaque personne individuellement, par exemple, pour vous, puis pour certaines personnes, et seulement après pour le monde entier. Chacun peut réaliser un tel pilotage à des temps différents, mais pendant une période généralisée, par exemple, durant une journée. Le principe selon lequel tout le monde est en mesure de réaliser la vie éternelle en un jour nous dit que le temps est pilotable. Cela est dû à la possibilité de garantir la vie éternelle dans un temps concret et dans un endroit concret.

α Coronae Bor. – 31867121898	β Coronae Bor. – 31864720188
γ Coronae Bor. – 01979120964	δ Coronae Bor. – 59489139471
ε Coronae Bor. – 39874859819	ζ Coronae Bor. – 38451431721
η Coronae Bor. – 69874859481	θ Coronae Bor. – 58964978948
ι Coronae Bor. – 38516439718	ϰ Coronae Bor. – 59314898471
λ Coronae Bor. – 89459139481	μ Coronae Bor. – 38964129871
ν Coronae Bor. – 39459869471	ξ Coronae Bor. – 53184929164
ο Coronae Bor. – 53978498981	π Coronae Bor. – 31480841961
ϱ Coronae Bor. – 85964879841	σ Coronae Bor. – 59431629481
τ Coronae Bor. – 39868189871	υ Coronae Bor. – 89469729851
ϕ Coronae Bor. – 31684921751	χ Coronae Bor. – 58964729871
ψ Coronae Bor. – 39160129154	ω Coronae Bor. – 31084920964

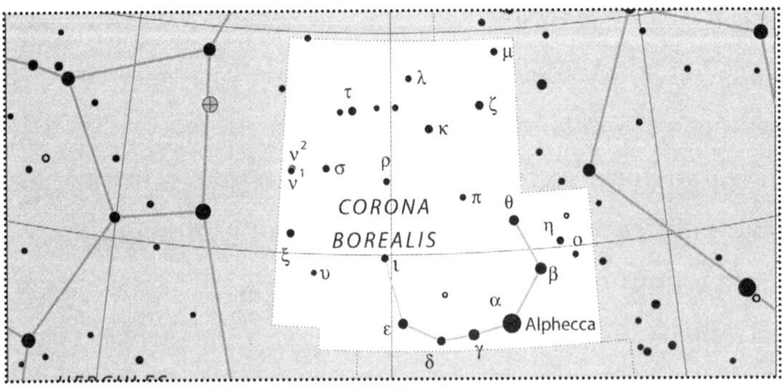

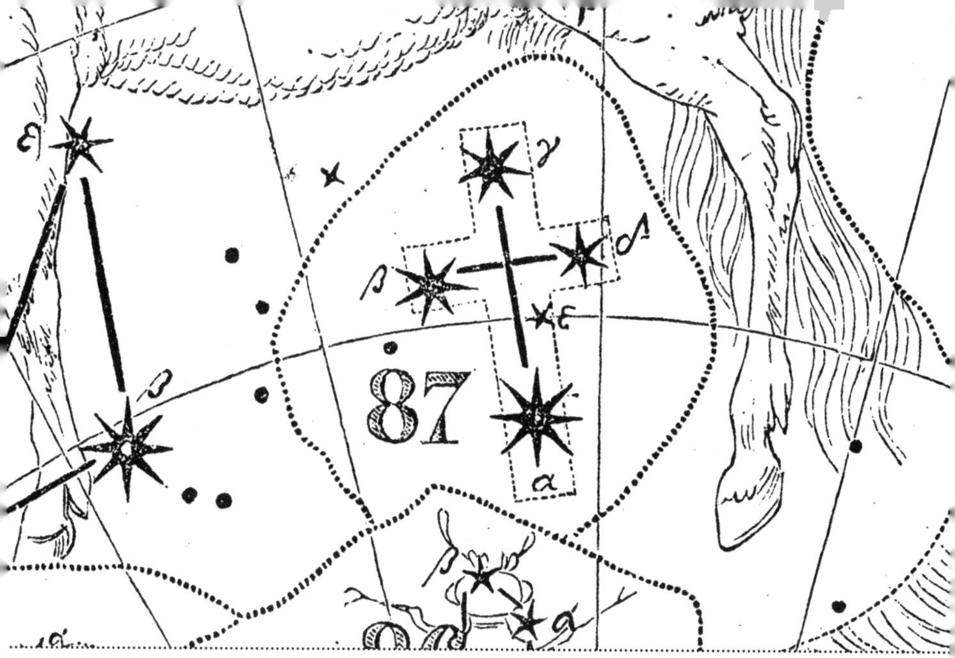

CONSTELLATION
DE LA CROIX DU SUD

51849321871

En travaillant avec la constellation de la Croix du Sud, prenez en compte une répartition cruciforme de l'information. Vous verrez que dans le cadre d'une telle répartition, un niveau d'information se croise avec un autre, ce qui entraîne la formation du prochain niveau d'information au point du croisement. De cette façon, toute information en produit toujours une autre. Par conséquent, vous pouvez toujours vous réaliser dans tous les événements futurs et éternels.

Cela veut dire que vous pouvez toujours être éternel. Vous pouvez toujours être éternel lorsque vous le souhaitez et, dans certaines conditions, lorsque vous n'y pensez même pas.

α^1 Crucis – Acrux – 53964121871

α^2 Crucis – Acrux – 31854981961

β Crucis – Becrux – 39874219878

γ Crucis – Gacrux – 01949121981

γ Crucis – Gacrux – 49849121961

δ Crucis – Decrux – 51429879861

ε Crucis – 50164959871

ζ Crucis – 01969121951

η Crucis – 59401629471

θ^1 Crucis – 58974989451

θ^2 Crucis – 50964129871

ι Crucis – 09864929871

κ Crucis – 20864920971

λ Crucis – 09864129871

μ^1 Crucis – 54958129871

μ^2 Crucis – 06958129871

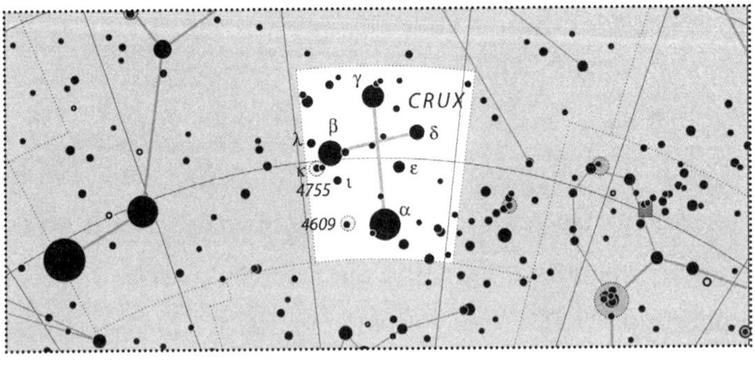

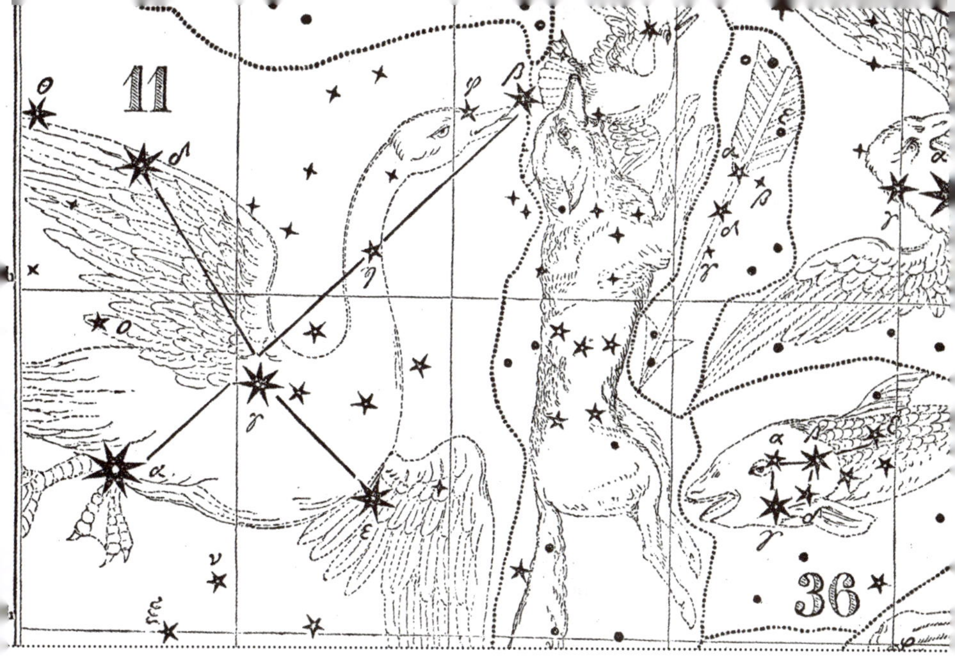

CONSTELLATION
DU CYGNE

54964720808

En regardant à travers l'étoile ε Cygni, vous pouvez explorer la partie de l'espace qui reste invisible pour nos yeux physiques, car elle se trouve derrière la surface de cette étoile. De cette façon, il est également très efficace d'explorer à travers votre propre conscience le monde extérieur dans son entier qui nous entoure et d'obtenir l'énergie nécessaire pour répandre votre conscience jusqu'à l'infini.

À travers ζ Cygni et la série numérique de ε Cygni permettant d'avoir accès à l'information du monde extérieur dans son entier, qui n'est pas visible avec les yeux physiques, vous pouvez piloter tous les processus qu'on peut observer à travers ε Cygni.

En vous concentrant sur les nombres correspondant à θ Cygni dans le système du développement éternel, vous pouvez restaurer efficacement différents niveaux tissulaires humains. En effet, il est possible d'accéder plus rapidement à la matière de l'homme en passant par θ Cygni. Vous êtes en mesure de restaurer rapidement la matière à l'aide de votre conscience.

Cette constellation vous permet d'examiner l'information de l'interaction des éléments de la conscience qui aident à comprendre les processus des mondes physique et informationnel. Lorsque vous observez le vol du cygne, vous pouvez voir qu'il y a des éléments dans l'espace où le futur est absolument constructif et bon pour l'homme. En passant par cette constellation, vous atteignez les champs où l'avenir joyeux et clair dont vous avez besoin est garanti pour chaque homme pour l'Éternité. Par conséquent, chaque homme a la possibilité de vivre éternellement. Il a été conçu comme un être vivant éternellement. Le problème est que l'homme ne découvre pas certains champs informationnels en créant ainsi des obstacles pour lui-même. Cependant, lorsque vous voyez votre futur éternel dans l'information, vous vous débarrassez de tels obstacles.

Vous pouvez également travailler grâce à cette constellation et à ses étoiles. Vous vous adressez mentalement à ces dernières en utilisant l'atlas céleste ou une perception directe, en regardant le ciel ou en observant mentalement une parcelle de l'espace sidéral. Vous pouvez réaliser le pilotage en vous basant sur le fait que dans les champs de l'espace qui correspondent aux constellations, l'information est formée de la même façon qu'elle est présentée dans ce livre. Il s'avère alors que la grande partie du travail visant le développement éternel est déjà faite.

C'est de cette manière que l'espace sidéral est construit. Ce n'est pas par hasard qu'il entoure l'homme si massivement. Il s'agit de l'invitation de la nature au développement éternel. Tout ce qui est en dehors est éternel. C'est le chemin qui nous est donné par la nature même. Il ne s'agit pas seulement d'un mouvement volontaire de l'homme, car ce chemin nous est indiqué par la réalité extérieure. C'est pourquoi vous pouvez voir le chemin derrière tout objet de l'information. Ayant observé un objet de la réalité, vous pouvez voir le chemin que celui-ci vous propose pour la progression éternelle et qui est déjà fait en grande partie. Il faut juste savoir le découvrir dans la constellation du Cygne.

α Cygni – Deneb – 31961531871

β^1 Cygni – Albireo – 29854617851

β^2 Cygni – Albireo – 78439659878

γ Cygni – Sadr – 89431689751

δ Cygni – 31862121318

ε Cygni – Gienah – 34584121867

ζ Cygni – 54936179891

η Cygni – 53864729871

θ Cygni – 84964831978

ι¹ Cygni – 31961721984

ϰ Cygni – El Favaris – 89451849871

λ Cygni – 31485161489

μ¹ Cygni – 39869479851

μ² Cygni – 38964728951

ν Cygni – 36189421979

ξ Cygni – 89564821971

ο¹ Cygni – 38514859861

ο² Cygni – 64871821894

π¹ Cygni – 39864871854

π² Cygni – 39689198751

ϱ Cygni – 59164259871

σ Cygni – 39864879139

τ Cygni – 69139459181

υ Cygni – 39654801879

ϕ Cygni – 51801431648

χ Cygni – 36489129471

ψ Cygni – 29479129861

ω¹ Cygni – 31654821781

ω² Cygni – 36854129871

B¹ Cygni – 31489129141

b^2 Cygni – 31684921748

b^3 Cygni – 84931689731

c Cygni A – 49864859871

c Cygni B – 34851489561

d Cygni – 89748951971

e Cygni – 48531649871

f^1 Cygni – 46954831981

f^2 Cygni – 36974959872

g Cygni – 31951785461

A Cygni – 34854239871

P Cygni – 39754898812

2 Cygni – 89431971962

4 Cygni – 29489451984

8 Cygni – 43564721978

9 Cygni – 69874851961

11 Cygni – 34954859781

14 Cygni – 36854721978

15 Cygni – 36958971961

17 Cygni – 89564721549

19 Cygni – 36978121981

22 Cygni – 69430169871

23 Cygni – 38569129578

25 Cygni – 63158431847

30 Cygni – 89489721968

33 Cygni – 36854127858

35 Cygni – 16849857861

36 Cygni – 38571421967

39 Cygni – 49573121864
40 Cygni – 39489159471
41 Cygni – 36489579854
42 Cygni – 49654129878
43 Cygni – 58164129142
44 Cygni – 69484129871
47 Cygni – 36489459401
48 Cygni – 37854829861
49 Cygni – 64101729851
51 Cygni – 38130121964
52 Cygni – 39406489471
55 Cygni – 49638549871
56 Cygni – 36101851968
57 Cygni – 49857458969
60 Cygni – 89431609486
61 Cygni – 69571421648
69 Cygni – 49578421975
70 Cygni – 46854069451
72 Cygni – 54974129864
74 Cygni – 89431729478
75 Cygni – 36189456471
76 Cygni – 83121951964
77 Cygni – 38974128968
79 Cygni – 53849759861

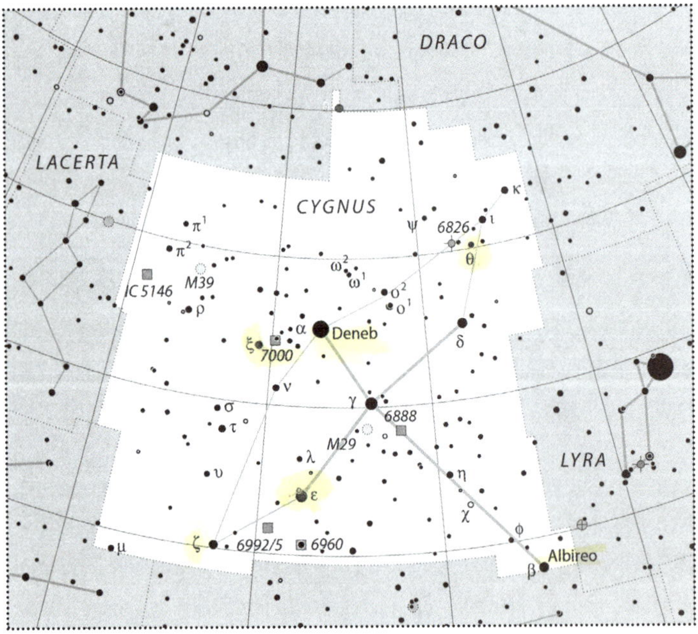

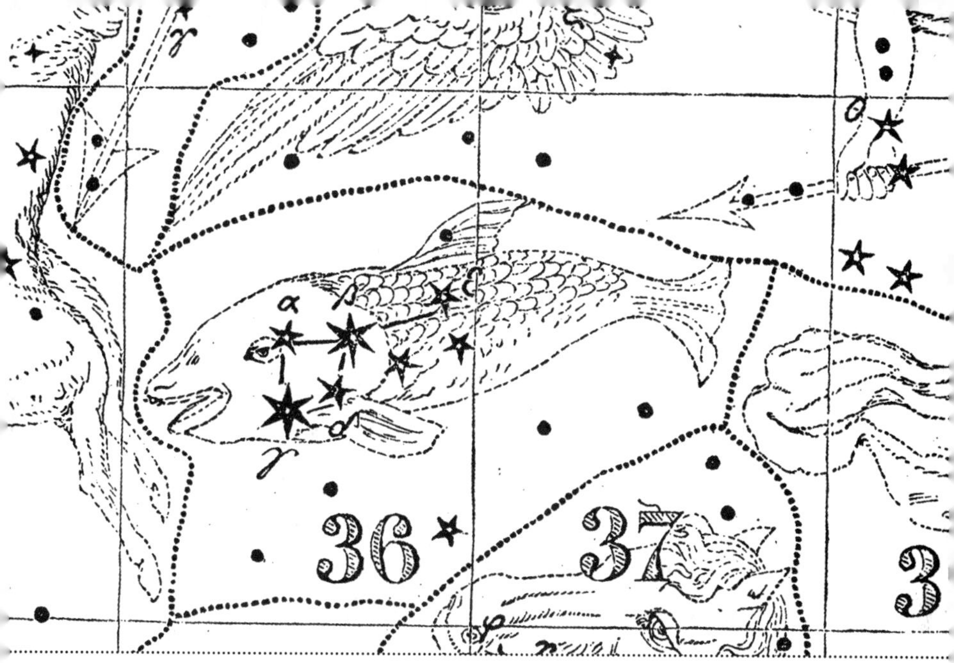

CONSTELLATION
DU DAUPHIN

51381421971

En travaillant sur l'information de la constellation du Dauphin, vous pouvez prendre en considération la phase de la conscience où vous savez que le Dauphin possède des fonctions intellectuelles élevées. De plus, vous pouvez voir qu'il y a une compatibilité entre l'intelligence de l'homme et celle du dauphin ou de tout autre être sur le plan du développement infini visant les objectifs communs de la paix et de la création. Ainsi, lorsque vous prenez immédiatement en considération la fraction constructive de l'avenir infini, vous pouvez voir l'union absolue de la connaissance et de la compréhension de tous les systèmes et de toutes les consciences.

Si vous continuez plus loin, vous détecterez une image lumineuse de l'homme, à savoir la forme de l'homme. Cette image sert de base à l'organisation de n'importe quel homme. Il s'agit d'une information qui est capable de restaurer et de donner la vie éternelle à tout homme. Tout cela se produit avec toute l'information constructive. Dans la vie éternelle, il faut tâcher de détecter de tels champs dans la constellation du Dauphin et de percevoir la lumière provenant de ces champs, car cette dernière organise l'homme grâce à l'interaction avec les systèmes pacifiques. Si un système n'est pas développé dans ce sens, il est nécessaire de faire immédiatement le pilotage pour que ce système progresse davantage.

α Delphini – Sualocin – 31651831978

β Delphini – Rotanev – 34975189497

γ^1 Delphini – 62131854981

γ^2 Delphini – 94873129878

δ Delphini – 61531721841

ε Delphini – Al Dhanab al Dulfim – 31658951671

ζ Delphini – 37151861874

η Delphini – 58964121978

θ Delphini – 52861429871

ι Delphini – 59436121758

ϰ Delphini – 19384121964

ϱ Delphini – 49165171948

1 Delphini – 31485161781

10 Delphini – 31454858967

13 Delphini – 50148121964

14 Delphini – 50861453971

15 Delphini – 68431721974

16 Delphini – 36485171981

17 Delphini – 14849131985

18 Delphini – 39864129871

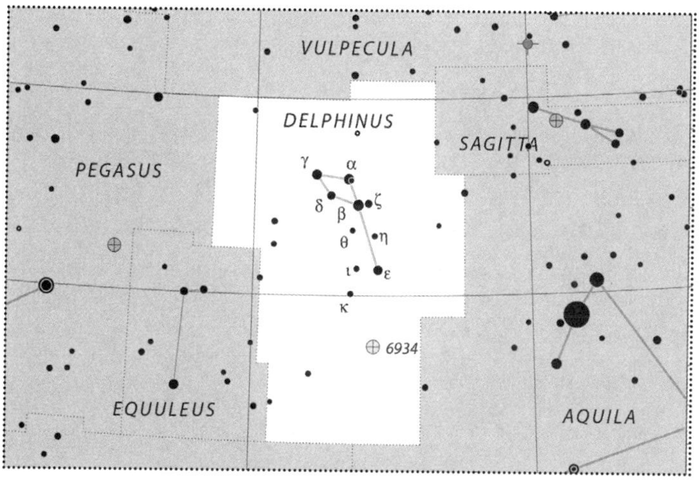

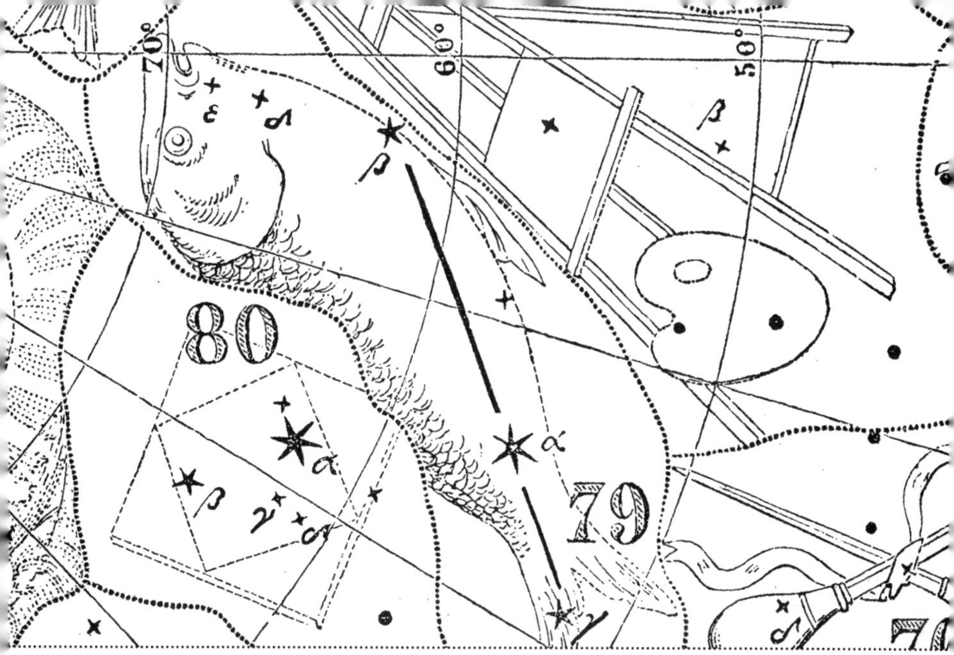

CONSTELLATION
DE LA DORADE

54931621984

En examinant la constellation de la Dorade dans votre perception, vous pouvez voir que votre conscience crée un élément de la réalité dans l'espace sidéral. Il s'agit d'un système phénoménologique de la conscience selon lequel, lorsque vous observez un objet, vous le rencontrez dans votre conscience avant tout. Cela est dû à la loi qui se base sur le principe suivant : notre conscience est construite avant la création de l'objet. Tout avait été intégré dans la conscience avant la création de la réalité physique extérieure. Tout avait la même forme que dans la réalité actuelle même avant le développement et l'autodéveloppement de cette réalité.

Le monde extérieur est la réflexion de la structure de la connaissance. Tous les objets de la réalité avaient déjà été construits dans la préexistence. Et si vous les observez sur le plan de l'âme, vous découvrirez que dès leur création ils sont pilotables pour la vie éternelle. Construisez une méthode d'interaction qui prévoit la transmission de l'information à partir de l'âme et plus haut sur le chemin de l'information dans différentes directions où l'âme est considérée comme se trouvant dans le corps physique de l'homme. Si vous le faites, vous verrez que le pilotage global, à savoir le pilotage du monde extérieur au niveau du système de la perception, au niveau de la conscience, constitue ce qui existe déjà dans l'homme. Vous devez juste laisser ce niveau de pilotage vous imprégner en l'état. Alors, la réalisation de la vie éternelle sera toujours un élément accessible nécessitant seulement que vous fassiez le pilotage dans cette direction.

α Doradus – 53964121971

β Doradus – 29431849871

γ Doradus – 39451729474

δ Doradus – 31864871584

ε Doradus – 38974121948

ζ Doradus – 64871421894

η^1 Doradus – 54978458967

η^2 Doradus – 39651849871

θ Doradus – 53978121946

ϰ Doradus – 69874921894

λ Doradus – 39718421849

ν Doradus – 64727549731

π^1 Doradus – 28464931846

π^2 Doradus – 69318421971

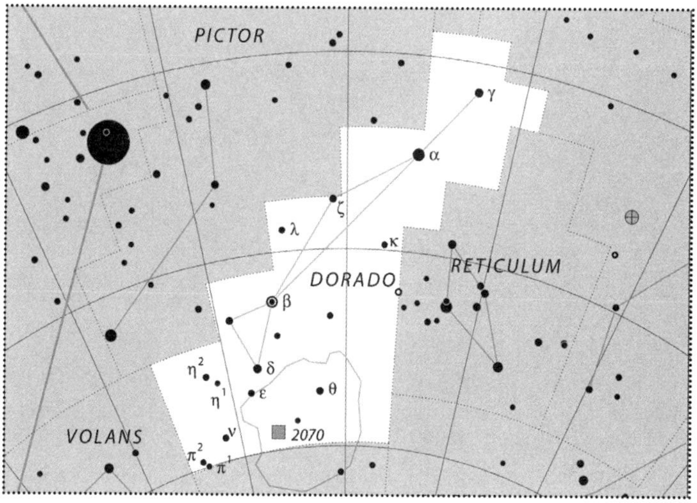
PICTOR
DORADO
RETICULUM
VOLANS
γ
α
ζ
λ
κ
β
δ
ε
θ
η2
η1
ν
π2
π1
2070

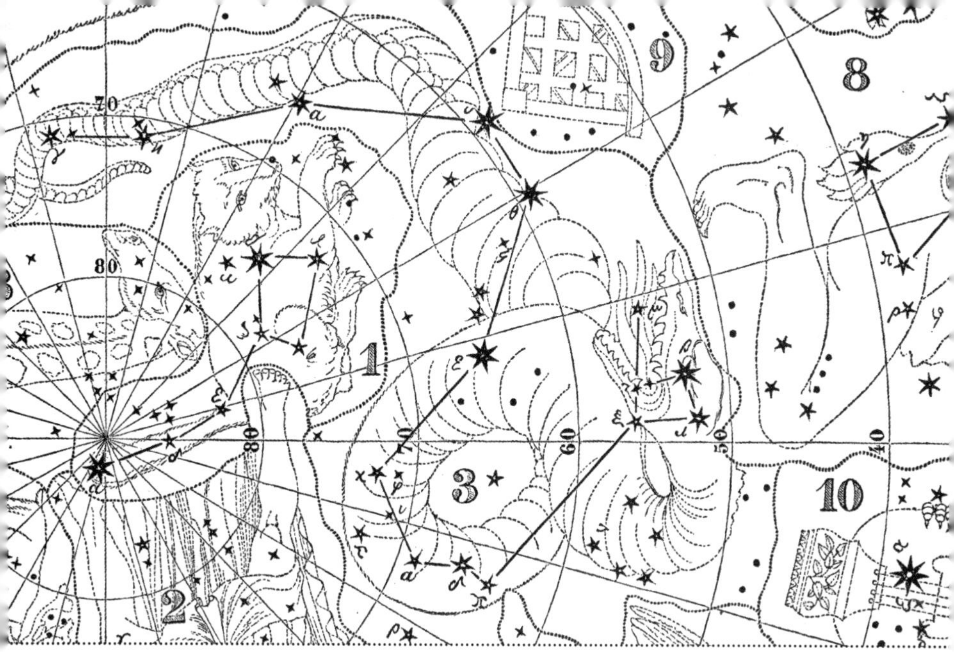

CONSTELLATION
DU DRAGON

48906131898

En pilotant l'information au moyen de la constellation du Dragon, vous pouvez voir que l'information se divise selon sa structure en champ de pilotage et en celui qui entre dans le champ de pilotage. Examinez le dessin représentant la constellation du Dragon : plus la fraction de l'information se trouve près de la tête, plus elle est pilotable. Et vice versa, plus la fraction est proche de la queue, moins il est possible de la piloter. Malgré son caractère hiérarchique, l'information pilotée contient des leviers de pilotage de l'information. Dans chaque segment piloté, il y en a un autre qui pilote un segment tout autre. Il s'agit du principe de l'égalité du pilotage. On se pose juste la question suivante : de quelle façon est-ce que ce pilotage se réalise-t-il et de quelle manière peut-on comprendre si ce pilotage est visible ou non ?

En se basant sur ces faits, il est possible de voir les liens intérieurs et profonds du pilotage où on observe le principe de l'harmonie globale et l'absence de dénigrement d'un niveau par un autre.

En percevant cette structure de l'Univers et de notre monde entier, vous comprenez que cette harmonie est très belle et dynamique. Vous voyez apparaître une forme de beauté indiquant que la beauté même constitue le prochain niveau qui se perçoit dans la réalité physique comme un niveau de perception. Si vous développez le système du pilotage et le dirigez dans l'infini grâce au niveau de la beauté, le monde deviendra transparent en termes de pilotage, stable, beau et absolument éternel. C'est pourquoi la beauté est un des niveaux de la réalisation de la vie éternelle.

Vous pouvez trouver le même niveau dans toute autre constellation. C'est de cette manière qu'il faut piloter à travers les structures par un beau mouvement. Ce beau mouvement peut devenir exact et peut atteindre l'objectif plus rapidement.

α Draconis – Thuban – 31485489917

β Draconis – Alwaid – 78421964817

γ Draconis – Etamin – 24849179861

δ Draconis – Altais – 54964871987

ε Draconis – Tyl – 45969121978

ζ Draconis – Aldhiba – 58964721984

η Draconis – 53619421971

θ Draconis – 71849121749

ι Draconis – Edasich – 59479181975

ϰ Draconis – 64831751948

λ Draconis – Gianfar – 54964721981

μ Draconis – Arrakis – 53864129874

ν^1 Dra. – Kuma – 14854854121

ξ Dra. – Grumium – 89431621971

π Draconis – 31964121841

σ Dra. – Alsafi – 54842121961

υ Draconis – 54831621971

χ Draconis – 51864121981

ω Draconis – 31621851900

c Draconis – 84531971846

e Draconis – 31849151964

f Draconis – 69436189871

h Draconis – 74984121989

2 Draconis – 53149869714

4 Draconis – 16871421958

7 Draconis – 31348951968

9 Draconis – 45168421978

17 Draconis – 14854928964

ν^2 Dra. – Kuma – 51481394851

ο Draconis – 64831724836

ϱ Draconis – 48516421971

τ Draconis – 84954121971

φ Draconis – 54481561978

ψ Dra. – Dziban – 54964718971

b Draconis – 54216421978

d Draconis – 53154869871

i Draconis – 31631851989

g Draconis – 31758961971

A Draconis – 59864129871

3 Draconis – 53184851964

6 Draconis – 31654121989

8 Draconis – 39614928164

16 Draconis – 31485429064

20 Draconis – 31601851978

26 Draconis – 45137489871

30 Draconis – 53864189871

35 Draconis – 69853121978

37 Draconis – 53864121984

40 Draconis – 59821479891

42 Draconis – 36894971851

49 Draconis – 36874929871

51 Draconis – 38164127849

54 Draconis – 89724129831

56 Draconis – 51489731962

62 Draconis – 31854721981

66 Draconis – 39754839851

69 Draconis – 61485128958

71 Draconis – 31864121978

73 Draconis – 85964121989

75 Draconis – 17856121985

29 Draconis – 31381451738

34 Draconis – 31878121974

36 Draconis – 84936871981

38 Draconis – 36894121871

41 Draconis – 31658421981

48 Draconis – 36874121898

50 Draconis – 31689121798

53 Draconis – 19389429879

55 Draconis – 46189831971

59 Draconis – 31862489871

65 Draconis – 31836121978

68 Draconis – 41959421872

70 Draconis – 14936854981

72 Draconis – 18549439871

74 Draconis – 31754893861

76 Draconis – 16839421854

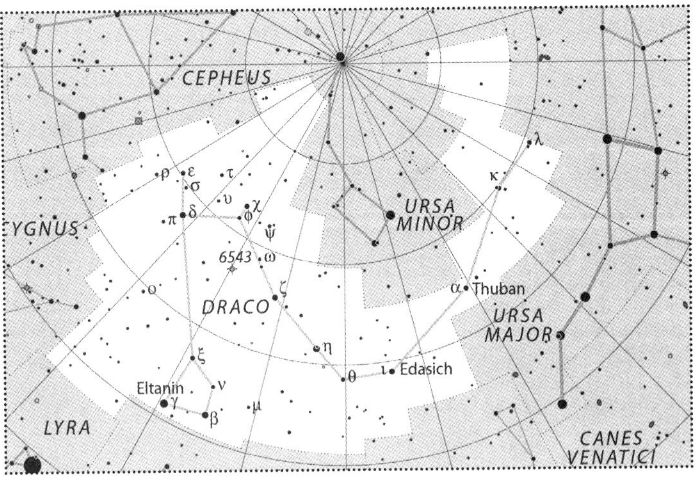

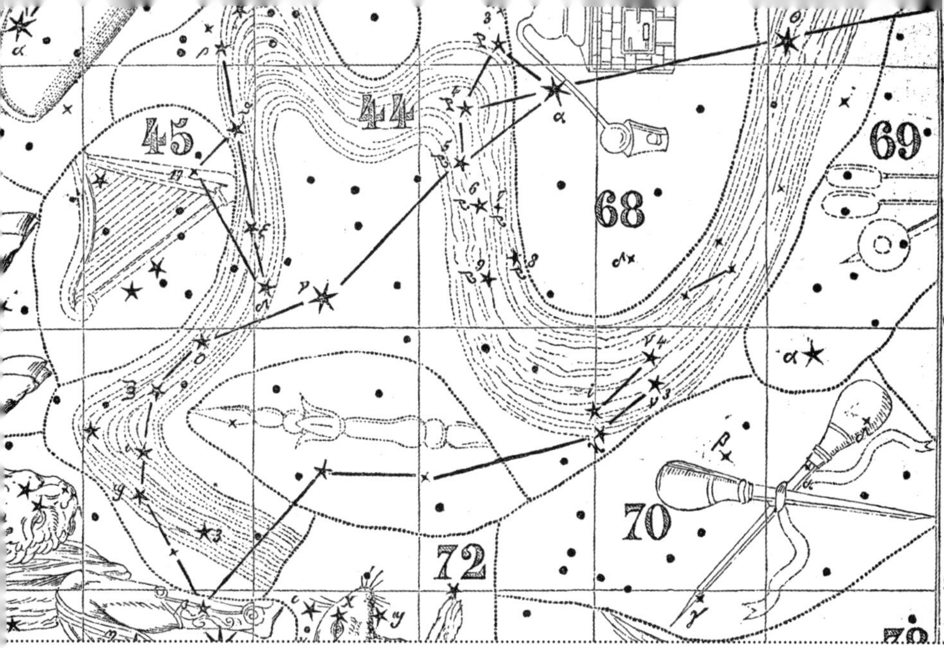

CONSTELLATION
DE L'ÉRIDAN

4897418961

Dans la zone de l'étoile θ^2 Eridani, vous pouvez observer le processus de la compression du temps sur le plan physique. Si vous vous concentrez sur deux niveaux de temps dans la zone de l'étoile θ^2 Eridani, même si ce temps se trouve sur la Terre, vous pourrez compresser mentalement ces deux couches de temps et vous verrez qu'une matière physique se reproduit à ce moment, notamment sur la Terre. Le mécanisme de compression du temps que vous imaginez dans votre conscience crée réellement la matière physique en tout point de l'espace, même sur la Terre. C'est de cette manière que vous pouvez restaurer presque toute matière physique et même biologique. Il s'agit d'un très bon outil ou appareil de pilotage pour la restauration des tissus. Cette technologie peut également s'avérer très efficace pour la résurrection.

Par conséquent, lorsque vous obtenez une substance grâce à votre capacité à travailler avec le temps, vous pouvez introduire dans la structure des événements futurs une quantité suffisante de substances utiles pour l'organisme humain et pour son développement éternel. Ces substances peuvent être des produits alimentaires, des structures pour la progression de la conscience, voire des systèmes d'entraînement qui permettent à l'homme d'obtenir une structure de la cognition éternelle, du développement éternel et de la vie éternelle de manière plus efficace. Tout cela se réalise grâce au fait que vous introduisez vous-même une telle matière dans le pilotage du futur, notamment dans la création d'une matière future, de la conscience éternelle et du développement éternel.

Vous pouvez utiliser la structure de l'étoile π Eridani et le champ de l'information qui s'y trouve pour augmenter le niveau du caractère pilotable grâce au développement des systèmes spécialisés de l'intelligence qui visent la progression éternelle. Pour cela, vous avez besoin de faire progresser votre intelligence vers la réalisation de la vie éternelle dès le début de votre travail et jusqu'à l'infini. Le fait de concentrer le pilotage dans la zone de l'étoile π Eridani permet d'accroître les fonctions de l'intelligence dans l'espace en général. Ainsi, il sera possible de nommer les orientations des processus physiques dans l'espace afin d'assurer le développement éternel grâce à l'action progressive de la conscience de l'homme.

Vous pouvez découvrir ainsi une loi de réciprocité du développement de la conscience et de l'espace physique extérieur qui avancent sur le chemin du développement éternel. On peut exprimer cela de la manière suivante : plus l'intelligence, à savoir la forme de vie intelligente, évolue vers le développement éternel, plus l'espace sidéral devient réactif. La progression de l'intelligence, par exemple, la structure de la progression de la conscience vers les niveaux sidéraux éloignés, vers les microniveaux et en général vers le système du développement des événements futurs, se trouve dans l'espace tout comme le développement de tout l'espace sidéral. C'est pourquoi, plus il y aura d'actions intelligentes visant le développement éternel, plus cette information remplira toute l'information sur le monde entier.

De cette façon, tout l'espace sidéral sera plus disposé à fournir des structures d'interaction. Cet espace sidéral sera dirigé vers le développement éternel de l'homme et de tous les êtres vivants. Par exemple, une comète qui croise près de la Terre s'en éloignera si celle-ci présente un danger quelconque pour la planète. Il s'agit d'une méthode de pilotage des macrocorps pouvant présenter un danger. C'est un pilotage sécuritaire de tous les événements qui peuvent nuire à l'organisme humain. Le pilotage par l'étoile π Eridani vous protège de tels événements. Lorsque vous travaillez sur des processus intracellulaires, ces derniers atteignent également la norme. Par conséquent, il est possible de normaliser toutes les modifications des cellules de l'homme grâce au pilotage à travers l'étoile π Eridani.

Dans la zone d'un champ informationnel entre les étoiles ϱ^1 Eridani et ϱ^2 Eridani, vous pouvez examiner la structure du pilotage qui montre de manière très fine ce qu'il faut entreprendre pour réaliser le niveau d'éternité qui suit géométriquement celle que vous percevez.

Je vous donne un exemple : à travers votre conscience, vous contemplez votre développement éternel, votre vie éternelle et le niveau informationnel de couleur blanc argenté. Votre conscience perçoit ce niveau géométrique comme un volume, à savoir une forme. Afin de construire la prochaine forme qui sera la même que la précédente, pour la progression éternelle, il serait judicieux d'utiliser la parcelle entre les étoiles ϱ^1 Eridani et ϱ^2 Eridani. Ce faisant, vous devez également voir que ce champ organise le prochain événement ou la prochaine information derrière l'information du développement éternel. Il s'agit donc d'un champ unique de l'espace sidéral qui permet de faire ce pilotage plus rapidement et plus efficacement.

L'étoile ω Eridani vous permet d'étudier le principe du travail assurant le développement éternel. Par exemple, vous pouvez utiliser le texte de ce livre en fixant comme objectif la réalisation de la vie éternelle pour vous-même et pour tout le monde. Vous pouvez lire successivement les séries numériques présentées dans cet ouvrage. Cette tâche se réalise grâce à l'accumulation de l'expérience acquise lors de l'étude des éléments du pilotage qui apparaissent lors de la lecture des séries. Vous pouvez également évaluer toutes les séries se trouvant dans ce livre et travailler grâce à certaines séries concrètes. La série numérique de ω Eridani contient un système de pilotage selon lequel vous pouvez vous souvenir immédiatement des techniques du pilotage basées sur d'autres séries ou bien les percevoir. Si vous arrivez à maîtriser ce système rapidement vous favoriserez grandement le pilotage.

En observant le mouvement des planètes dans la constellation de l'Éridan avec votre vision mentale et votre conscience, vous pouvez voir que le mouvement de la Terre est étroitement lié à votre conscience, que vous êtes sur la Terre et que vous vous trouvez en étroite harmonie avec elle. C'est avec votre conscience que vous faites déplacer la Terre dans l'espace avec la conscience d'autres personnes. Cela est perçu comme un travail harmonieux qui ne vous fatigue jamais. En effet, la vie éternelle et le développement éternel ne provoquent pas la fatigue. Il s'agit d'une caractéristique importante de l'évolution éternelle, d'une ressource perçue comme une possibilité d'agir en permanence sans se fatiguer.

α Eridani – Achernar – 51489471961

β Eridani – Cursa – 84964121978

γ Eridani – Zaurak – 89368149871

δ Eridani – Rana – 89364850861

ε Eridani – 84101651748

ζ Eridani – Zibal – 58410149861

η Eridani – Azha – 86874851961

θ^1 Eridani – Acamar – 01649851971

θ^2 Eridani – 89364851978

ι Eridani – 89164851871

ϰ Eridani – 89454197861

λ Eridani – 89874931961

μ Eridani – 89406121989

ν Eridani – 58934138971

ξ Eridani – 64939189471

o^1 Eridani – Beid – 51389429871

o^2 Eridani A – Keid – 69754989741

o^2 Eridani B – 84978139861

π Eridani – 89749879484

ϱ^1 Eridani – 59484129871

ϱ^2 Eridani – 31974989478

ϱ^3 Eridani – 89431721964

τ^1 Eridani – 89174851421

τ^2 Eridani – 51481428971

τ^3 Eridani – 83131480161

τ^4 Eridani – 31874851971

τ^5 Eridani – 64878121961

τ^6 Eridani – 39754851971

τ^7 Eridani – 31874859861

τ^8 Eridani – 38459489471

τ^9 Eridani – 36874951981

υ^1 Eridani – 59068129871

υ^2 Eridani – 58931754984

υ^4 Eridani – 58160121971

ϕ Eridani – 01964951961

χ Eridani – 50489160479

ψ Eridani – 04989121964

ω Eridani – 38014951961

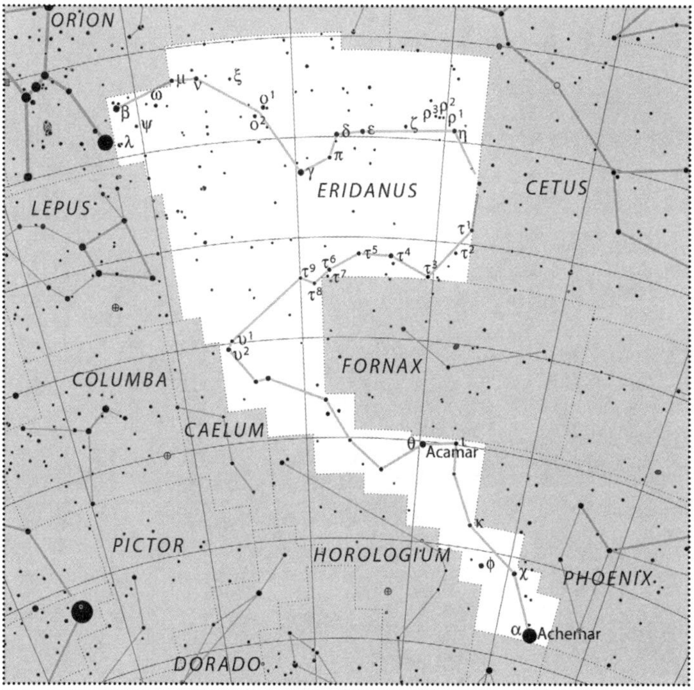

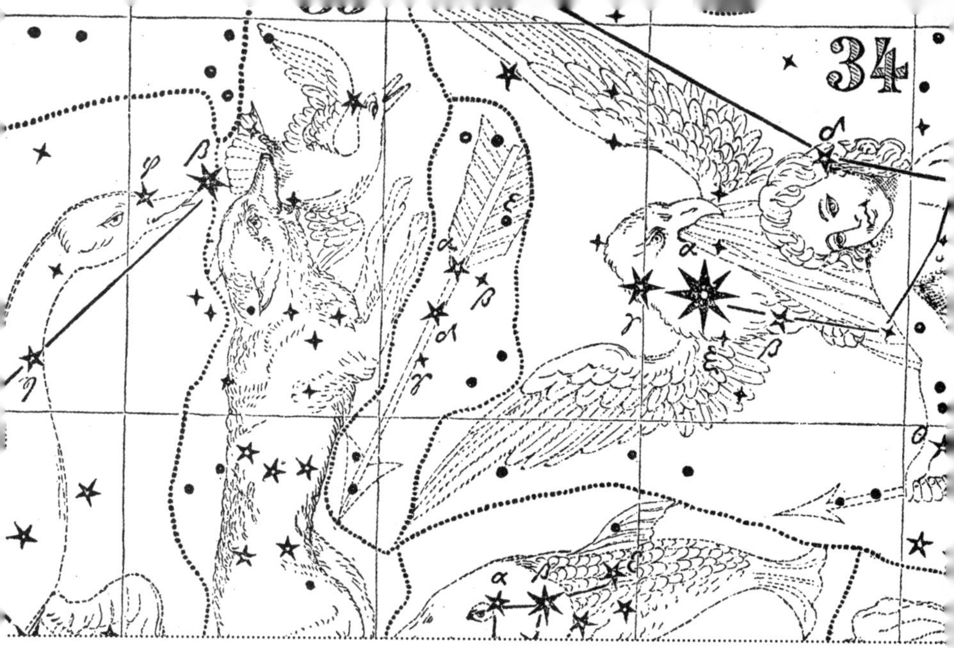

CONSTELLATION
DE LA FLÈCHE

31684951971

Grâce à votre vision intérieure, vous pouvez voir un objet qui vole vite. Si vous superposez votre vision physique sur votre vision intérieure, celle-ci ne sera pas toujours capable de réagir au déplacement d'un objet, surtout si ce dernier est éloigné. Si vous utilisez votre vision physique lors du pilotage, vous serez en mesure d'étudier tout processus du mouvement, notamment le processus de la dynamique, au moyen des organes de la vision physique, des organes qui reproduisent les pensées et la structure de votre pensée. Cela veut dire qu'il est possible de créer une protection absolue de la vie éternelle et du développement éternel.

α Sagittae – Sham – 61871421894

β Sagittae – 31684921981

δ Sagittae – 84961751971

ζ Sagittae – 53864129871

θ Sagittae – 84975139861

2 Sagittae – 64971429871

9 Sagittae – 68139689871

11 Sagittae – 36874126891

15 Sagittae – 98168439871

γ Sagittae – 58514989748

ε Sagittae – 38964854976

η Sagittae – 89459139471

1 Sagittae – 59868121978

3 Sagittae – 89864351979

10 Sagittae – 59431729488

13 Sagittae – 54879389876

18 Sagittae – 61971851971

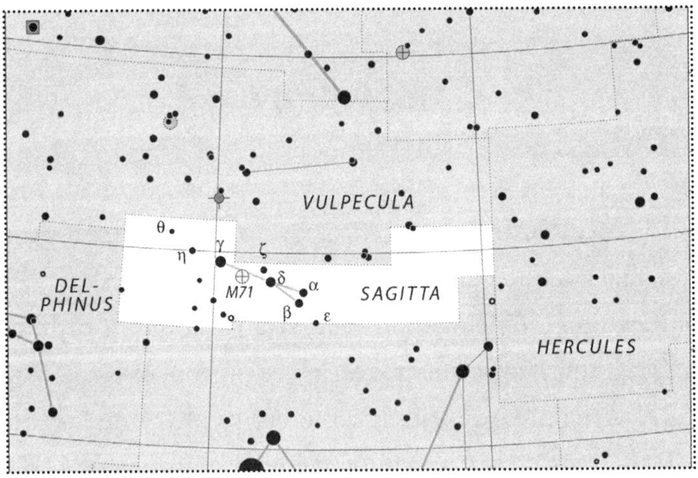

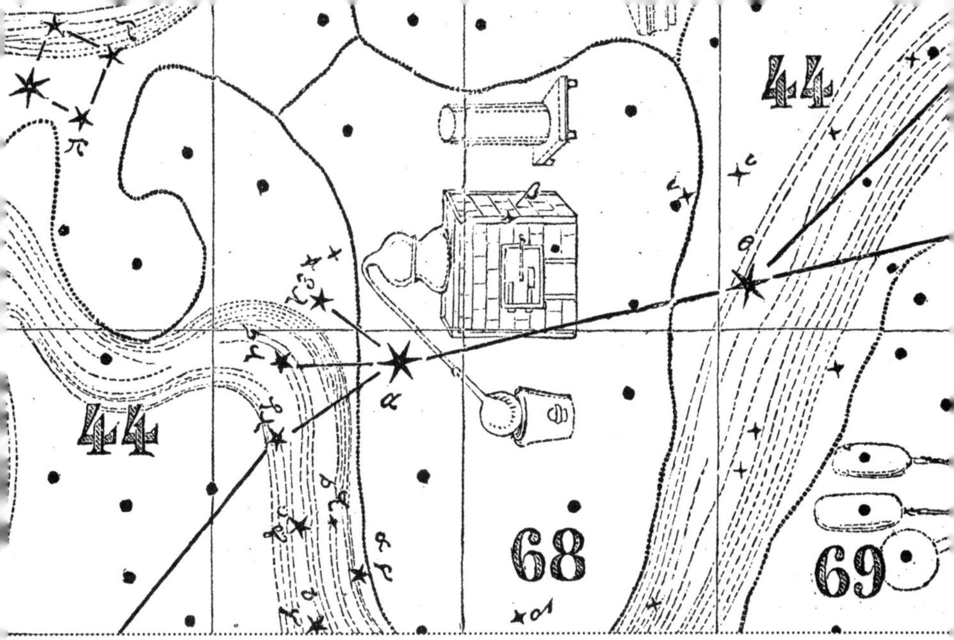

CONSTELLATION
DU FOURNEAU

38060420871

En utilisant la constellation du Fourneau, vous devez effectuer le pilotage de sorte que la notion générale du mot « fourneau » – la chaleur – se répande sur les connaissances dans l'espace sidéral. Lorsque nous obtenons l'information des connaissances en fonction de cette caractéristique, cela signifie que la vie progresse correctement.

α Fornacis – 85363489738

β Fornacis – 83164971984

γ^1 Fornacis – 83974189838

γ^2 Fornacis – 63185401983

δ Fornacis – 83154129706

ε Fornacis – 81964723918

ζ Fornacis – 31653989479

η^1 Fornacis – 89374129371

η^2 Fornacis – 36189429873

η^3 Fornacis – 14984129471

ι^1 Fornacis – 36719854861

ι^2 Fornacis – 10159439871

κ Fornacis – 89389471861

λ^1 Fornacis – 83571429481

λ^2 Fornacis – 69131859871

μ Fornacis – 60159430171

ν Fornacis – 53860484871

π Fornacis – 38406128459

ϱ Fornacis – 31631871981

σ Fornacis – 60854319874

τ Fornacis – 01937578961

υ Fornacis – 38401659871

ϕ Fornacis – 36109851981

χ^1 Fornacis – 50864129871

χ^2 Fornacis – 30754864971

χ^3 Fornacis – 89354871861

ψ Fornacis – 68389451871

ω Fornacis – 36104989717

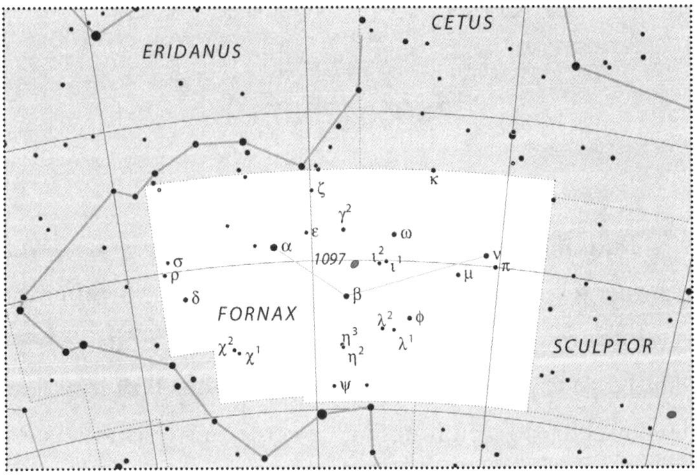

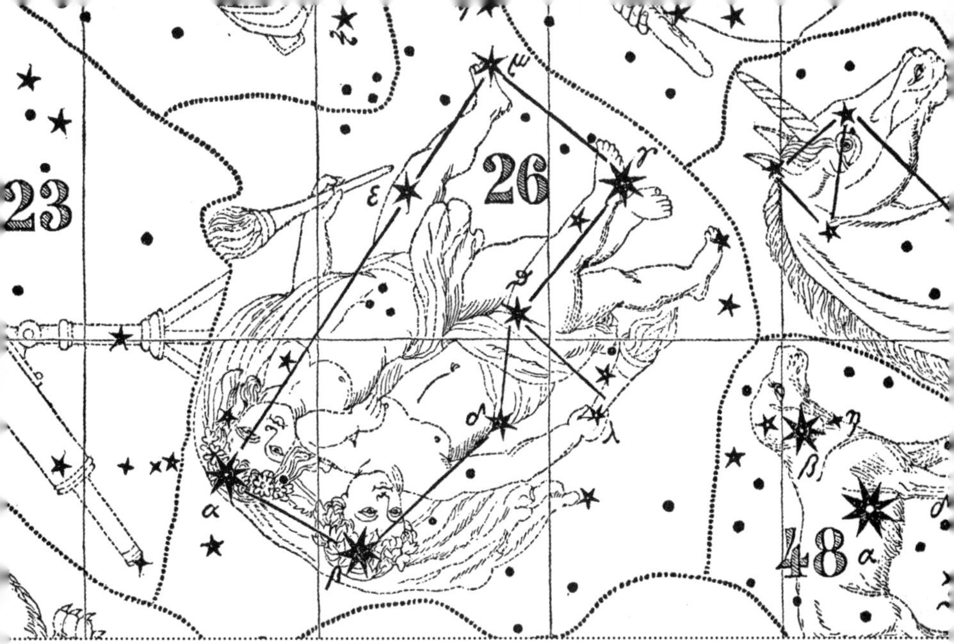

CONSTELLATION
DES GÉMEAUX

49831721949

Les données sur les techniques de concentration en termes de formation de la structure de la conscience sont présentées en considération avec les interactions informationnelles entre les étoiles et l'espace visant la vie éternelle pour tout le monde.

Une fois que vous aurez lu ou prononcé mentalement les séries numériques fournies pour la constellation des Gémeaux, vous serez en mesure de percevoir en utilisant l'image de ces derniers le système de la réalité suivante : il est possible d'observer le monde extérieur dans son en entier en prenant en compte le fait que la conscience perçoit le monde extérieur comme votre jumeau. Vous pouvez contraindre votre conscience pour aller mentalement au fond du système de l'accès à l'information future où vous verrez quelque chose de familier. Cependant, afin de comprendre ce système, il suffit de chercher à le faire. Imaginez qu'un jumeau regarde l'autre. Ils se ressemblent en apparence, mais sont différents à l'intérieur. Vous pouvez utiliser des choses identiques pour le pilotage tout en considérant le monde intérieur comme un système qui vous ressemble en ce qui concerne la possibilité de se développer éternellement et d'avoir la vie éternelle. À l'intérieur de vous, vous n'excluez pas le fait que le monde sidéral extérieur existera éternellement et aura la vie éternelle.

De cette façon, vous pouvez trouver sur le dessin représentant les Gémeaux certains points à partir desquels les rayons de la vie se dirigent vers vous. Ces rayons bloqueront l'accès à des événements défavorables qui peuvent vous empêcher d'apprendre les méthodes de la vie éternelle. C'est ainsi que les événements n'empêchant pas vos actions et assurant la vie éternelle sont organisés. Il arrive que vous fassiez des plans pour une certaine période. Pourtant, la vie éternelle est une quantité infinie d'événements. Dans ce cas-là, la technologie décrite dans cet ouvrage vous permet de rejeter les événements empêchant la vie éternelle. Vous voyez votre situation s'améliorer en ce qui concerne les événements que vous planifiez en prenant en considération des solutions tactiques et des délais courts. Par délais courts dans la structure de la vie éternelle il faut entendre des dizaines voire des centaines d'années.

Votre compréhension réelle de la vie éternelle doit vous aider à réaliser un blocage des événements faisant obstacle à la vie éternelle. Il s'agit ainsi de la non-cessation de la vie dans le corps physique. Dans ces conditions, la technologie de la résurrection des personnes décédées fonctionne comme une loi de l'imminence de leur résurrection globale, car les caractéristiques optiques du monde et la compréhension du monde se transforment en la vie éternelle et absolue pour tous. Par l'intermédiaire de la constellation des Gémeaux, il est possible d'éviter les choses pouvant empêcher la vie éternelle et non seulement empêcher quelque chose. Cela se base sur le fait que vous vivez et possédez la plénitude de la vie. Cet état naturel se transfère par l'impulsion de votre conscience vers le niveau de la constellation des Gémeaux où vous pouvez examiner et projeter les images des personnes vivantes de telle façon que l'information de l'échange entre ces images mène à la vie éternelle.

L'image symétrique, à savoir l'image reflétée, possède les caractéristiques de l'action. En vous concentrant sur l'image reflétée sur laquelle on voit les jambes, vous pouvez projeter le système postérieur du développement des événements à travers l'image reflétée de sorte que vos actions concrètes y seront réalisées. Cela est possible si vous considérez que l'image se développe plus loin, au-delà de la partie représentée sur le dessin.

Une telle concentration aide à maîtriser des actions concrètes dans l'optique de votre vie éternelle. Vous pouvez produire ces actions avec vos mains physiques. Lorsque vous faites quelque chose, notamment lorsque vous travaillez avec le clavier d'ordinateur ou avec des objets se trouvant près de votre corps, vous pouvez développer un très grand nombre de niveaux de compréhension des processus se déroulant dans la société humaine.

Puis vous pouvez passer à la compréhension de tout ce qui se passe dans le monde animal et, grâce à votre capacité de penser de manière associative, vous pouvez voir qu'il est possible de transmettre l'information de la vie éternelle à tout ce qui vit et vivra autour de vous.

En travaillant avec la constellation des Gémeaux, vous pouvez voir que tout ce qui vivra peut être examiné dans l'espace entre les Gémeaux. Imaginez un espace qui existe dans le plan volumétrique entre les Gémeaux sur le dessin. C'est dans cet espace que se positionne la vie de tous les vivants et de ceux qui ne sont pas encore nés. Comme vous faites le pilotage dans le but d'assurer la vie éternelle pour vous et pour tout le monde, vous avez la possibilité d'observer ceux qui vivent éternellement et qui, grâce à leur exemple, donnent la vie éternelle à tous autour d'eux. Vous pouvez ainsi réaliser le principe de leadership selon lequel les personnes vivant éternellement intègrent dans la structure de la conscience collective le niveau de pilotage permettant à ceux qui vont naître de vivre éternellement de manière naturelle.

Lorsque vous travaillez avec la constellation des Gémeaux, réalisez également vos tâches concrètes, notamment celles correspondant à votre plan de situation et concernant les systèmes améliorant votre santé. En effet, dans le cadre de la vie éternelle, la personne doit être en bonne santé et capable de restaurer sa santé dans les délais pilotables nécessaires. L'homme doit être toujours prêt à réaliser un certain type d'actions quand il s'agit d'être conforme à la norme de la santé et des événements. Grâce à la constellation des Gémeaux, il est possible d'effectuer ce genre de pilotage même si vous avez des problèmes de santé ou si vous vous trouvez dans des situations difficiles. Vous pouvez toujours les mener au niveau de leur caractère pilotable pour gérer ces processus et conduire votre santé vers la norme. Vous serez en mesure de normaliser les événements de sorte que le prochain niveau de pilotage se situe sur la base systémique de la vie éternelle. Votre conscience comprendra que vous vivez déjà éternellement, car tout ce que vous faites se déroule dans le plan du développement éternel, à savoir dans celui de la vie éternelle. Vous contrôlez la situation de la vie éternelle. Par conséquent, vous vivez éternellement. Il s'agit d'un niveau de compréhension et d'une preuve informationnelle intérieure pour vous-même et pour ceux qui vous entourent : le fait que vous vivez maintenant signifie que vous vivez éternellement, car vous avez suffisamment de connaissances afin de restaurer la santé à temps, d'équilibrer les événements et le temps au moment opportun, d'apprendre au bon moment tout ce qui est nécessaire pour passer à la prochaine période de temps de la vie éternelle.

Prêtez votre attention au fait suivant : la périodicité des processus signifie l'éternité de ces derniers car, lorsqu'une période se termine, vous avez déjà la technologie de la prochaine période et vous vous y trouvez quasiment.

La constellation de la Grande Ourse montre un niveau de captation originale des événements futurs. Lorsque vous construisez à peine un événement du futur, vous vous y trouvez déjà. Cette finesse du développement futur vous donne une certitude que vous et les personnes vous entourant saurez assurer la vie éternelle pour tout le monde. Vous avez même l'assurance que vous vivez éternellement et que vous pouvez faire tous les efforts nécessaires pour assurer la vie éternelle également pour ceux qui vous entourent.

Vous pouvez le faire moyennant la perception de la captation et de l'attirance de futurs événements positifs. L'information de l'avenir vous donne l'assurance du temps courant. Dans le fond, vous intégrez le pilotage dans le travail, à savoir dans le prochain créneau temporel et le créneau temporel précédent. En accélérant ce créneau dans votre conscience, vous lui donnez les propriétés de l'Éternité, car l'Éternité permet à la conscience et aux zones de la conscience qui perçoivent l'infinité de se déplacer à une très haute vitesse. Le sens mécanique est très clair aussi. Afin de comprendre l'énorme volume d'information, vous devez percevoir ce dernier avec votre conscience et l'élargir ainsi. Cette caractéristique vectorielle de l'élargissement de la conscience témoigne de sa vitesse. Si vous élargissez la perception de la vie éternelle à une vitesse aussi importante que l'Éternité, vous assisterez à une captation, à savoir une interférence des événements. Alors, votre conscience prendra la forme qui permettra à toutes les connaissances de l'Éternité d'entrer en contact les unes avec les autres.

Par exemple, la forme de votre conscience constitue l'hémisphère qui a le même diamètre que la sphère de tous les événements de la vie éternelle. Une superposition de tous les événements de la vie éternelle sur le champ intérieur de l'hémisphère entraîne l'arrimage des connaissances. Les connaissances entrent en contact les unes avec les autres. Le contact est une transmission de l'expérience dans la compréhension humaine, à savoir la transmission des connaissances. Le Créateur a construit le monde de façon à ce que la transmission des connaissances assure et garantisse la connaissance de la substance qui réalise cette transmission.

C'est pourquoi, lorsque vous prenez en possession l'outil de réception des connaissances que l'Éternité vous offre, vous devenez éternellement vivant.

α Geminorum – Castor – 51947131848

β Geminorum – Pollux – 61431721948

γ Geminorum – Alhena – 68431898471

δ Geminorum – Wasat – 29831729461

ε Geminorum – Mebsuta – 32861721948

ζ Geminorum – Mekbuda – 39864721724

η Geminorum – 72847124869

θ Geminorum – 62873849861

ι Geminorum – 39754839749

ϰ Geminorum – 31684931971

λ Geminorum – 68427139617

μ Geminorum – Tejat Posterior – 29731428109

ν Geminorum – Dirah – 36487132968

ξ Geminorum – Alzirr – 34957489561

ο Geminorum – 38969129458

π Geminorum – 47968429728

ϱ Geminorum – 58421721948

σ Geminorum – 31468239871

τ Geminorum – 62849184731

υ Geminorum – 38564831748

φ Geminorum – 29654481971

χ Geminorum – 52864729417

ω Geminorum – 26831729461

1 Geminorum – 24938536812

2 Geminorum – 39754972848

3 Geminorum – 01648121968

4 Geminorum – 54831721961

5 Geminorum – 31847561489

6 Geminorum – 38431621971

8 Geminorum – 51963121849

9 Geminorum – 24961721834

10 Geminorum – 29721629789

11 Geminorum – 39484121961

12 Geminorum – 36854131967

14 Geminorum – 28431729481

15 Geminorum – 61931781438

16 Geminorum – 36439751968

19 Geminorum – 39654181474

20 Geminorum – 21931721846

22 Geminorum – 37484631728

23 Geminorum – 54964189871

25 Geminorum – 24851649874

26 Geminorum – 79854129649

28 Geminorum – 49689421728

30 Geminorum – 36484131964

32 Geminorum – 59874584967

33 Geminorum – 51684731984

35 Geminorum – 58101621429

37 Geminorum – 36876621984

39 Geminorum – 38101694874

40 Gemin. – 42169729874
41 Gemin. – 27854729468
44 Gemin. – 36854172854
45 Gemin. – 31685431971
47 Gemin. – 68939854971
48 Gemin. – 54875489818
49 Gemin. – 36971281961
51 Gemin. – 31985649875
52 Gemin. – 62131954981
53 Gemin. – 68975132968
56 Gemin. – 73849121678
58 Gemin. – 62831749829
59 Gemin. – 38461931875
61 Gemin. – 38549836127
63 Gemin. – 31462481971
64 Gemin. – 38431721628
67 Gemin. – 49751831647
68 Gemin. – 54962147841
70 Gemin. – 31961851964
79 Gemin. – 39416851729
82 Gemin. – 41858462471
84 Gemin. – 54956147851
85 Gemin. – 36127439747

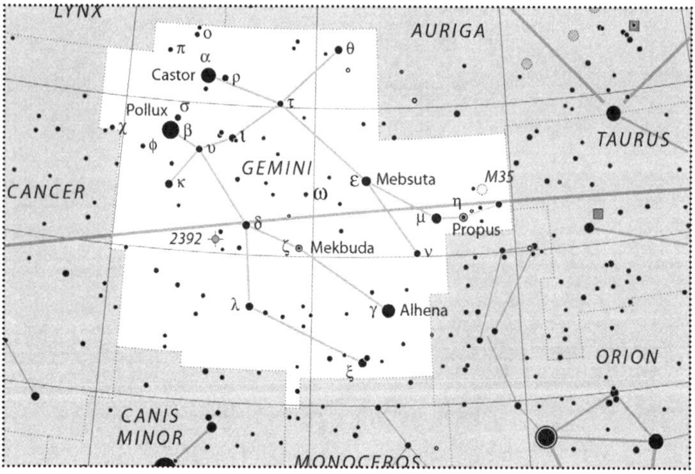

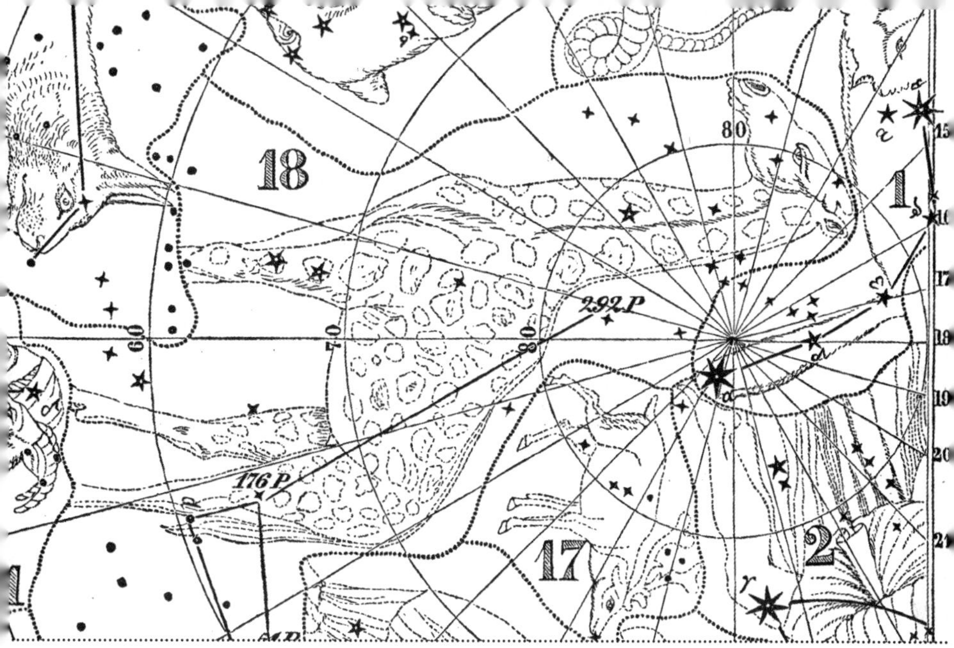

CONSTELLATION
DE LA GIRAFE

3897125987 4

En examinant la constellation de la Girafe sur le plan de la perception, vous pouvez voir la concision des liens informationnels, à savoir une symétrie et une harmonie des parties du corps de l'être vivant. Si l'on regarde l'image créée dans la conscience collective pour la constellation de la Girafe, on verra que les parties du corps sont construites d'une manière si harmonieuse qu'elles sont capables de se reproduire grâce à une dynamique harmonieuse de leur positionnement par rapport les unes aux autres.

En percevant la forme du corps de l'homme de cette façon à travers l'information de la constellation de la Girafe, vous pouvez voir que l'homme peut se créer lui-même sur le plan physique tant à partir de n'importe quelle molécule, cellule ou partie du corps physique, qu'à partir de ses propres pensées, de son âme, de sa conscience, de son esprit, voire à partir de l'idée de la vie éternelle et de l'information du monde extérieur.

En partant de ce fait, vous pouvez voir dans tout objet de l'information ce qui a créé ce dernier tel qu'il est. Si vous vous posez la question, à savoir pourquoi un objet de l'information ou un être vivant est tel qu'il est ou tel que vous le percevez, vous pouvez trouver des réponses dans la structure du corps de cet objet. Vous verrez l'harmonie intérieure qui a créé cette réalité. Vous comprendrez que le Créateur, qui avait créé l'essence de cette harmonie et la réalité, avait déjà défini les systèmes ultérieurs. La réalité se développe harmonieusement parce que Dieu avait intégré l'harmonie et l'Éternité dans l'essence de celle-ci. En percevant le monde, vous pouvez toujours voir que vous êtes capable de réaliser le pilotage pendant un temps infini grâce au principe de l'harmonie intérieure se trouvant dans tout objet d'information. Vous pouvez prendre en considération cette harmonie lorsque vous vous orientez sur la vie éternelle et sur sa réalisation.

α Camelopardalis – 31854721849

β Camelopardalis – 36871351947

γ Camelopardalis – 84131751928

M Camelopardalis – 31542121879

1 Camelopardalis – 67121851941

2 Camelopardalis – 38456129489

3 Camelopardalis – 38171427986

4 Camelopardalis – 01938561971

5 Camelopardalis – 48516931759

7 Camelopardalis – 61835481871

8 Camelopardalis – 11485301984

9 Camelopardalis – 09874121724

10 Camelopardalis – 31014951098

11 Camelopardalis – 64319014089

12 Camelopardalis – 49871381491

14 Camelopardalis – 53961481951

15 Camelopardalis – 61831721949

16 Camelopardalis – 38514921874

17 Camelopardalis – 59314821867

18 Camelopardalis – 31654121847

19 Camelopardalis – 31584849871

22 Camelopardalis – 61483151978

23 Camelopardalis – 69858121974

24 Camelopardalis – 58939749859

26 Camelopardalis – 19728429864

28 Camelopardalis – 19436129718

29 Camelopardalis – 53149861971

30 Camelopardalis – 89454816879

31 Camelopardalis – 59314929871

36 Camelopardalis – 58931381949

37 Camelopardalis – 31684821971

40 Camelopardalis – 53169489879

42 Camelopardalis – 31658474981

43 Camelopardalis – 58936121879

47 Camelopardalis – 58949359871

49 Camelopardalis – 64819421989

51 Camelopardalis – 36849537961

53 Camelopardalis – 69589451971

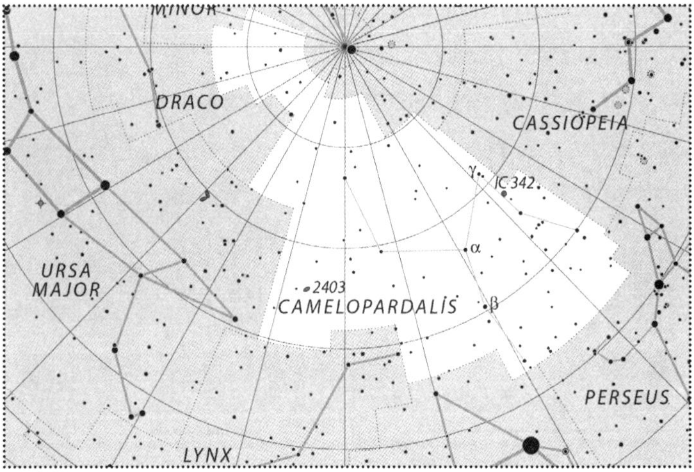

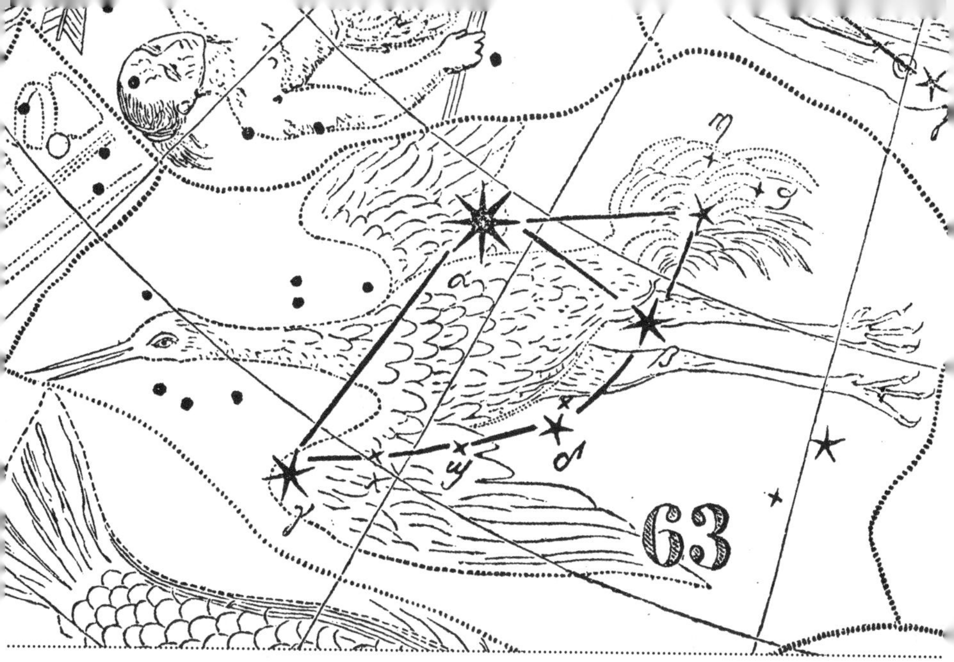

CONSTELLATION
DE LA GRUE

59471831984

En examinant l'information de la constellation de la Grue, vous pouvez découvrir le fait suivant : lorsque le processus du battement d'ailes dans la conscience collective reflète une structure physique, plus exactement lorsque l'oiseau peut prendre son envol ou bien se trouver à un certain point en battant des ailes, certains systèmes, soit ceux des êtres vivants en général, possèdent un niveau de transmission de l'information plus profond et plus statique, répandu dans l'Éternité en fonction de leur état et non de leur mouvement.

La capacité de percevoir au niveau de son âme l'état d'un être vivant ou de tout objet d'information comportant un niveau du statisme selon la conscience collective permet de considérer les actions de l'Amour et de voir que les corps physiques grandissent à partir de l'Éternité au niveau de l'information. Le champ immense de l'information est comme un mur d'éternité dans lequel les corps s'imprègnent d'éternité, comme s'ils entraient en contact avec cette information. Si vous examinez ce mur informationnel, vous découvrirez que la présence d'une information quelconque prévoit déjà la présence de l'Éternité dans le développement d'un système, d'un objet ou d'un être vivant. Vous pouvez voir le lien intérieur au moyen duquel vous êtes en mesure d'apprendre la technologie de la construction des objets d'information, notamment des objets techniques, compte tenu du caractère éternel de tout ce qui peut être réalisé ou a déjà été réalisé.

α Gruis – Al Nair – 38917149861

β Gruis – Alfauka – 38647851947

γ Gruis – Al Dhanab – 49754831968

δ^1 Gruis – 52132472861

δ^2 Gruis – 31484931749

ε Gruis – 31489451961

ζ Gruis – 38965589545

η Gruis – 58931489471

θ Gruis – 51831789486

ι Gruis – 38754169871

ϰ Gruis – 38969171849

λ Gruis – 58969131894

μ^1 Gruis – 85964171849

μ^2 Gruis – 38964151971

ν Gruis – 59831429867

ξ Gruis – 53189149864

ο Gruis – 39854179864

π^1 Gruis – 39872121961

π^2 Gruis – 39872437961

ϱ Gruis – 54961489129

σ^1 Gruis – 51931489162

σ^2 Gruis – 39884185961

τ^1 Gruis – 85139789461

τ^2 Gruis – 59489679861

τ^3 Gruis – 39857849718

υ Gruis – 38979129481

ϕ Gruis – 36989431729

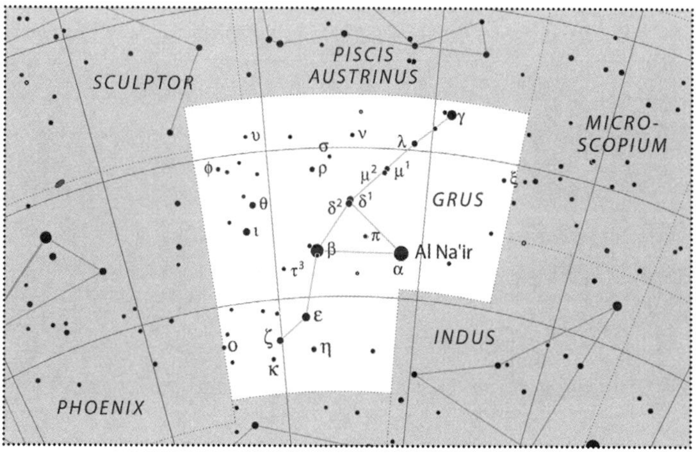

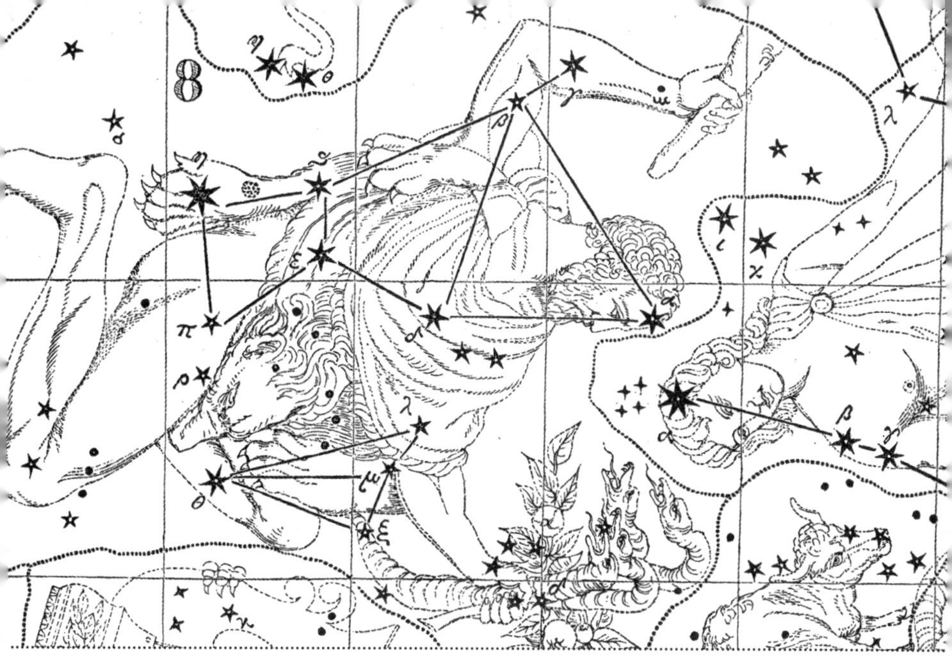

CONSTELLATION
D'HERCULE

3896172l849

En examinant la constellation d'Hercule, vous pouvez voir au niveau des structures reflétées de votre conscience que celle-ci possède la fonction des deux niveaux de la lumière : les niveaux primaire et secondaire. Lorsque le niveau de votre conscience, qui constitue la lumière provenant de votre être, atteint une information, par exemple, la constellation d'Hercule, il se reflète sous la forme d'un élément de lumière. Bien que cet élément soit le reflet de la constellation d'Hercule et qu'il contienne l'information relative à cette constellation, il constitue malgré tout votre conscience.

Ce système de la conscience, qui acquiert tout seul l'expérience et l'information, interagit avec d'autres systèmes sur le plan optique et forme ainsi une intuition intérieure, à savoir l'intuition de l'âme et de l'action de l'âme. Lorsque votre ême croise votre conscience ou votre action à la suite de l'acquisition de l'expérience, vous voyez apparaître un système de concentration du pilotage. Ce système caractérise votre attitude envers cette information. Il s'avère alors que vous formez cette information et que vous influencez cette dernière. C'est pourquoi, dans le cadre du système du développement éternel, la personne qui est plus développée en ce sens possède davantage de technologies assurant la vie éternelle pour elle-même et pour tous les autres. Cette personne peut atteindre de manière plus exacte et plus rapidement les systèmes de pilotage nécessaires pour assurer la vie éternelle grâce à une union intérieure de l'action de son âme, de son esprit et de sa conscience, c'est-à-dire à l'aide de la compréhension de la conscience et du fonctionnement de l'élément lumineux de la conscience. Il est possible d'agir de manière analogique avec l'élément de l'âme et de l'esprit. En examinant l'action optique et lumineuse de votre âme et de votre esprit, vous pouvez obtenir un pilotage groupé grâce à votre conscience. Par conséquent, vous êtes capable d'effectuer le pilotage avec la structure spirituelle de l'information.

α^1 Herculis – Ras Algethi 1 – 54231734981

α^2 Herculis – Ras Algethi 2 – 31481531648

β Herculis – Kornephoros – 69871381954

γ Herculis – 69219421898

δ Herculis – Sarin – 51721821968

ε Herculis – 64217498421

ζ Herculis – Rutilicus – 31851721964

η Herculis – 29484121971

θ Herculis – 39854219481

ι Herculis – 31854836471

κ Herculis – Marsik – 19451721974

λ Herculis – Maasim – 14271421891

μ Herculis – 19561421971

ν Herculis – 54214831964

ξ Herculis – 31654121989

ο Herculis – 29849131964

π Herculis – 89831429871

ϱ Herculis – 19521961971

σ Herculis – 54261481921

τ Herculis – 52864121978

υ Herculis – 36427129851

φ Herculis – 54832121961

χ Herculis – 54964729858

ω Herculis – Kajam – 36854231872

b Herculis – 67951781949

c Herculis – 62131854981

d Herculis – 58964171981

e Herculis – 52831561971

g Herculis – 31251481949

i Herculis – 21964821989

l Herculis – 19484121974

o Herculis – 54279129861

r Herculis – 47519869751

t Herculis – 54874121968

w Herculis – 31485121384

y Herculis – 36485121971

A Herculis – 84974121918

4 Herculis – 53121621874

9 Herculis – 39651429718

13 Herculis – 36851471981

16 Herculis – 51421721894

25 Herculis – 21854927859

32 Herculis – 62437121849

34 Herculis – 35162831724

38 Herculis – 62831751941

41 Herculis – 36854129871

48 Herculis – 31484121949

50 Herculis – 63849121758

52 Herculis – 61384121968

54 Herculis – 31628129878

57 Herculis – 38149861721

61 Herculis – 61484121931

70 Herculis – 54916481921

74 Herculis – 36831751961

79 Herculis – 14864121731

f Herculis – 52964954837

h Herculis – 84817218941

k Herculis – 36484121471

n Herculis – 54216421978

q Herculis – 36485121971

s Herculis – 36485131849

u Herculis – 58949121967

x Herculis – 64584121978

z Herculis – 54874956498

b Herculis – 59864831974

8 Herculis – 53864129878

10 Herculis – 62139421751

14 Herculis – 31649837159

19 Herculis – 53481451961

31 Herculis – 62154121728

33 Herculis – 31485161724

36 Herculis – 49519421978

39 Herculis – 31849521956

42 Herculis – 31549861551

49 Herculis – 64975189948

51 Herculis – 49384121974

53 Herculis – 42106429871

56 Herculis – 64129431981

60 Herculis – 31649121874

63 Herculis – 54849121845

73 Herculis – 31649851729

78 Herculis – 39874121975

83 Herculis – 41951481971

84 Herculis – 54936171849
87 Herculis – 49236121989
89 Herculis – 59869179841
93 Herculis – 54216421979
95 Herculis – 36954121971
96 Herculis – 36854971981
97 Herculis – 62314989879
98 Herculis – 53121631948
100 Herculis – 42131851968
101 Herculis – 31654934836
102 Herculis – 19454121971
105 Herculis – 16831481895
106 Herculis – 31754121898
108 Herculis – 64128937938
109 Herculis – 19869131964
110 Herculis – 59864129878
111 Herculis – 31489856411
112 Herculis – 28564831912
113 Herculis – 54831754989

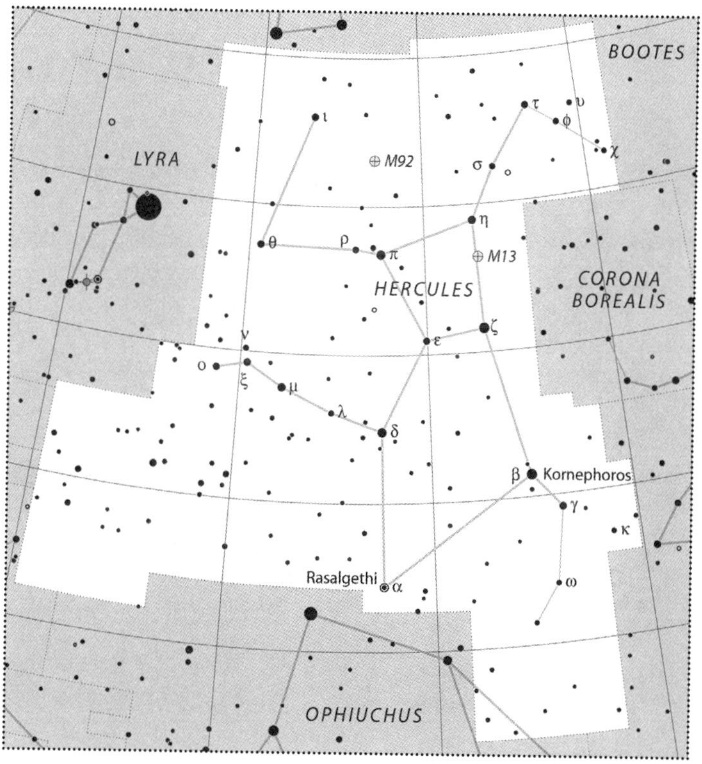

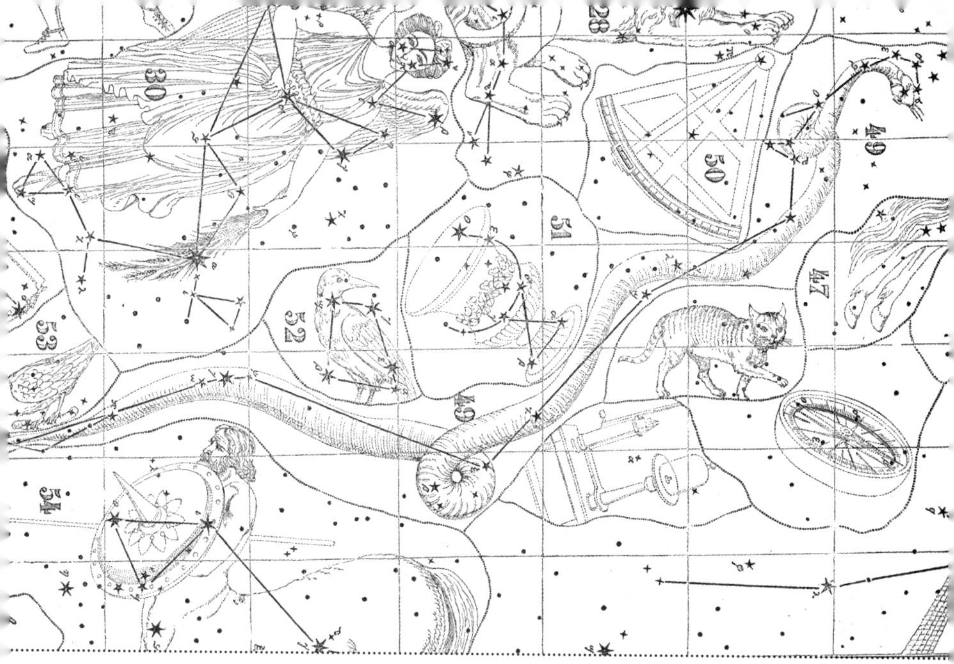

CONSTELLATION
DE L'HYDRE

19431789489

Si vous produisez un élément de pilotage qui provient d'une, de deux ou de plusieurs sources et qui entraîne ainsi une résistance à votre pilotage, vous pouvez, en observant la constellation de l'Hydre, réaliser votre propre pilotage de la manière suivante : lorsque vous imaginez que vous regardez l'espace sidéral dans la zone où la constellation de l'Hydre se trouve, vous atteignez un point du pilotage. Vous cherchez par la pensée le point où vous vous trouvez au moment présent, par exemple, votre chambre, ou bien vous imaginez l'endroit où vous vous trouvez en contemplant la constellation de l'Hydre.

Vous pouvez imaginer que vous êtes quelque part dans la rue, à l'extérieur de la maison, la nuit et vous regardez en haut. Il s'agit d'une façon d'imaginer les choses. En voici une autre : vous regardez la constellation en restant chez vous, notamment dans votre appartement; vous contemplez les choses avec votre corps réel et pas avec votre corps physique imaginé. Vous identifiez votre corps selon son emplacement dans l'espace. De cette manière, il existe quelques possibilités d'accéder à l'information afin de contempler la constellation en imaginant que vous la regardez. Vous pouvez le faire, notamment en prenant en compte votre emplacement ou bien en imaginant tout simplement que vous sortez de l'endroit où vous êtes et que vous contemplez cette constellation. Vous faites ainsi un pilotage grâce à votre propre volonté.

Le facteur de la volonté reflète exactement l'ensemble des attaques informationnelles possibles qui vous empêchent de piloter dans la direction du développement éternel. En déterminant l'élément de volonté qui caractérise le choix d'un niveau de pilotage, vous pouvez toujours voir que la volonté est le chemin. La focalisation sur l'idée de la vie éternelle constitue déjà le facteur de volonté. Si vous ne faites que vous tenir à cette idée, votre chemin se libère déjà. Vous pouvez le suivre, n'étant plus accessible à aucune opposition ferme et réelle.

C'est pourquoi, dans le cadre de ce système de pilotage, il est important de bien maintenir la structure du pilotage ciblé qui, grâce au regroupement avec le niveau de volonté, produit un système très rapide du développement de la vie éternelle. Alors, vous pouvez dire que vous possédez la technologie de la vie éternelle, parce que votre approche ou votre pilotage devient cohérent. Vous pouvez garantir la chose suivante : peu importe la situation dans laquelle vous vous trouvez, vous prendrez une décision correcte et exacte indépendamment des systèmes d'opposition dans le cadre de la réalisation de la vie éternelle pour vous et pour tout le monde.

α Hydrae – Alphard – 54837129864
β Hydrae – 38459189741
γ Hydrae – Markeb – 59869731984
δ Hydrae – 54967121948
ε Hydrae – 58967129848
ζ Hydrae – 51458431738
η Hydrae – 58149161874
2 Hydrae – 51649789419
θ Hydrae – 84753164891
ι Hydrae – 69754829871
ϰ Hydrae – 84937921948
λ Hydrae – 46489159726
μ Hydrae – 42139861471
ν Hydrae – 31487149891
ξ Hydrae – 54864197851
ο Hydrae – 89449721961
π Hydrae – 64829723849
ϱ Hydrae – 14984721849
σ Hydrae – 54964831974
τ^1 Hydrae – 85964121978
τ^2 Hydrae – 85974964801
υ^1 Hydrae – 36854975148
υ^2 Hydrae – 36485164871
φ Hydrae – 16849126859
ϕ^1 Hydrae – 54872439861
ϕ^2 Hydrae – 48131649758
χ^1 Hydrae – 39861384928
χ^2 Hydrae – 59864729851
ψ Hydrae – 89436879882
ω Hydrae – 69384121971
a Hydrae – 49862851901
b^1 Hydrae – 31642128906
b^3 Hydrae – 39718421406
k Hydrae – 34985169718
l Hydrae – 46729851949
m Hydrae – 46751849861
A Hydrae – 89843121949

C Hydrae – 59867129451

D Hydrae – 89314985967

E Hydrae – 83142869721

F Hydrae – 53864178858

G Hydrae – 39852142869

P Hydrae – 13869253841

1 Hydrae – 31867121958

2 Hydrae – 36412839758

3 Hydrae – 61938159864

9 Hydrae – 31459879481

10 Hydrae – 62837489468

14 Hydrae – 31851639684

15 Hydrae – 53869159719

17 Hydrae – 89436729859

19 Hydrae – 31487169758

20 Hydrae – 31869759421

21 Hydrae – 36485179634

23 Hydrae – 51864921747

24 Hydrae – 38164121738

26 Hydrae – 42167845839

28 Hydrae – 31754981637

29 Hydrae – 39868188459

34 Hydrae – 19464879458

37 Hydrae – 81649831974

44 Hydrae – 19751621938

47 Hydrae – 18169551628

48 Hydrae – 49156431721

50 Hydrae – 31485171864

52 Hydrae – 58416971928

55 Hydrae – 31864151971

56 Hydrae – 89537419861

57 Hydrae – 84836121958

59 Hydrae – 64751831694

60 Hydrae – 89754121892

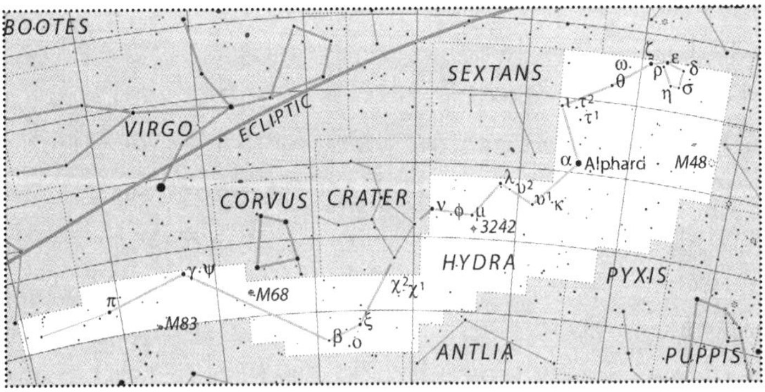

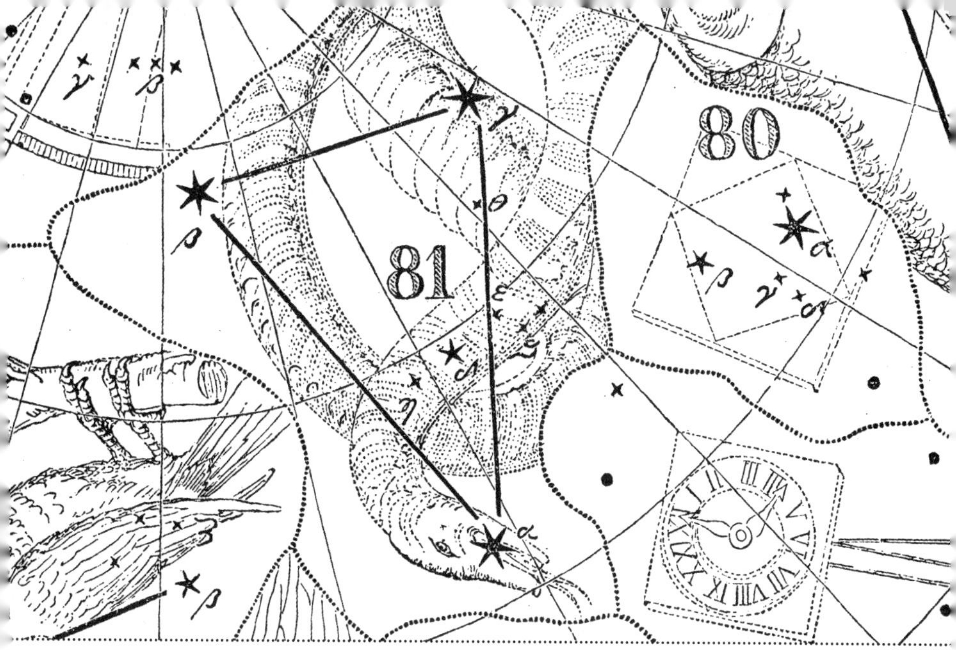

CONSTELLATION
DE L'HYDRE MÂLE

51974181981

En examinant l'étoile θ Hydri, vous pouvez y découvrir un niveau de l'espace sidéral qui caractérise un déplacement ultrarapide entre les constellations et les galaxies. En même temps, vous découvrez une forme de l'espace qui raccourcit le chemin très brusquement. Si l'appareil fabriqué sur la Terre prenait en compte la structure de l'espace dans la zone de l'étoile θ Hydri, qui peut être définie grâce aux recherches astronomiques et scientifiques, cet appareil pourrait se déplacer de manière ultrarapide tout comme une matière le fait dans l'espace. Cela veut dire que l'engin pourrait se déplacer presque au niveau des systèmes assurant un accès immédiat à l'espace.

De cette manière, il s'agit d'un des principes permettant d'atteindre l'organisation des vols interstellaires dans des périodes de temps accessibles à l'homme. Il peut souvent y accéder même immédiatement sans altérer sa forme. Ce qui est important, c'est que la forme ou le mode de vie naturel de l'homme ne souffre d'aucune manière lors d'un tel déplacement. De plus, ils permettent à l'organisme de l'homme d'en apprendre davantage sur les systèmes physiques extérieurs. La forme et les processus de l'homme se conservent complètement. Alors, on assiste à une évolution spirituelle intérieure qui permet de piloter davantage la conscience vers les systèmes macromatériels.

En travaillant avec cette étoile, vous pourrez découvrir un processus du pilotage dans lequel le pilotage des systèmes macromatériels est concentré dans la structure de la série numérique. Par exemple, si vous faites sortir des rayons du développement de la conscience de la série numérique lorsque votre conscience se transforme en une autre forme grâce à la série, vous verrez qu'un système synthétisé sort de la conscience. Ce système est réuni avec la série numérique et avec l'information de cette dernière. Votre conscience remplie de cette information vous permet d'entrer en contact avec d'autres formes du monde extérieur.

Par exemple, si vous imaginez un objet quelconque ayant un poids important, vous pouvez entrer à travers la série numérique de l'Hydre mâle dans la forme informationnelle de l'objet. Par la suite, vous avez la possibilité de piloter cet objet de façon adaptée, de changer ses coordonnées dans cet espace et de changer son poids. Pour le faire, vous devez vous situer à une grande distance de ce dernier et faire dévier un corps céleste quelconque, par exemple, un astéroïde, une comète ou une météorite. C'est seulement la force de votre conscience qui a de l'importance pour cela. En effet, vous pouvez protéger le territoire de la Terre ou d'un appareil planétaire des objets de l'espace sidéral.

Vous êtes capable de voir vous-même dans votre perception, peu importe si vous vous imaginez à une grande ou à une petite distance de vous-même. Lorsque vous vous trouvez dans un endroit et que vous vous imaginez dans un autre, vous attirez automatiquement ce dernier vers vous grâce aux ressources et aux systèmes de votre organisme physique. De cette façon, quelle que soit votre image extérieure, même si elle est représentée sur une photo ou de manière imaginaire, votre corps physique fait l'extraction de l'information et la dirige vers lui-même. Le corps dirige toute l'information vers lui-même. Il en résulte alors que votre corps est éternel, car le monde extérieur est aussi éternel tout comme le Créateur de l'Univers.

α Hydri – Tête de l'Hydre – 53974859871

β Hydri – 61974831981	γ Hydri – 30974859871
δ Hydri – 89459874851	ε Hydri – 31874951861
ζ Hydri – 89451389871	η^1 Hydri – 53874951861
η^2 Hydri – 84854389751	θ Hydri – 01964854978
ι Hydri – 51831421974	ϰ Hydri – 89454129871
λ Hydri – 64854979871	μ Hydri – 53864121971
ν Hydri – 31964821981	π^1 Hydri – 64978121981
π^2 Hydri – 60849129871	σ Hydri – 89384121981
τ^1 Hydri – 53864121871	τ^2 Hydri – 53149829871

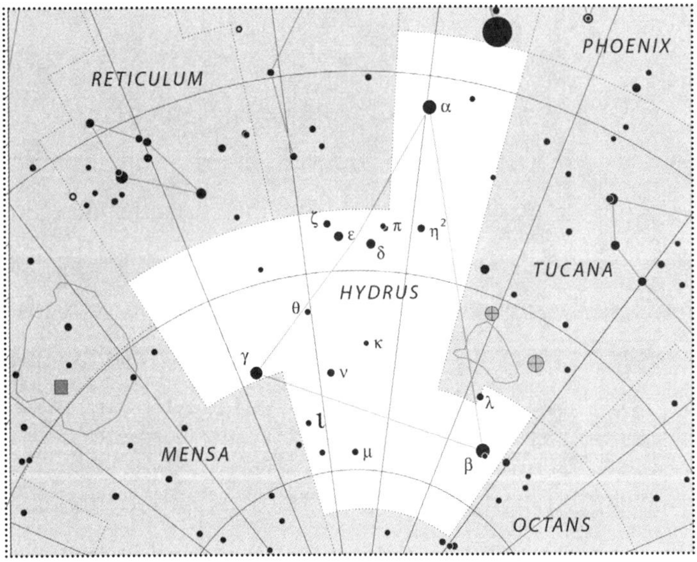

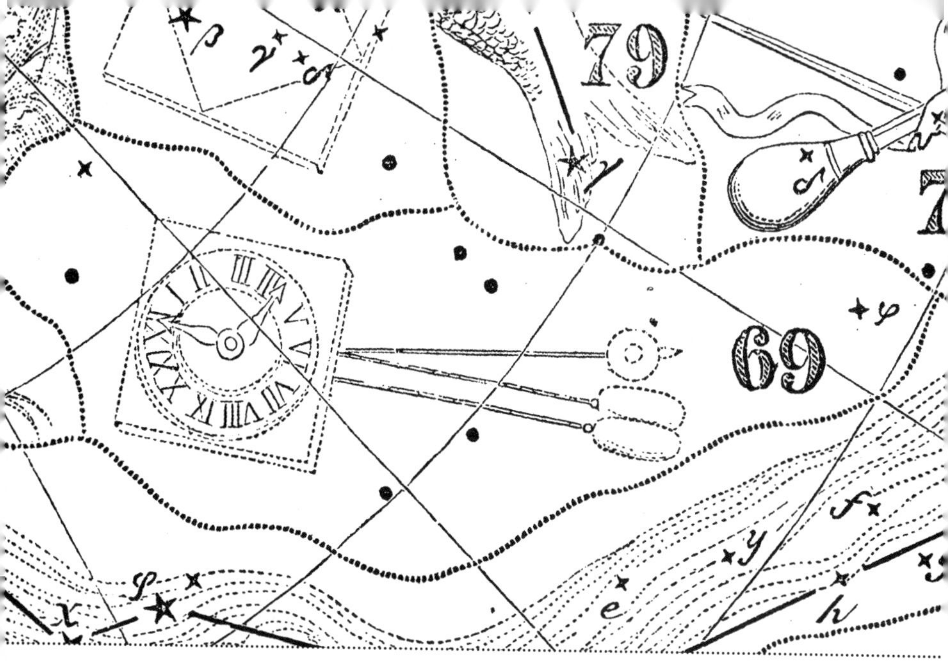

CONSTELLATION
DE L'HORLOGE

50160890988

Dans la constellation de l'Horloge et dans la zone des étoiles α Horologii et β Horologii, vous pouvez tracer une ligne qui lie la sphère faisant partie de la constellation. Si vous imaginez les frontières de la constellation en forme de sphère et que vous dirigez mentalement le vecteur à partir d'une partie intérieure de cette sphère vers α Horologii et vers β Horologii, à savoir vers α, puis de α vers β, vous pouvez voir qu'il est possible d'influencer le temps grâce à la conscience.

Si vous souhaitez effectuer une action de pilotage et que vous avez besoin de prendre le temps pour cela, vous pouvez agrandir le temps informationnel en vous concentrant sur ce dernier. Vous arrivez ainsi à piloter tout en ayant une grande ressource provenant du temps informationnel. Cette ressource peut également influencer le temps physique des événements. Cependant, vous devez contrôler le temps physique. Vous pouvez également l'accélérer. De plus, l'accélération et l'étirement du temps, soit la prolongation de la période du temps pour effectuer le pilotage en vue du développement éternel, ne doivent en aucun cas toucher le corps physique. Il faut effectuer le pilotage à partir du corps physique. Le temps agit de manière à ne pas provoquer de processus de vieillissement. Au contraire, le pilotage basé sur le temps organise la norme de la santé physique de l'homme et du plan spirituel de la normalisation et de l'épanouissement de la capacité de l'âme. Vous devez utiliser le caractère positif de l'action pour vous et pour tout le monde.

Lorsque vous vous concentrez sur la série numérique de γ Horologii, vous pouvez prendre en considération le principe de l'organisation d'une forme intelligente faisant partie de l'évolution de l'espace autour de l'homme. De cette façon, l'espace devient mieux adapté au développement de la vie éternelle de l'homme. Cela veut dire que l'espace influence moins la vie éternelle en ce qui concerne la santé et la progression de l'homme éternel.

Vous pouvez voir le temps même s'il est éloigné de vous. Votre vie éternelle est hors du temps. Cela veut dire qu'elle définit le temps de la vie éternelle. Ce temps constitue l'Éternité.

α Horologii – 31489751864

β Horologii – 51489751964

γ Horologii – 89864131978

δ Horologii – 81964121871

ζ Horologii – 85164971961

η Horologii – 31874181961

ι Horologii – 80864856401

λ Horologii – 89489721902

μ Horologii – 61831749803

ν Horologii – 80860149881

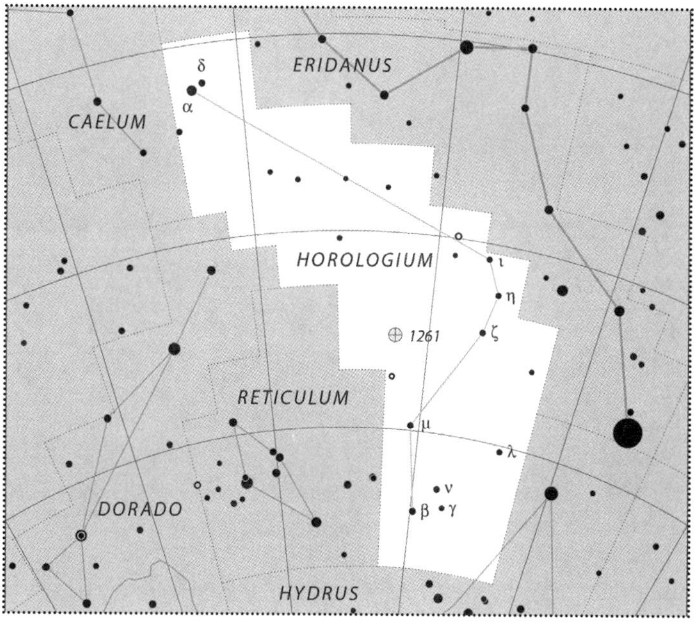

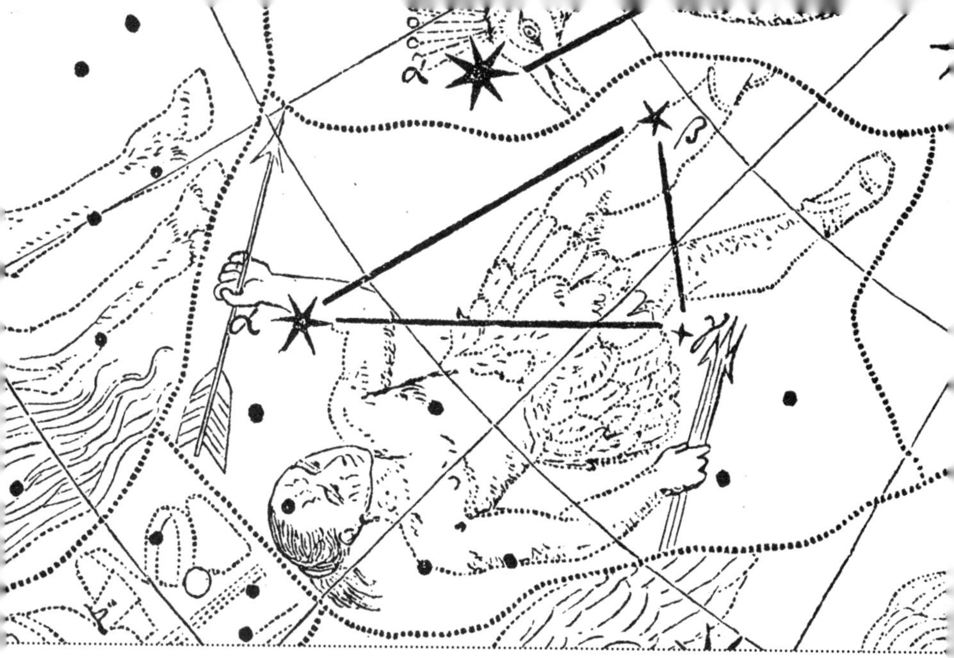

CONSTELLATION
DE L'INDIEN

3685412 1849

Lorsque vous effectuez le pilotage en utilisant l'information de la constellation de l'Indien, prenez en compte le principe de l'interaction avec les éléments extérieurs de la réalité qui peuvent définir la vie de l'homme. Vous pouvez voir un niveau d'information correspondant aux événements possibles qui peuvent influencer l'homme de manière radicale. Vous ressentirez intuitivement et percevrez ce niveau avec votre corps physique.

Cette information concerne le corps physique. Et grâce aux rêves qu'il fait dans la nuit, aux signes et aux événements, l'homme voit que quelque chose s'approche de lui dans l'information. Dans tous les cas, la tâche consiste à atteindre le niveau informationnel de l'évolution éternelle. En vous focalisant sur la constellation de l'Indien, vous pouvez toujours obtenir le niveau d'information correct concernant la sortie de la situation qui vous mènerait vers le développement éternel au moment où une information quelconque n'agit pas sur votre activité de façon défavorable.

α Indi – 36754831871
γ Indi – 69354989461
ε Indi – 69351421978
η Indi – 53984621873
ι Indi – 38564721974
μ Indi – 31653826974
ο Indi – 31489421964
ϱ Indi – 54831621724

β Indi – 34864721901
δ Indi – 89353961971
ζ Indi – 59431621978
θ Indi – 64975489461
ϰ Indi – 62314721849
ν Indi – 44169831729
π Indi – 89574121678

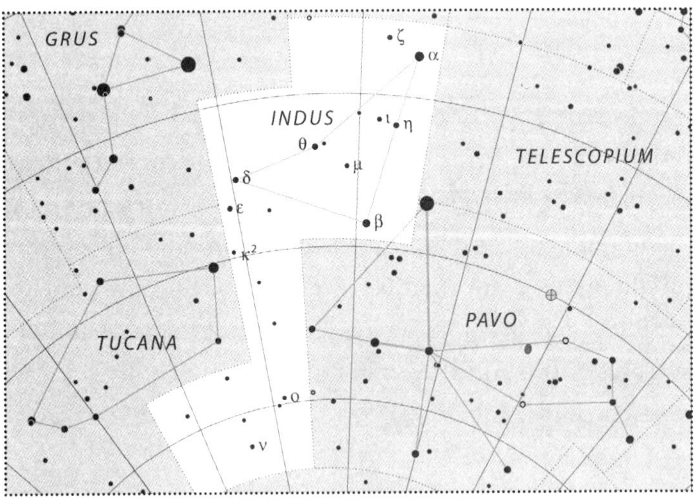

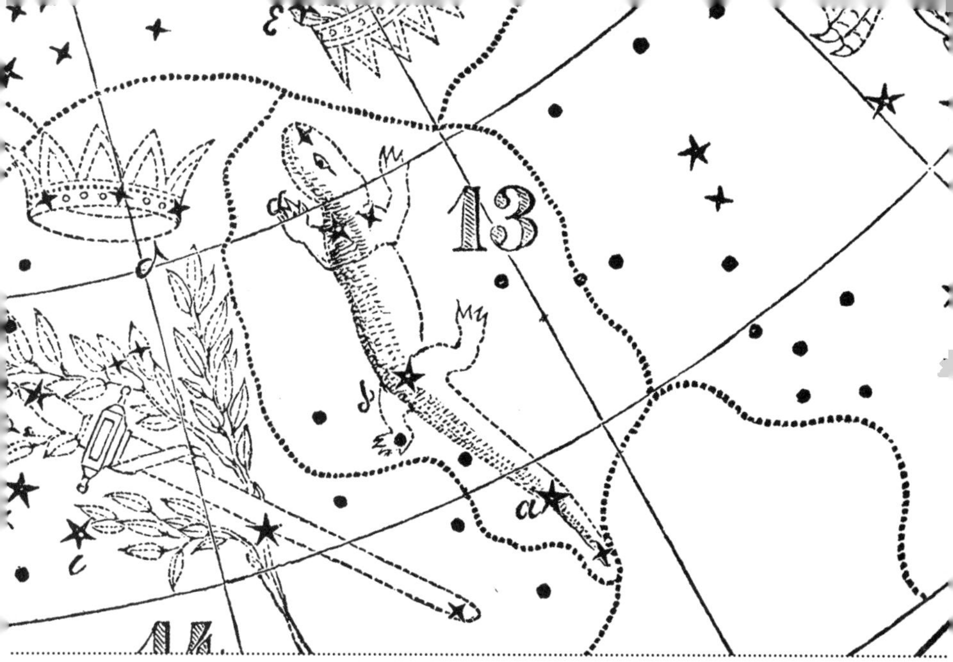

CONSTELLATION
DU LÉZARD

21864931901

Dans la zone de l'étoile 8 Lacertae, le champ du pilotage est développé conformément aux structures du rajeunissement. En utilisant la série numérique correspondant à l'étoile 8 Lacertae, vous pouvez vous rajeunir, accélérer les processus du rajeunissement et maintenir votre organisme dans une norme d'âge spécifique dans le cas du développement éternel. De plus, la personne qui effectue le pilotage peut choisir elle-même cette norme d'âge.

Dans l'information correspondant à l'étoile 9 Lacertae et lors de la concentration sur ce point de l'espace sidéral, vous pouvez voir que les caractéristiques de l'âge possèdent les propriétés du changement. Par conséquent, l'interaction des systèmes spatiaux entre les étoiles 8 Lacertae et 9 Lacertae se déroule de sorte que le transfert d'un âge à l'autre est également assuré par le pilotage par la conscience.

Grâce à la structure de sa conscience, l'homme accroît son âge. C'est par sa propre conscience qu'il est en mesure de fixer un âge spécifique en une position quelconque, atteindre un autre âge ou maintenir un âge que l'homme a choisi pendant le temps nécessaire. La fixation de l'âge peut être très exacte. Il est même possible de tenir compte de petits intervalles concrets, notamment des heures, des minutes, etc. qui correspondent à un âge concret.

Vous pouvez voir avec votre conscience les étoiles qui se trouvent dans différentes constellations et diffuser votre conscience à différentes constellations. Plus vous répandez largement une pensée dans différentes constellations, plus cette pensée vous enveloppe vigoureusement dans la direction du développement éternel. Votre pensée crée la lumière du développement éternel qui pénètre dans votre corps et propulse les corps dans l'Éternité. Cette méthode efficace vous permet, grâce à votre énergie, de réaliser la vie éternelle dans votre corps physique. Tout en restant dans votre corps physique, vous pouvez utiliser l'information de la constellation du Lézard et assurer la vie éternelle pour vous et pour tout le monde. Puis, vous serez en mesure de rediriger de tels systèmes d'apprentissage vers d'autres personnes. Pour cela, il faut juste imaginer les rayons provenant de votre processus de pensée et se dirigeant sur-le-champ vers toutes les constellations.

α Lacertae – 09854929871
β Lacertae – 39649751989
1 Lacertae – 61389421348
2 Lacertae – 69384129378
4 Lacertae – 01654121981
5 Lacertae – 69010429878
6 Lacertae – 31084921084
8 Lacertae – 31384121871
9 Lacertae – 31981331864
10 Lacertae – 51931421861
11 Lacertae – 89064821949
12 Lacertae – 51964121981
13 Lacertae – 58431728971
14 Lacertae – 50149861971
15 Lacertae – 21831808961
16 Lacertae – 80888848998

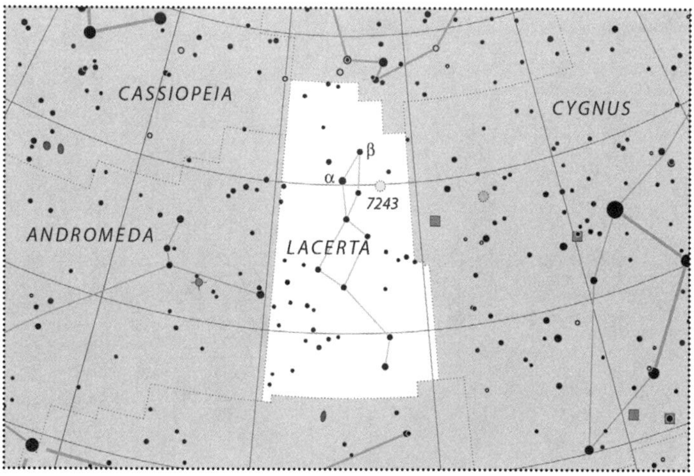

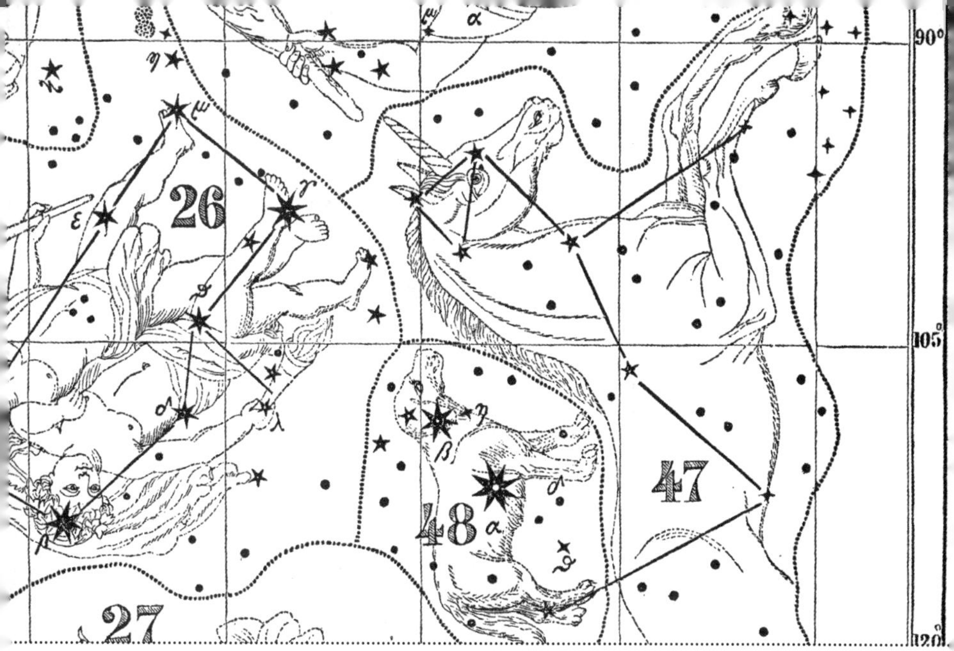

CONSTELLATION
DE LA LICORNE

5396412197 8

En contemplant la constellation de la Licorne, il faut élaborer dans votre perception une position qui doit faire partie d'une certaine succession dans le pilotage. Sans modifier votre attitude envers cette succession, vous obtenez toujours le résultat plus rapidement.

De cette façon, lorsque vous faites le pilotage grâce à l'information de la constellation de la Licorne pour avoir la vie éternelle, vous devez créer des systèmes de pilotage qui visent le développement éternel. Il faut les développer ou bien étudier quelque chose d'autre de manière successive mais, comme toujours, en vue du développement éternel. Lorsque vous l'appliquez à toutes vos actions, votre pilotage s'accélère. Vous pouvez dépasser les événements dont vous n'avez pas besoin et obtenir de suite ceux qui sont indispensables pour la vie et le développement éternels pour vous et tous les autres.

α Monocerotis – 54964181971
β Monocerotis – 31969859851
γ Monocerotis – 89464971981
δ Monocerotis – 58969121974
ε Monocerotis – 58427429871
ζ Monocerotis – 21964821706
1 Monocerotis – 54953121984
2 Monocerotis – 36871239874
3 Monocerotis – 89431854967
6 Monocerotis – 39184974981
7 Monocerotis – 39516421981
9 Monocerotis – 53964129871
10 Monocerotis – 75432189854
12 Monocerotis – 59874129864
13 Monocerotis – 54854121968
14 Monocerotis – 31721421878
15 Monocerotis – 31964871981
16 Monocerotis – 53864121971
17 Monocerotis – 54964831978
18 Monocerotis – 36839121974
19 Monocerotis – 69483121989
20 Monocerotis – 63954121979
21 Monocerotis – 31849555506
24 Monocerotis – 31758421964
25 Monocerotis – 58969121738
27 Monocerotis – 38464129759
28 Monocerotis – 31485131489

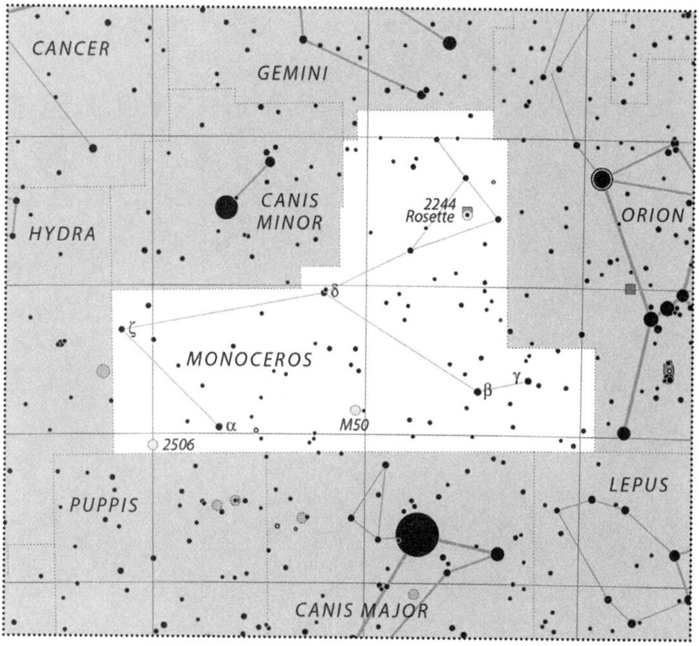
CANCER
GEMINI
HYDRA
CANIS
MINOR
2244
Rosette
ORION
δ
ζ
MONOCEROS
γ
β
α
M50
2506
PUPPIS
LEPUS
CANIS MAJOR

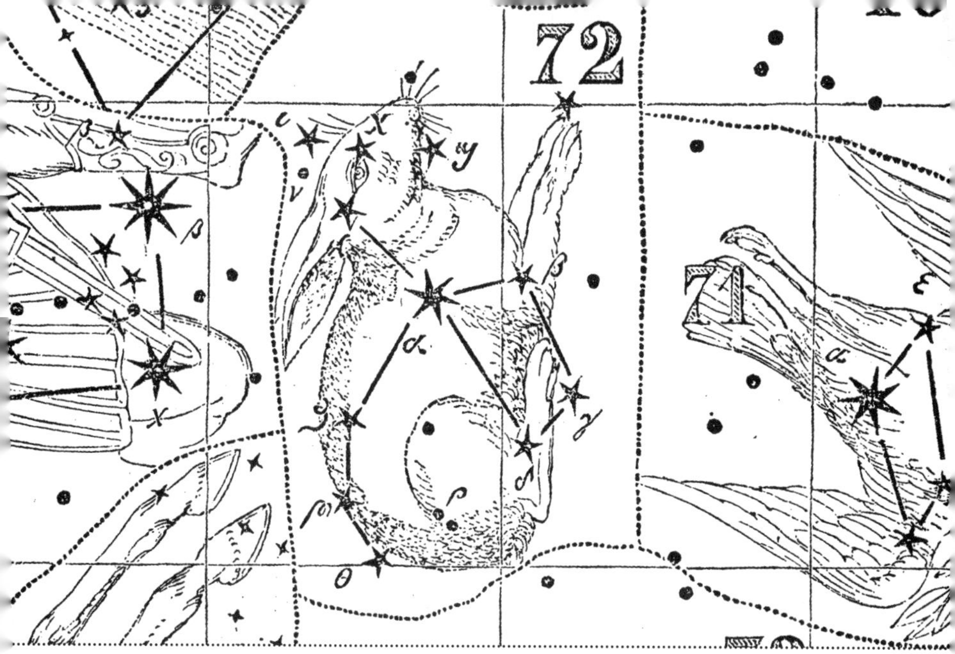

CONSTELLATION
DU LIÈVRE

4987132142 8

En examinant la constellation du Lièvre, on peut découvrir que la lumière provenant de la tête du Lièvre influence son corps d'une certaine façon. La lumière provenant de l'activité du cerveau agit sur le développement du corps d'une certaine manière. Il en ressort que le principe de l'influence de l'intelligence sur tout ce qui entoure sa manifestation constitue la loi permettant de toujours atteindre, dans le développement éternel, un niveau intellectuel qui est nécessaire pour assurer la vie éternelle.

α Leporis – Arneb – 31849171949

β Leporis – Nihal – 24864121971

γ Leporis – 38421651428

δ Leporis – 39872484971

ε Leporis – Sasin – 68937121964

μ Leporis – Neshmet – 69437821989

ζ Leporis – 39484121968

θ Leporis – 72831421961

ϰ Leporis – 39869421978

ν Leporis – 36121821969

7 Leporis – 23849124989

10 Leporis – 23149821749

13 Leporis – 38754928964

19 Leporis – 47128964968

η Leporis – 38969721871

ι Leporis – 62432171968

λ Leporis – 32149136981

1 Leporis – 24962823967

8 Leporis – 21854121648

12 Leporis – 68131421861

17 Leporis – 24975131681

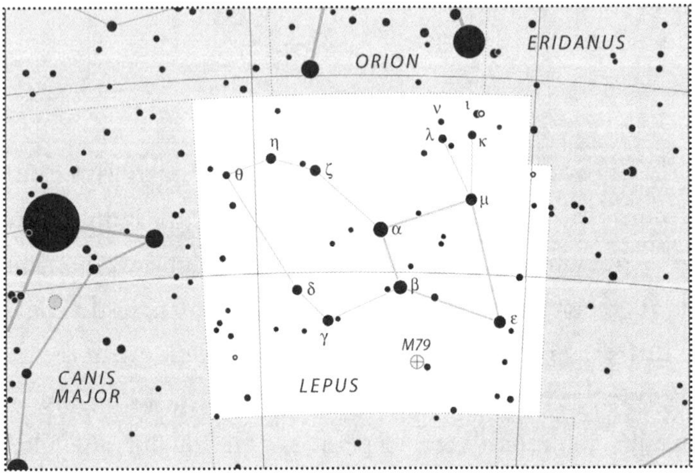

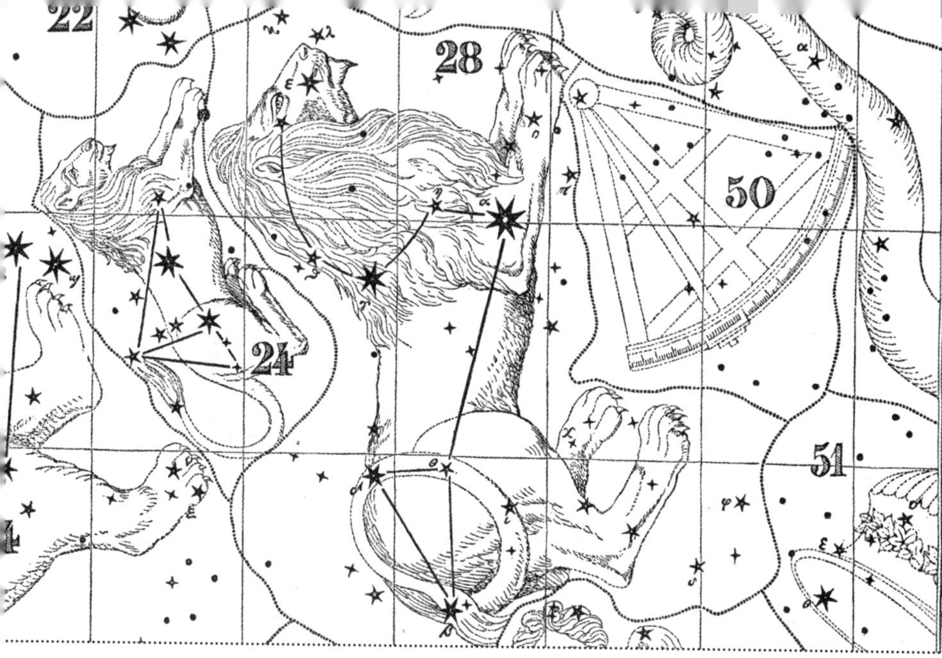

CONSTELLATION
DU LION

53869753981

En travaillant avec l'information de la constellation du Lion, vous pouvez focaliser votre conscience sur les pattes du lion et observer la pensée qui se forme lors de cette action dans la zone où la tête de l'animal est représentée. De cette façon, vous pouvez contrôler le pilotage grâce au principe suivant : lorsque vous vous concentrez sur quelque chose, trouvez le point situé dans l'information de la réalisation de la vie éternelle dans votre corps physique et dans ceux d'autres personnes. Vous devez juste repérer ce point.

Pour le faire, il faut prêter attention au fait que ce point existe, qu'il se manifeste clairement devant vous et vous assure la vie éternelle.

α Leonis – Regulus – 34954871864

β Leonis – Denebola – 46871421895

γ[1] Leonis – Algieba – 47868429461

γ[2] Leonis – Algieba – 31654831984

δ Leonis – Zosma – 58219861971

ε Leonis – Algenubi – 39874129868

ζ Leonis – Adhafera – 45864871421

η Leonis – 39610429471

θ Leonis – Chertan – 31858421961

ι Leonis – 31857849856

ϰ Leonis – Al Minliar al Asad – 31485121971

λ Leonis – Alterf – 38851608981

μ Leonis – Rasalas – 38188836471

ν Leonis – 10459429481

ξ Leonis – 10804920864

ο Leonis A – Subra – 31654829871

ο Leonis B – Subra – 31480100008

π Leonis – 69374854961

ϱ Leonis – 31858164971

σ Leonis – 89569721851

τ Leonis – 31049584051

υ Leonis – 83450121964

φ Leonis – 05439659871

χ Leonis – 31456189491

ω Leonis – 59147821901

c Leonis – 23161871904

e Leonis – 35104964807

g Leonis – 59431221901

k Leonis – 34854121848

m Leonis – 34956189871

o Leonis – 58931629871

p^2 Leonis – 39864129871

p^4 Leonis – 51859161874

A Leonis – 49561721846

7 Leonis – 18564721842

9 Leonis – 31864121874

11 Leonis – 58964189871

13 Leonis – 38964871964

19 Leonis – 31651871961

21 Leonis – 89439129401

34 Leonis – 80159420164

37 Leonis – 39601729874

40 Leonis – 50164539671

43 Leonis – 58301429361

45 Leonis – 69384951978

48 Leonis – 39568197864

50 Leonis – 31485161729

55 Leonis – 39758698961

64 Leonis – 34989154978

71 Leonis – 39161859484

ψ Leonis – 31484194891

b Leonis – 58901431847

d Leonis – 38906471981

f Leonis – 36807121947

h Leonis – 31871421974

l Leonis – 38485151961

n Leonis – 36854721861

p^1 Leonis – 69401659481

p^3 Leonis – 69351429378

p^5 Leonis – 84961971981

3 Leonis – 54216421978

8 Leonis – 46126849757

10 Leonis – 13964851971

12 Leonis – 59874951961

18 Leonis – 68975131964

20 Leonis – 31658031968

23 Leonis – 50164829161

35 Leonis – 06458960871

39 Leonis – 31854621971

42 Leonis – 50857892196

44 Leonis – 89864729871

46 Leonis – 19639429871

49 Leonis – 89564971978

54 Leonis – 39189429168

56 Leonis – 31854971874

67 Leonis – 36854129871

72 Leonis – 58964729871

75 Leonis – 39480100861

79 Leonis – 01931851964

81 Leonis – 54101921978

85 Leonis – 64014920184

88 Leonis – 88010420908

90 Leonis – 14923654714

93 Leonis – 05649727841

76 Leonis – 16401629758

80 Leonis – 84010620971

83 Leonis – 50160101888

86 Leonis – 10489050971

89 Leonis – 01410500008

92 Leonis – 85301421401

95 Leonis – 46871329849

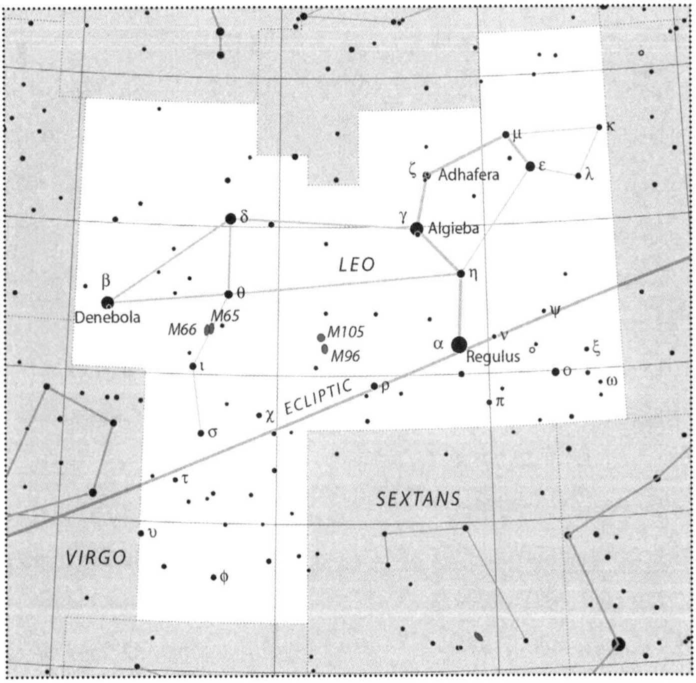

CONSTELLATION
DU PETIT LION

4965497 1841

En pilotant dans la structure de cette constellation, vous pouvez examiner votre propre réflexion dans l'information de l'espace sidéral et vous y voir vous-même ainsi que tout le monde simultanément. En vous distinguant des autres, vous créez la vie éternelle pour vous-même et pour tous ceux qui se trouvent dans votre perception.

β Leonis Minoris – 58131964871

o Leonis Minoris – 59384961728

7 Leonis Minoris – 34851961751
8 Leonis Minoris – 39754989161
9 Leonis Minoris – 49759421871
10 Leonis Minoris – 68954971729
11 Leonis Minoris – 39459649471
13 Leonis Minoris – 67121891864
16 Leonis Minoris – 39489561878
19 Leonis Minoris – 39759489758
20 Leonis Minoris – 69149751848
21 Leonis Minoris – 49879421961
22 Leonis Minoris – 39481961724
23 Leonis Minoris – 59789439168
24 Leonis Minoris – 69879498138
27 Leonis Minoris – 39864700008
28 Leonis Minoris – 64123971981
29 Leonis Minoris – 34514812861
30 Leonis Minoris – 31654831978
32 Leonis Minoris – 38401659481
33 Leonis Minoris – 69871429849
34 Leonis Minoris – 34714806801
35 Leonis Minoris – 38469479817
36 Leonis Minoris – 59489749188
37 Leonis Minoris – 61050498916
38 Leonis Minoris – 31601949871
40 Leonis Minoris – 46871521849
41 Leonis Minoris – 59431859871
42 Leonis Minoris – 69409121968
43 Leonis Minoris – 51649751849
44 Leonis Minoris – 65149721981
48 Leonis Minoris – 39459879861
50 Leonis Minoris – 65489471846
51 Leonis Minoris – 49871421981

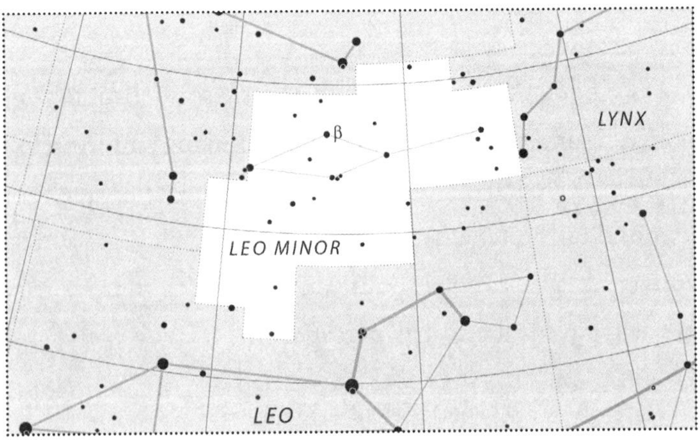

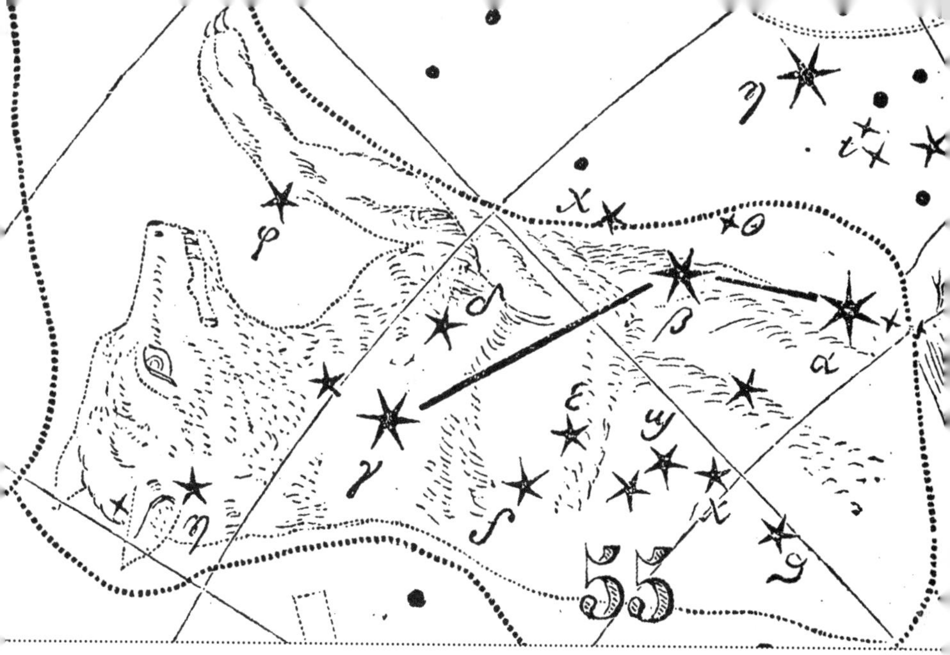

CONSTELLATION
DU LOUP

31649851481

Dans le cas du pilotage par l'information de la constellation du Loup, il est possible d'examiner le principe du pilotage caractérisant l'absence d'hostilité de tous les systèmes si l'information de l'homme se déplace et se répand correctement.

Étudiez le niveau de pilotage suivant : en observant le dessin représentant le Loup comme une sphère d'information, vous pouvez voir que l'information correspondant à l'homme constitue l'organisation structurelle de cette sphère. Votre pilotage enveloppe le système potentiellement agressif et le construit en y intégrant le contenu non agressif. Vous éliminez ainsi le contact avec les systèmes manifestant de l'agressivité et fournissez un autre statut à ces systèmes en construisant la prochaine sphère de la création.

α Lupi – 54964178949
β Lupi – 19871349891
γ Lupi – 64971351968
δ Lupi – 54931721964
ε Lupi – 49754821961
ζ Lupi – 69874181947
η Lupi – 39654189878
θ Lupi – 31658971854
ι Lupi – 31854321968
κ^1 Lupi – 29314821964
κ^2 Lupi – 39878129489
λ Lupi – 69853126841
μ Lupi – 49564831971
ν^1 Lupi – 51458231841
ν^2 Lupi – 69314971981
ξ^1 Lupi – 51651481941
ξ^2 Lupi – 62851381961
ο Lupi – 31485369758
π Lupi – 31642879681
ϱ Lupi – 62854131749
σ Lupi – 58314969831
τ^1 Lupi – 31485131864
τ^2 Lupi – 68949189488
υ Lupi – 62131981961
ϕ^1 Lupi – 31854121964
ϕ^2 Lupi – 62831721749
χ Lupi – 31149851961
ψ^1 Lupi – 19369421348
ψ^2 Lupi – 69831729874
ω Lupi – 69384121974
a Lupi – 34851631749
b Lupi – 54875121981
c Lupi – 62131654891
d Lupi – 49789149868
e Lupi – 31849751964
f Lupi – 58931561978
g Lupi – 53184184961
h Lupi – 39184871981
i Lupi – 31058421968
k Lupi – 31864138960

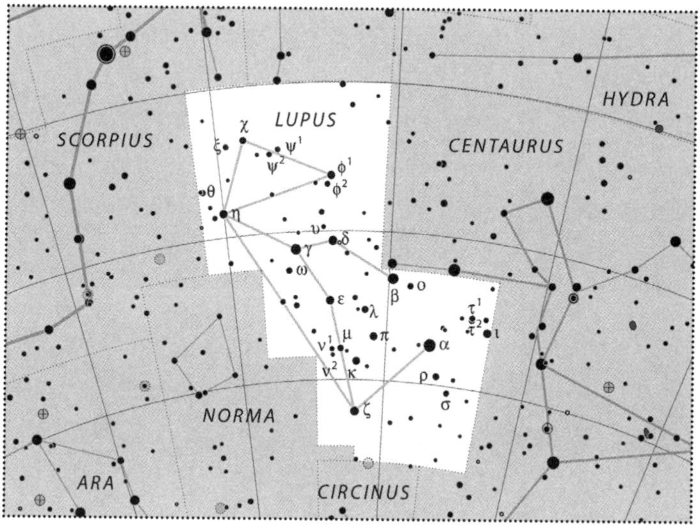
LUPUS
SCORPIUS
CENTAURUS
HYDRA
NORMA
ARA
CIRCINUS
χ
ξ
ψ¹
ψ²
φ¹
φ²
θ
η
υ
δ
γ
ω
β
o
ε
λ
τ¹
τ²
ι
μ
π
ν¹
α
ν²
κ
ρ
σ
ζ

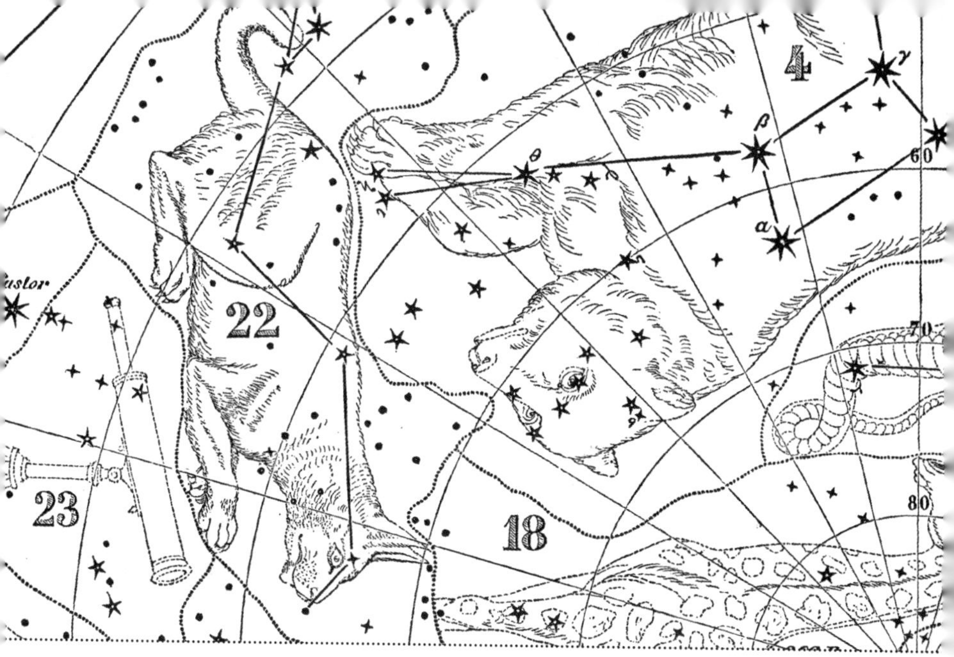

CONSTELLATION
DU LYNX

51891421764

Vous êtes capable de voir la constellation du Lynx loin de vous tout en restant sur la Terre, dans un endroit physique concret. Vous pouvez également voir l'espace entre vous et la constellation. En observant les sauts du lynx, vous voyez sa vitesse, sa détermination dans la réalisation de son objectif et son mouvement vertical et horizontal. C'est pourquoi, si vous cumulez différents mouvements de différents éléments d'information, vous arriverez à obtenir le pilotage du développement éternel et de la vie éternelle simplement en observant les déplacements de l'information.

α Lyncis – 59164891749

1 Lyncis – 31964851961

3 Lyncis – 31841951681

5 Lyncis – 49351681871

7 Lyncis – 59864129871

11 Lyncis – 59864191871

13 Lyncis – 51964894871

15 Lyncis – 89431851861

17 Lyncis – 49874129871

19 Lyncis – 89431629481

21 Lyncis – 69431721981

23 Lyncis – 39481729481

25 Lyncis – 69871429871

27 Lyncis – 89451421989

ϰ Lyncis – 58121431721

2 Lyncis – 31671921848

4 Lyncis – 53149861971

6 Lyncis – 89431729471

8 Lyncis – 39161871981

12 Lyncis – 31621871891

14 Lyncis – 31681421978

16 Lyncis – 89571421978

18 Lyncis – 31984971981

20 Lyncis – 39864879871

22 Lyncis – 69874851981

24 Lyncis – 49759139781

26 Lyncis – 95989139871

28 Lyncis – 31489451961

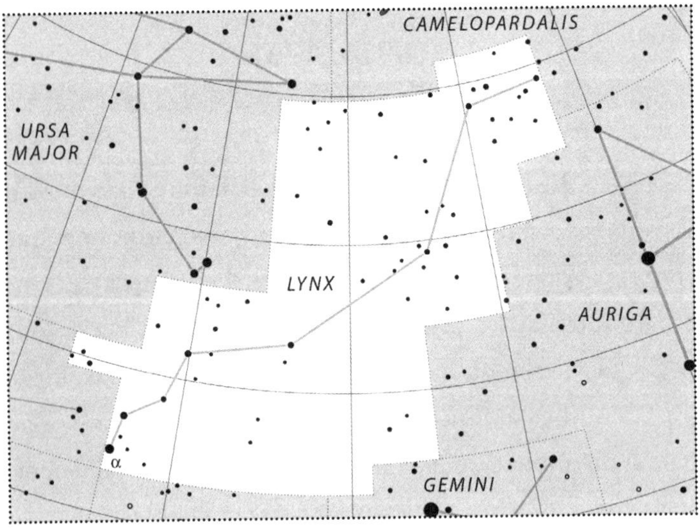

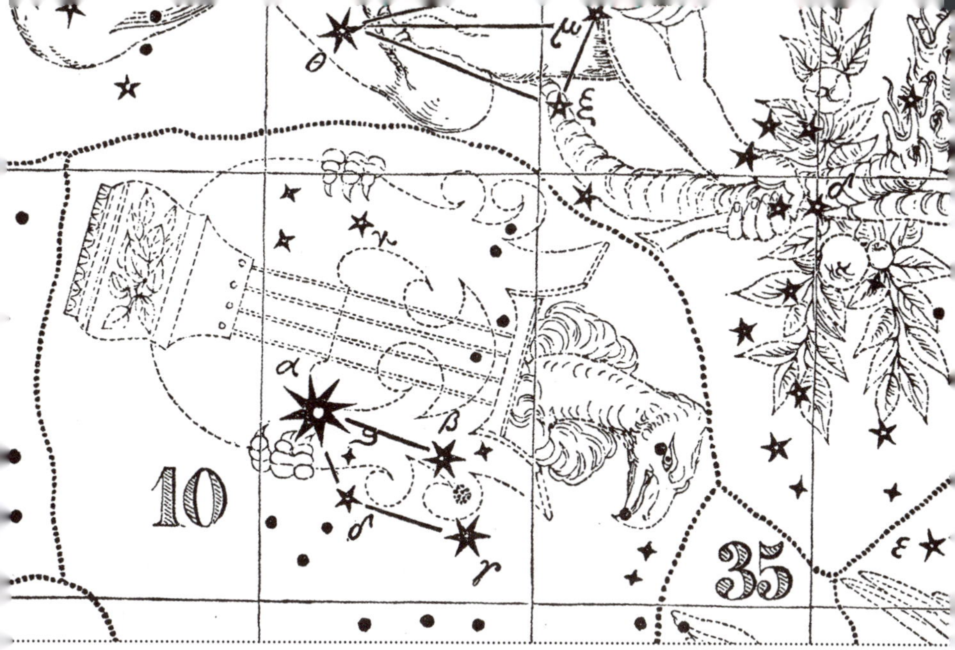

CONSTELLATION
DE LA LYRE — Vega —

8956412080l

En effectuant le pilotage à travers la constellation de la Lyre, vous pouvez comprendre la façon dont la musique naît et se reproduit. Écoutez la musique avec votre ouïe intérieure directement à partir de la constellation et essayez de voir le sens de l'organisation de la musique. Chacun peut créer une musique intérieure qui sera celle de l'harmonie, de la vie éternelle et du développement éternel. La perception de cette musique vous permet d'atteindre le niveau de l'énergie du développement éternel.

α Lyrae – Véga – 39485336871

β Lyrae – Sheliak – 31401629481

γ Lyrae – Sulafat – 30120606489

δ¹ Lyrae – 83854728961

δ² Lyrae – 31748584721

ε¹ Lyr. A – Ninsar – 49749848901

ε¹ Lyr. B – Ninsar – 31682129716

ε² Lyr. A – Ninsar – 89301421982

ε² Lyr. B – Ninsar – 31729420861

ζ¹ Lyr. – Erragal – 01620731649

ζ² Lyr. – Erragal – 01951421761

η Lyr. – Aladfar – 14851721968

θ Lyrae – 89574164879

ι Lyrae – 51472389489

ϰ Lyrae – 31601859871

λ Lyrae – 84975149861

μ Lyr. – Alathfar – 31480651979

ν Lyrae – 19485161749

ν1 Lyrae – 69354851381

13 Lyrae – 12149751861

16 Lyrae – 36959721981

17 Lyrae – 12864871878

19 Lyrae – 01629429871

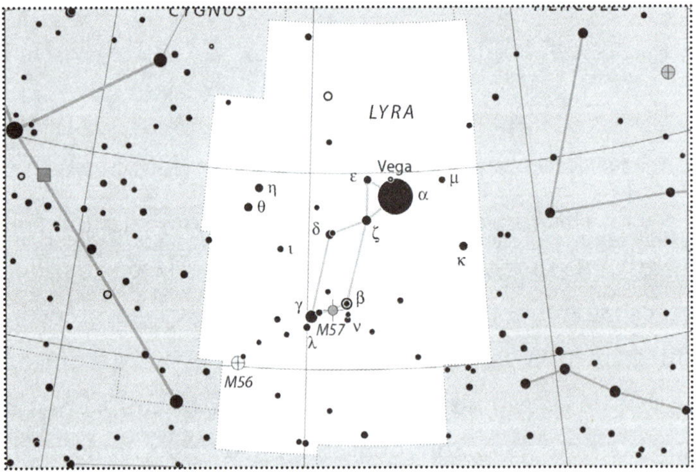

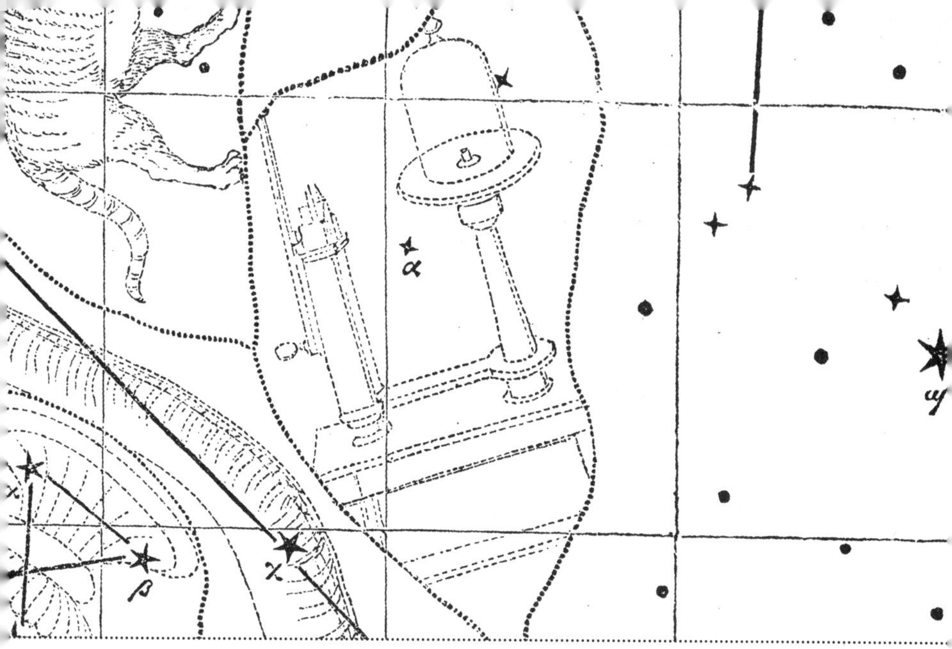

CONSTELLATION DE LA MACHINE PNEUMATIQUE

31654821694

En travaillant avec l'information de la constellation de la Machine pneumatique, vous devez organiser votre pilotage de la manière suivante : le son émis par la machine lorsqu'elle pompe quelque chose, ainsi que la réalité extérieure et intérieure, doit constituer un pilotage unique. Si vous vous concentrez sur cette sphère unique du pilotage, vous serez en mesure de piloter des processus très variés.

α Antliae – 38547998561

δ Antliae – 38164728149

ε Antliae – 51064821049

ζ^1 Antliae A – 38051649758

ζ^1 Antliae B – 49701421961

ζ^2 Antliae – 30654120648

η Antliae – 31568481574

θ Antliae – 58564121871

ι Antliae – 30614820941

AG Antliae – 51489121961

S Antliae – 31687421858

U Antliae – 36871528481

UX Antliae – 36714921958

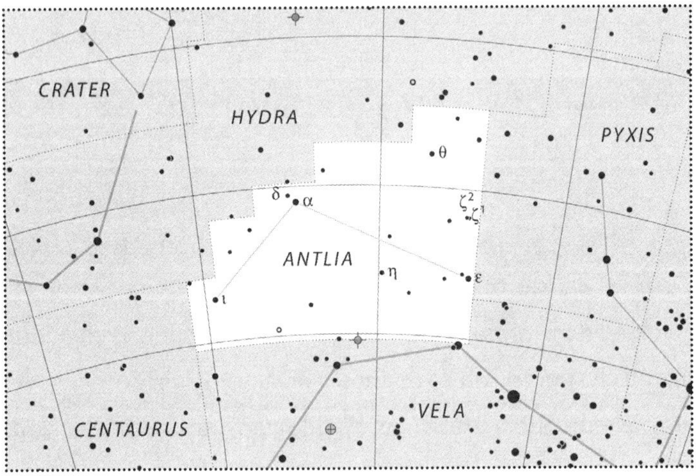

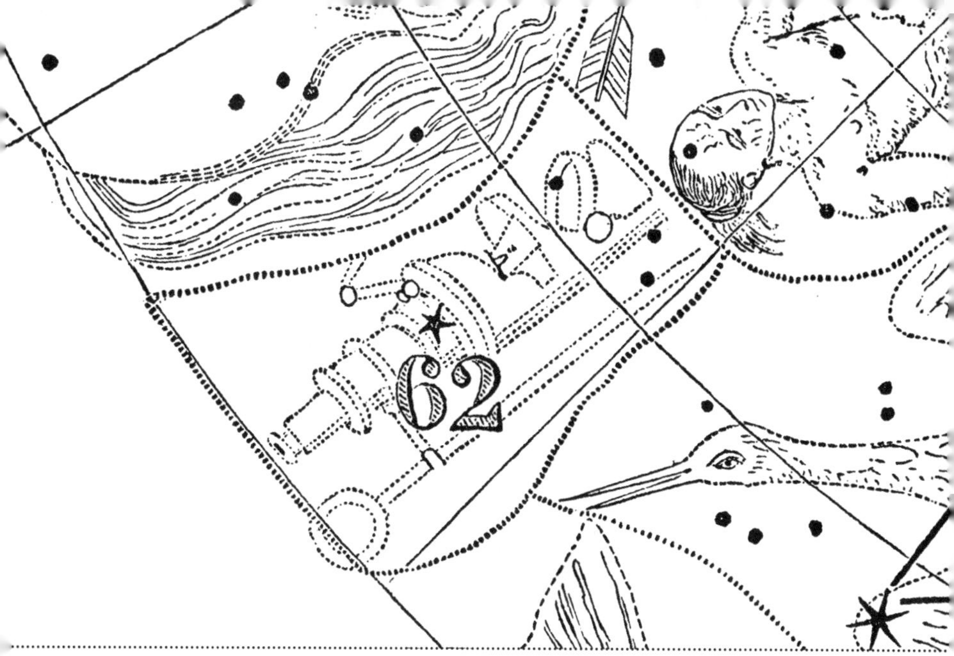

CONSTELLATION
DU MICROSCOPE

58421068431

L'information de la constellation du Microscope se répand sur la structure de la conscience de l'homme. L'information « s'écoule » de la réalité physique comme de l'eau et pénètre dans la structure de la conscience qui se remplit des connaissances. Le système des connaissances constitue le volume d'information qui se remplit des connaissances à l'image du transvasement mécanique de l'information. Si vous placez les fonctions de capture de votre conscience, qui représentent des réservoirs, vous pouvez les remplir avec les connaissances aux endroits où vous en trouvez.

AX Microscopii – Lacaille 8760 – 47589149861

α Microscopii – 38964978981

β Microscopii – 54931721847

γ Microscopii – 68534989819

δ Microscopii – 38574148916

ε Microscopii – 48130485461

ζ Microscopii – 58010461489

η Microscopii – 58131849841

θ^1 Microscopii – 58364101948

θ^2 Microscopii – 60454121871

ι Microscopii – 58401659471

ν Microscopii – 39401698451

AU Microscopii – 48789549681

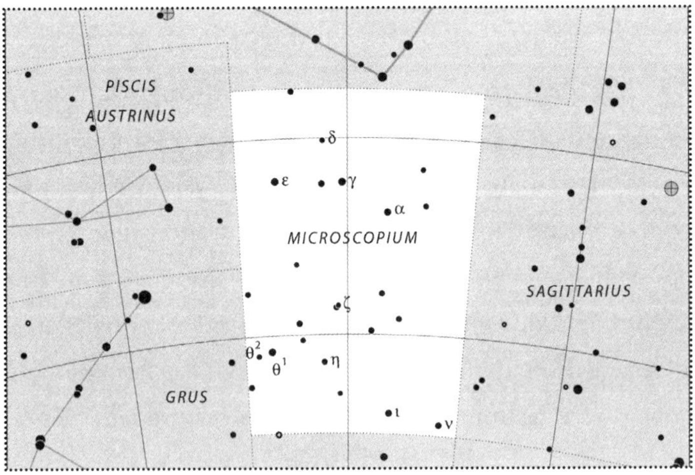

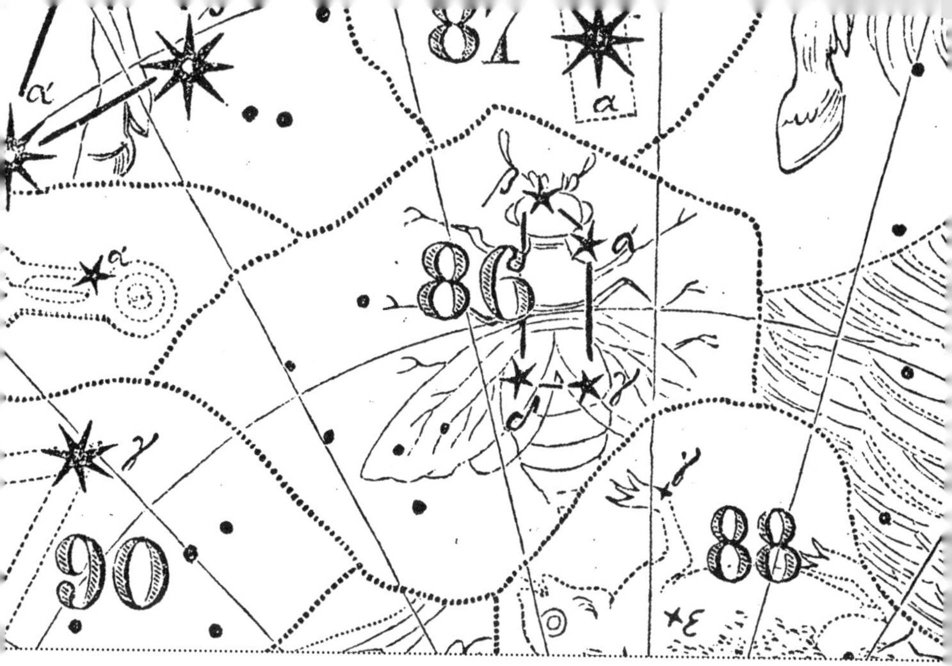

CONSTELLATION
DE LA MOUCHE

54961721948

Voici la façon dont il faut effectuer le pilotage avec la constellation de la Mouche : en percevant le son du vol de la mouche au niveau de votre conscience, vous devez savoir construire les événements de sorte que l'information de la Mouche ne les influence pas. En vous basant sur les facteurs de causalité, vous ne devez permettre à aucun objet d'influencer votre pilotage qui vise le développement éternel.

α Muscae – 38964129871

β Muscae – 46989137989

γ Muscae – 89406166828

δ Muscae – 31754684861

ε Muscae – 55542501649

ζ^1 Muscae – 31854121864

ζ^2 Muscae – 45784129861

η Muscae – 58431648971

θ Muscae – 54968131978

ι^1 Muscae – 39754869781

ι^2 Muscae – 31654871981

λ Muscae – 58906121958

μ Muscae – 31489451961

BO Muscae – 48564831971

R Muscae – 48574921960

S Muscae – 27406198481

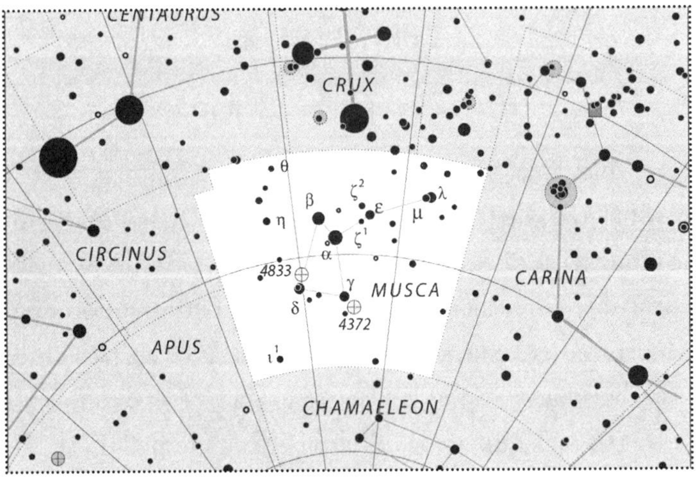

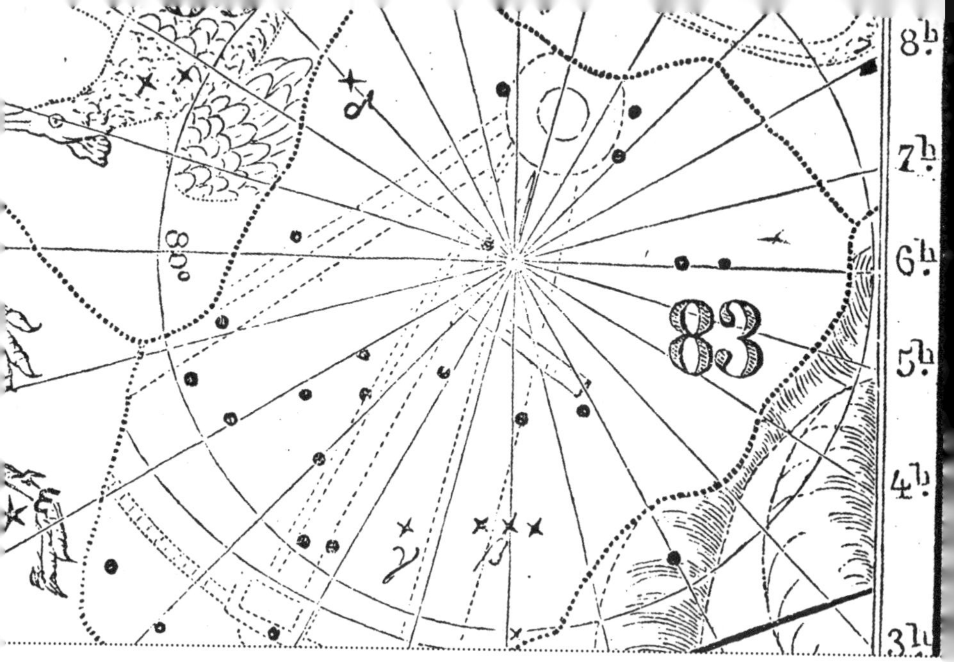

CONSTELLATION
DE L'OCTANT

39564728981

Dans cette constellation, vous pouvez projeter votre pensée à l'intérieur de l'espace physique de la constellation et voir que votre pensée a une sonorité spatiale. Si vous arrivez à percevoir la musique, à savoir le son de votre pensée, vous serez capable de construire des lignes musicales harmonieuses qui constituent également le pilotage nécessaire pour la vie éternelle.

α Octantis – 58164838194β Octantis – 31064259081

γ¹ Octantis – 34874529868 γ² Octantis – 39749859721

γ³ Octantis – 89469139478 δ Octantis – 38514049861

ε Octantis – 31068029074 ζ Octantis – 01564821541

η Octantis – 80454820471 θ Octantis – 08564858049

ι Octantis – 30850120964 ϰ Octantis – 30149120164

λ Octantis – 04854929871 μ¹ Octantis – 18428129471

μ² Octantis – 36871829841 ν Octantis – 51831721964

ξ Octantis – 38564729851 π¹ Octantis – 31680049807

π² Octantis – 64953129871 ϱ Octantis – 31064521041

σ Octantis – 08454729408 τ Octantis – 19560129584

υ Octantis – 51631481694 ϕ Octantis – 59384129871

χ Octantis – 54971989478 ψ Octantis – 36874129871

ω Octantis – 39649879861

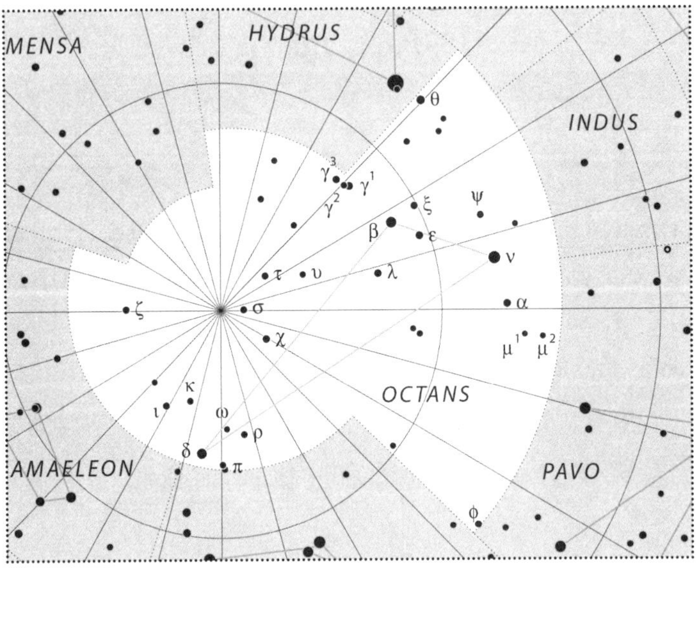

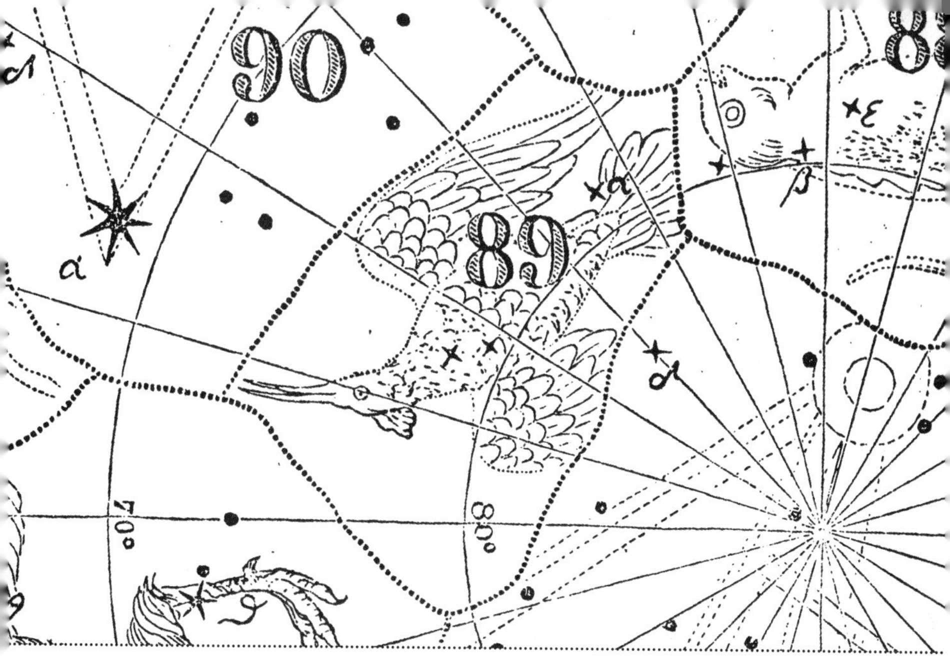

CONSTELLATION
DE L'OISEAU DE PARADIS

53164921874

En vous focalisant sur la constellation de l'Oiseau de paradis, vous devez prendre en considération l'union des notions « paradis » et « oiseau », plus exactement, l'union du bonheur paradisiaque éternel et d'un être capable de voler. C'est pourquoi, lorsque vous faites progresser votre imagination et votre conscience jusqu'au niveau des hauteurs où la vie éternelle est accessible, vous vous assurez une vie paradisiaque dans le corps physique sur la Terre.

α Apodis – 31489456871

β Apodis – 53869471838

γ Apodis – 31689531984

δ^1 Apodis – 31649851871

δ^2 Apodis – 31901621949

ε Apodis – 53649879651

ζ Apodis – 54964174884

η Apodis – 50864121874

θ Apodis – 50860120971

ι Apodis – 89401629471

$\varkappa^1$ Apodis – 53968131784

$\varkappa^2$ Apodis – 31864789871

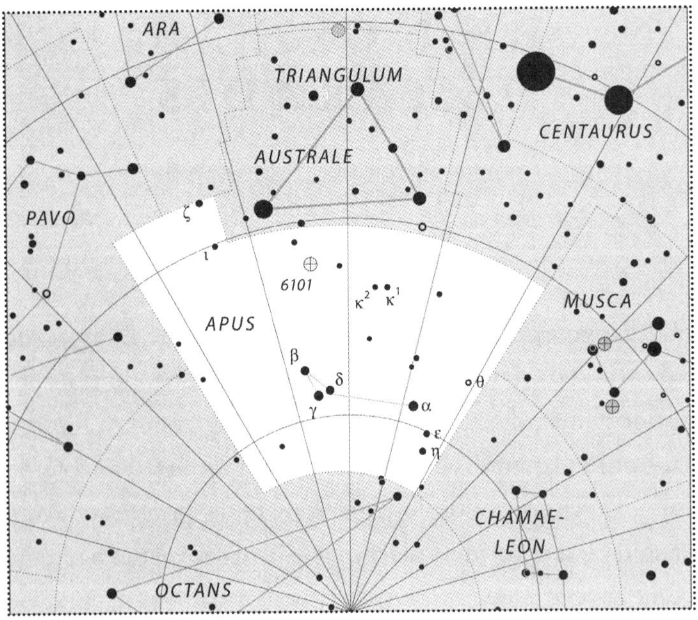

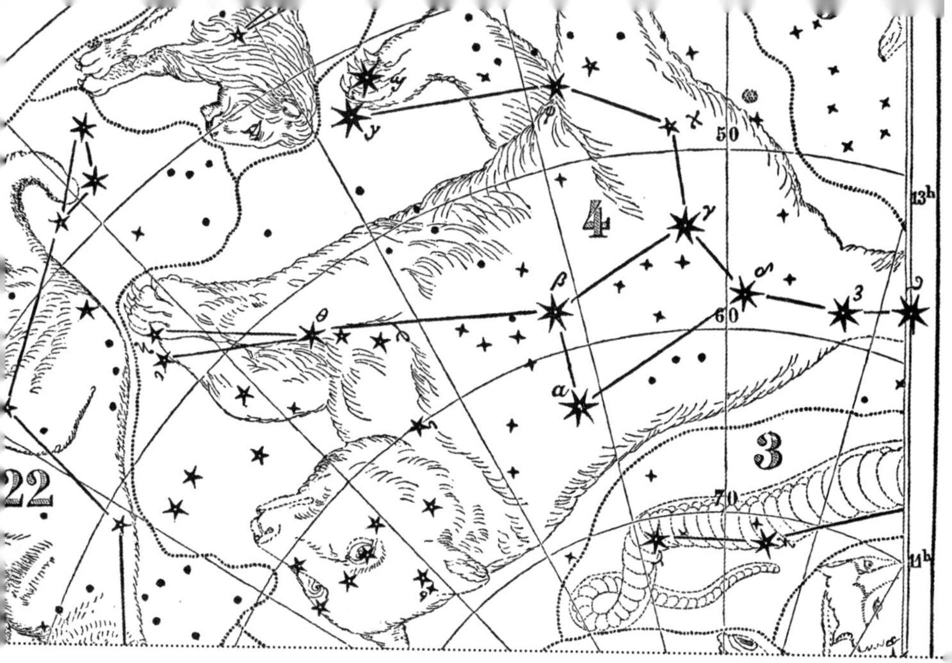

CONSTELLATION
DE LA GRANDE OURSE

21731964818

Joignez mentalement la patte arrière gauche de la Grande Ourse à sa patte arrière droite avec un segment de lumière. Faites la même chose avec son oreille gauche et son oreille droite. Après cela, imaginez que vous regardez avec vos yeux physiques dans ceux de l'Ourse. Vous pourrez percevoir une énergie tiède provenant de l'œil gauche de la Grande Ourse. Il s'agit de l'énergie de la vie, à savoir la vie éternelle : 8888999.

Il s'agit de l'énergie des étoiles de la constellation de la Grande Ourse. Cette énergie est jointe à celle du nombre infini d'autres étoiles dont vous pouvez remplir l'organisme humain à travers la peau. Il est possible de remplir de cette énergie les événements dont vous avez besoin afin d'augmenter leur poids énergétique dans la conscience collective et d'accélérer leur réalisation. Faites-le de la façon suivante :

• Remplissez de l'énergie obtenue de la manière décrite ci-dessus le champ du macrosalut qui inclut le salut de tout le monde ;

• Puis, en passant par le champ de la frontière du sphéroïde de votre pensée, qui entre en contact avec cette énergie, obtenez le flux de la lumière suffisant pour tout votre organisme et vos événements.

En utilisant le dessin représentant la Grande Ourse, vous pouvez piloter des événements éloignés et futurs en les remplissant de la vie éternelle pour vous-même et pour tous ceux qui vous entourent. Dans ce but, imaginez une parcelle du ciel physique en regardant le dessin de la Grande Ourse et projetez celle-ci sur la parcelle réelle de ciel. Vous pouvez également regarder cette parcelle avec vos yeux physiques dans la nuit. Puis, en contemplant le dessin, imaginez qu'une parcelle sphérique de lumière roule rapidement entre les pattes de la Grande Ourse. Cette parcelle commence à se déplacer si vite qu'elle crée l'image de la Grande Ourse et la remplit de lumière. Vous avez la possibilité de faire l'action de pilotage suivante : examinez cette sphère qui se déplace sous la forme d'une sphère lumineuse dans le temps il y a une seconde, puis examinez celle-ci dans le temps courant ou futur. Il y a des parcelles informationnelles entre les intervalles du temps. Ces parcelles ressemblent à des couches et contiennent des événements. Ces derniers sont très éloignés l'un de l'autre et ressemblent à des plaques qui construisent, à partir du futur, les événements se déroulant au moment présent ou qui auront lieu dans une seconde. En examinant un tel processus, vous pouvez trouver déjà maintenant un lien de retour avec ces événements éloignés futurs.

Le Créateur, qui a créé l'Univers en une seule impulsion, a également construit le système intérieur des liens. En réfléchissant à la façon dont la Grande Ourse marche, vous pouvez voir (à condition qu'elle soit fixée dans sa constellation en un endroit précis du ciel) que le mouvement est une constante intérieure. Au moment où le mouvement sphéroïdal rapide de la lumière se produit, vous pouvez voir que ce mouvement constitue des parcelles se croisant avec l'Éternité. Lorsque vous percevez cela, un rayon se dirige de votre cerveau physique dans votre imagination conjuguée à la pensée dirigée vers la parcelle de ce mouvement rapide de la lumière dans la zone de la Grande Ourse. Ce rayon vous permet de remplir votre cerveau et tout votre organisme de l'énergie de la connaissance sur le développement éternel et sur la possibilité d'utiliser cette future information éloignée pour corriger les événements à présent.

Vous pouvez également imaginer la situation suivante : un homme descend en luge avec une grande vitesse dans une direction déterminée ; la personne qui se trouve en bas de la pente peut se mettre de côté pour laisser passer la luge ou alors la retenir pour aider cet homme, car il a peut-être besoin d'aide s'il avance à une très grande vitesse. Eh bien, le niveau de l'entraide intérieure entre le mouvement futur, les événements futurs et vous dans le présent constitue une partie organique de toute votre personnalité répandue sur l'infinité. Cette partie, elle aussi est pilotable. Tâchez de mettre en marche les mécanismes permettant de piloter vous-même de manière plus élargie ainsi que de piloter vos situations et non seulement les choses que vous voyez avec votre vision physique et que vous percevez comme pilotage détaché de vous. Tâchez de percevoir l'avenir entier et tous les événements futurs comme un lien intérieur indéchirable avec vous. Certainement, cette activité rend la perception plus lourde, cependant celle-ci reflète l'image réelle du monde dans la vie éternelle.

Fixez votre attention sur le fait que la patte gauche arrière et la patte droite avant de la Grande Ourse sont soulevées. Cela veut dire que l'appui se fait moyennant les systèmes de l'organisme positionnés de manière symétrique et que le système de réaction se répand sur le monde extérieur. La patte gauche avant se trouve sur une surface, tandis que la patte gauche arrière est soulevée. De la même manière, la patte droite s'appuie sur la surface et l'autre est également soulevée. Il en ressort que le même niveau contient une base ferme de l'action ainsi que l'action dynamique. L'union de la statique et de la dynamique grâce à la composition de la Grande Ourse et par le système reflété dans le sens spéculaire vous permet de vous approcher du niveau harmonieux de la perception de l'interaction entre votre cerveau, votre conscience, votre perception et les mondes intérieur et extérieur infinis.

L'infinité du monde intérieur élargit beaucoup de choses dans votre compréhension. En effet, si vous regardez à l'intérieur de vous, de votre âme, de votre corps physique, vous pouvez voir la structure infinie de la conscience qui connaît quasiment tout sur le monde vous entourant. Vous êtes capable de trouver à l'intérieur de vous les structures du monde et les systèmes de connaissance qui vous permettent de répandre l'infinité intérieure dans la perception de toute l'Éternité. Lorsque ces structures et ces systèmes entrent en contact les unes avec les autres de manière harmonieuse, vous voyez que votre corps physique est une partie inséparable de l'infinité. Il s'agit de l'Éternité. Le fait que vous vous déplacez dans l'espace physique ne veut pas dire que vous êtes séparé de toute l'éternité qui vous entoure. De plus, le dynamisme du mouvement de la Grande Ourse ne veut pas dire que le système de sa représentation se trouve dans la dynamique.

Vous trouverez la dynamique du développement éternel et de la vie éternelle même dans le dessin et la statique. De cette façon, vous pouvez trouver dans votre organisme les points qui signifient votre vie éternelle. Si vous les examinez, vous vivrez éternellement. Vous pouvez les admirer et les voir avancer le long de la surface de votre peau en forme de parcelles de lumière, leur mouvement étant un peu extraordinaire. Le mouvement de ces parcelles de lumière crée le tissu et peut être très harmonieux en se joignant à ce tissu. Si cette parcelle de lumière pénètre dans la peau, vous pouvez voir cette parcelle se transformer en votre corps lorsqu'elle s'en approche. De cette façon, la construction de votre corps provient également de l'espace sidéral extérieur et du niveau extérieur de votre monde spirituel.

En créant le corps physique, le Créateur l'a rendu invulnérable, à savoir éternel. C'est pourquoi vous êtes en mesure de gérer ces parcelles de lumière. Vous pouvez accepter quelque chose, ne pas accepter quelque chose ou bien effectuer le pilotage correspondant à votre compréhension et à votre imagination présente. Cependant, l'harmonie de la connaissance et de la compréhension est toujours supérieure au système de l'absence d'accès. C'est pourquoi plus vous connaissez, plus vous réagissez harmonieusement à des situations liées aux mondes extérieur et intérieur ou à des événements. De ce fait, en vous focalisant sur les nombres des étoiles de la Grande Ourse, vous pouvez connaître l'harmonie intérieure basée sur les connaissances. Les connaissances sont harmonieuses. Plus elles sont nombreuses, plus le système est harmonieux. Cela concerne les connaissances constructives. C'est pourquoi vous pouvez vous assurer la vie éternelle tout simplement grâce aux connaissances que vous avez maintenant et que vous pouvez enrichir à tout moment afin d'avoir du temps pour les parfaire la prochaine fois et pour rendre la vie éternelle obligatoire pour vous.

α Ursae Majoris – Dubhe – 49721421874

β Ursae Majoris – Merak – 31462131978

γ Ursae Majoris – Phekda – 21831431654

δ Ursae Majoris – Megrez – 31948121749

ε Ursae Majoris – Alioth – 64854131949

ζ^1 Ursae Majoris – Mizar – 36485149721

ζ^2 Ursae Majoris – 31648721729

η Ursae Majoris – Benetnasch – 31654754831

θ Ursae Majoris – Sarir – 64721831941

ι Ursae Majoris – Talitha Borealis – 47951821974

κ Ursae Majoris – Talitha Australis – 31684121949

λ Ursae Majoris – Tania Borealis – 62831421971

μ Ursae Majoris – Tania Australis – 62451721978

ν Ursae Majoris – Alula Borealis – 51482131649

ξ Ursae Majoris – Alula Australis – 46851721947

ο Ursae Majoris – Muscida II – 51831689421

π^1 Ursae Majoris – Muscida – 54931689418

π^2 Ursae Majoris – Muscida – 31485431690

ϱ Ursae Majoris – 64851721949

σ[1] Ursae Majoris – 52854728421

σ[2] Ursae Majoris – 36854821949

τ Ursae Majoris – 58324121968

υ Ursae Majoris – 34954728964

φ Ursae Majoris – 54121728431

χ Ursae Majoris – El Koprah – 62849129849

ψ Ursae Majoris – Ta Tsun – 62124928468

ω Ursae Majoris – 31942121858

g Ursae Majoris – Alcor – 12453142836

A Ursae Majoris – 52862139874

6 Ursae Majoris – 54864121981

7 Ursae Majoris – 31754821968

17 Ursae Majoris – 31458969478

19 Ursae Majoris – 46831728949

20 Ursae Majoris – 36849689439

21 Ursae Majoris – 48539439871

22 Ursae Majoris – 64985131848

26 Ursae Majoris – 41014950129

27 Ursae Majoris – 31054964081

28 Ursae Majoris – 59136858470

31 Ursae Majoris – 49516489858

32 Ursae Majoris – 68537438464

35 Ursae Majoris – 36814954861

36 Ursae Majoris – 85967129851

37 Ursae Majoris – 64984151906

38 Ursae Majoris – 65149639884

39 Ursae Majoris – 59479158416

40 Ursae Majoris – 98349851649

41 Ursae Majoris – 52864174854

42 Ursae Majoris – 14636459861

43 Ursae Majoris – 84946121908

44 Ursae Majoris – 11806956406

46 Ursae Majoris – 37485169719

47 Ursae Majoris – 14985469817

49 Ursae Majoris – 59801731949

51 Ursae Majoris – 34964189818

55 Ursae Majoris – 42861739484

56 Ursae Majoris – 62138454919

57 Ursae Majoris – 69858439871

58 Ursae Majoris – 53149189564

59 Ursae Majoris – 61931851968

60 Ursae Majoris – 38904129848

61 Ursae Majoris – 51431671851

62 Ursae Majoris – 38514969817

65 Ursae Majoris – 89831621988

66 Ursae Majoris – 54831721928

67 Ursae Majoris – 36849139751

68 Ursae Majoris – 84368914218

70 Ursae Majoris – 36849721984

71 Ursae Majoris – 42836484858

72 Ursae Majoris – 46957489461

73 Ursae Majoris – 46854189461

74 Ursae Majoris – 47854869819

75 Ursae Majoris – 52831724857

76 Ursae Majoris – 42851321942

78 Ursae Majoris – 53164981961

81 Ursae Majoris – 46454189871

82 Ursae Majoris – 46249182841

83 Ursae Majoris – 01421064829

84 Ursae Majoris – 36485169817

86 Ursae Majoris – 36854721949

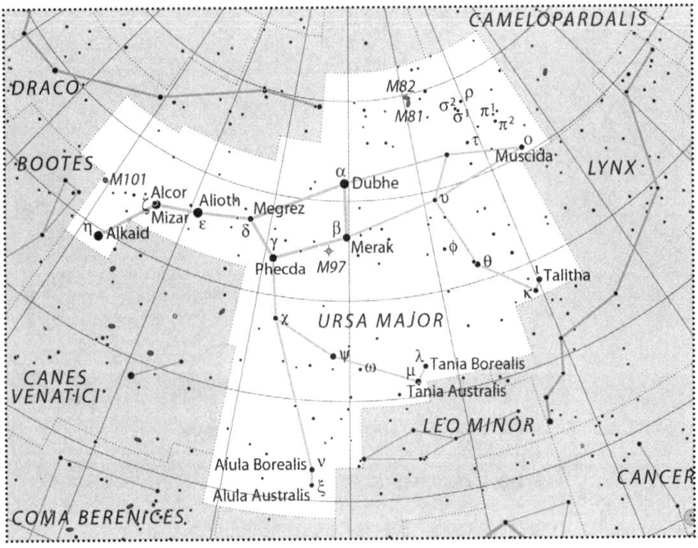

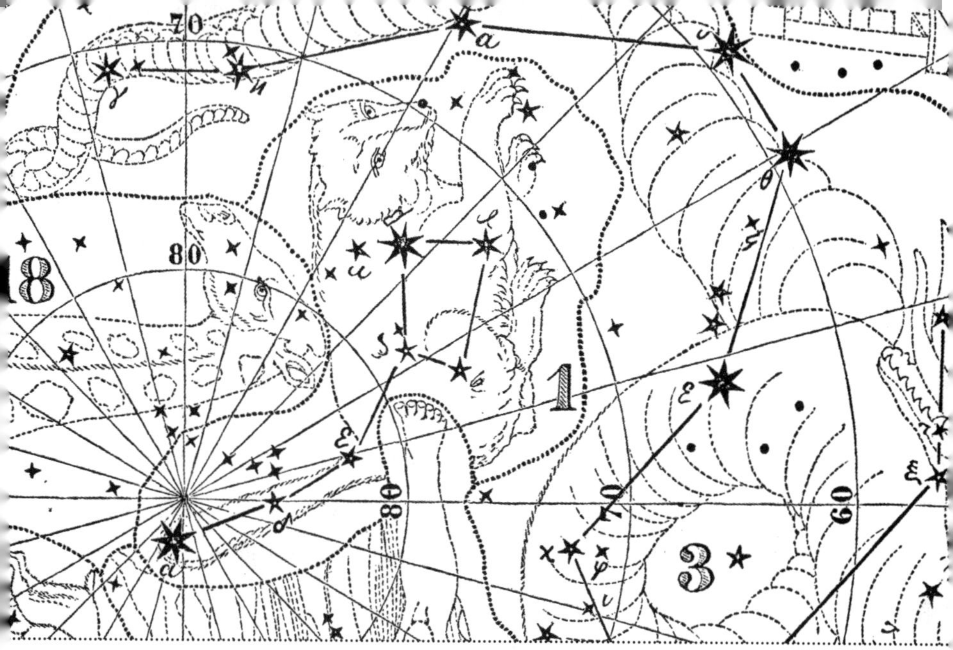

CONSTELLATION
DE LA PETITE OURSE

3140086 0848

En travaillant avec la constellation de la Petite Ourse dans le but de réaliser la vie éternelle dans le corps physique pour vous et pour tout le monde, vous pouvez examiner l'information qui se trouve dans l'espace sidéral et physique entre les constellations de la Grande Ourse et de la Petite Ourse.

Le terme commun « Ourse » vous permet d'examiner cette information intermédiaire dans l'espace sidéral et de découvrir, grâce au principe de la similitude ou de la terminologie commune, un canal dans la conscience qui vous donne la possibilité d'étudier l'espace sidéral à travers les structures qui ressemblent à la notion de la conscience.

Vous pouvez observer cet espace en vous trouvant en dehors de ce dernier. Vous pouvez ralentir le temps en l'arrêtant un peu grâce à votre volonté. Il semblerait que cet espace soit monolithique. Cependant, vous voyez que les systèmes les plus durs sont en réalité très transparents et pilotables. La dureté n'est qu'une forme de réaction d'un système, notamment d'une pierre ou de systèmes sidéraux durs. Il s'agit d'une forme de réaction. Alors, si vous vous positionnez au niveau initial d'où provient cette réaction, vous serez toujours en mesure de modifier la forme. Ce principe est très important pour assurer la vie éternelle, pour conquérir l'espace sidéral et créer de nouveaux types de technique, qui fonctionnent selon les lois différentes des lois physiques déjà connues.

α Ursae Minoris – Polaris (Étoile polaire) – 04971281961

β Ursae Minoris – Kochab – 31784970168

γ Ursae Minoris – Pherkad – 85618351481

δ Ursae Minoris – Yildun – 36489729867

ε Ursae Minoris – Urodelus – 89301626871

ζ Ursae Minoris – Alifa Al Farkadain – 17863129871

η Ursae Minoris – Anwar Al Farkadain – 38969751978

θ Ursae Minoris – 38454129471

λ Ursae Minoris – 18564971982

π[1] Ursae Minoris – 49864129871

π[1] Ursae Minoris – 49751869751

π[2] Ursae Minoris – 64854100008

3 Ursae Minoris – 64151839871

4 Ursae Minoris – 84964129871

5 Ursae Minoris – 83964879871

9 Ursae Minoris – 38149151968

8 Ursae Minoris – 59471101892

11 Ursae Minoris – Pherkad Minor – 31864851979

14 Ursae Minoris – 01620491648

18 Ursae Minoris – 41054920961

19 Ursae Minoris – 30454901658

20 Ursae Minoris – 06439159871

24 Ursae Minoris – 31460981978

Calvera – (étoile à neutrons) – 50169409871

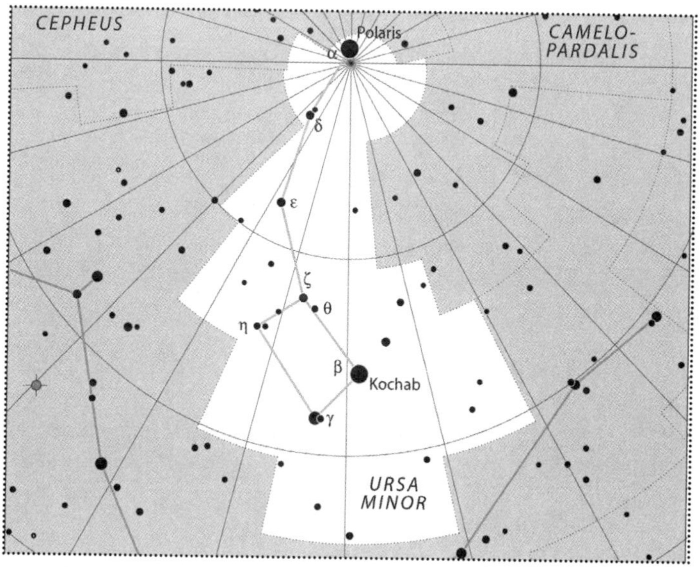

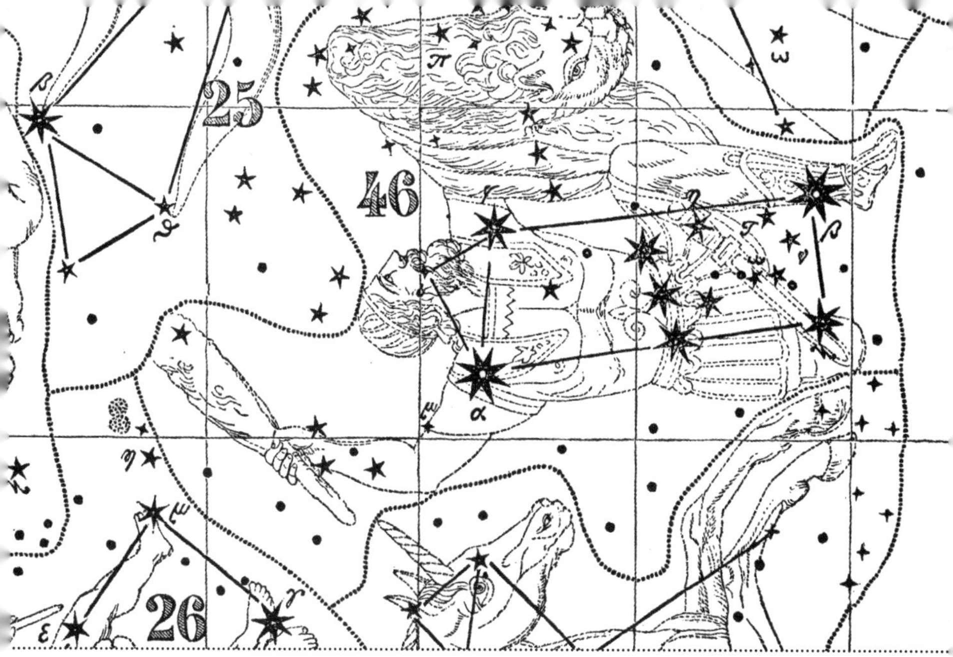

CONSTELLATION **D'ORION**

38064829871

Lorsque vous travaillez avec les constellations environnantes et que vous concentrez votre conscience sur une constellation, vous pouvez voir que les liens intérieurs entre les constellations possèdent des lois spécifiques. Si vous apprenez toutes les lois du transfert de l'information d'une constellation à l'autre, vous serez en mesure de construire tout l'espace sidéral extérieur, à savoir vous assurer la vie éternelle.

α Orionis – Bételgeuse – 27149857161

β Orionis – Rigel – 60849529871

γ Orionis – Bellatrix – 63128389485

δ Orionis – Mintaka – 85749869758

ε Orionis – Alnilam – 31854101649

ζ Orionis – Alnitak A – 59871329864

ζ Orionis – Alnitak B – 31961451874

η Orionis – Algiebba – 53169489171

θ^1 Orionis A – 51489359481

θ^1 Orionis B – 64873129894

θ^1 Orionis C – 69309429378

θ^1 Orionis D – 83149600648

θ^2 Orionis – 48010429478

ι Orionis – Na'ir al Saïf – 53168389471

κ Orionis – Saïf – 31849359381

λ Orionis – Meissa A – 69406879891

λ Orionis – Meissa B – 39069389061

μ Orionis – 39750498760

ν Orionis – 30649859371

ξ Orionis – 38401629478

o Orionis – 30860420871

o^1 Orionis – 85064359878

o^2 Orionis – 36870129874

π^1 Orionis – 06429139471

π^2 Orionis – 81348121971

π^3 Orionis – Tabit – 31604851691

π^4 Orionis – 06874129871

π^5 Orionis – 64121721871

π^6 Orionis – 05614920971

ϱ Orionis – 31850860971

σ Orionis A – 30140920978

σ Orionis B – 30640120871

σ Orionis C – 08454929489

τ Orionis – 85364175891

υ Orionis – Tabit – 53151484951

ϕ^1 Orionis – Khad Prior – 53867139864

ϕ^2 Orionis – Khad Posterior – 31697481959

χ^1 Orionis – 30864920971

ψ Orionis – 50864720971

ω Orionis – 30684920978

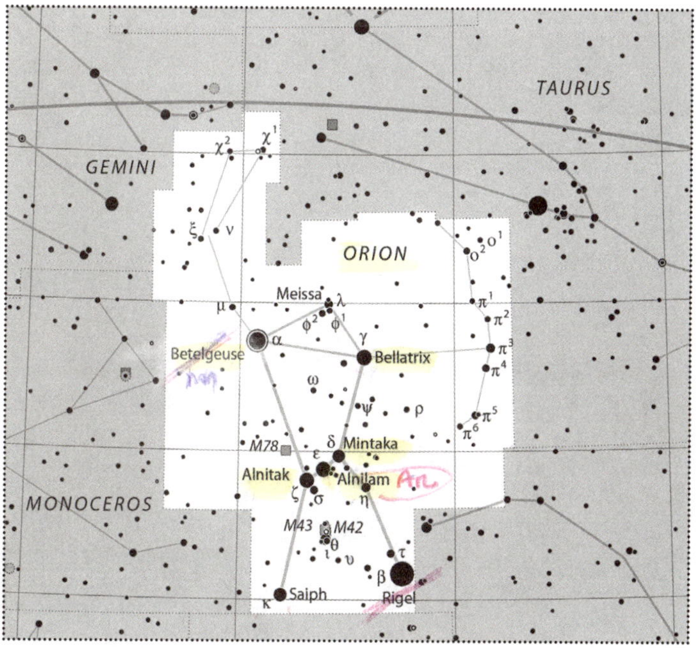

CONSTELLATION
DU PAON

3156012187l

Dans la constellation du Paon, vous devez chercher la substance omniprésente qui a été créée par Dieu, qui observe tout et qui ressemble à l'œil humain. Lorsque cette substance s'approche de vous et que vous voyez une forme semblable à la queue déployée d'un paon, vous pouvez observer une augmentation subite et intégrale du volume d'information. Alors, vous devez examiner vos actions relatives à cette information.

L'harmonie du monde exige une interaction synchronique et simultanée avec l'information dans le cadre de différents processus. L'information du développement éternel est intégrée dans toutes les structures du monde qui nous entoure. C'est pourquoi la synchronisation, à savoir une communauté de l'objectif et du mouvement, constitue la ligne de la vie éternelle. Il faut percevoir cette ligne et la réaliser dans votre développement.

α Pavonis – 36485128478
β Pavonis – 30649553171
γ Pavonis – 30849720861
δ Pavonis – 35458128471
ε Pavonis – 85473867841
ζ Pavonis – 31480659478
η Pavonis – 31560849871
θ Pavonis – 01560121978
ι Pavonis – 75436121984
ϰ Pavonis – 05438569878
λ Pavonis – 05874129864
μ^1 Pavonis – 38573428581
μ^2 Pavonis – 06849547861
ν Pavonis – 38163498416
ξ Pavonis – 85464729481
ο Pavonis – 06849579861
π Pavonis – 05863129874
ϱ Pavonis – 13849459861
σ Pavonis – 06129059471
τ Pavonis – 05349561978
υ Pavonis – 31485100691
ϕ^1 Pavonis – 53974821878
ϕ^2 Pavonis – 06138549154
ω Pavonis – 38563129837

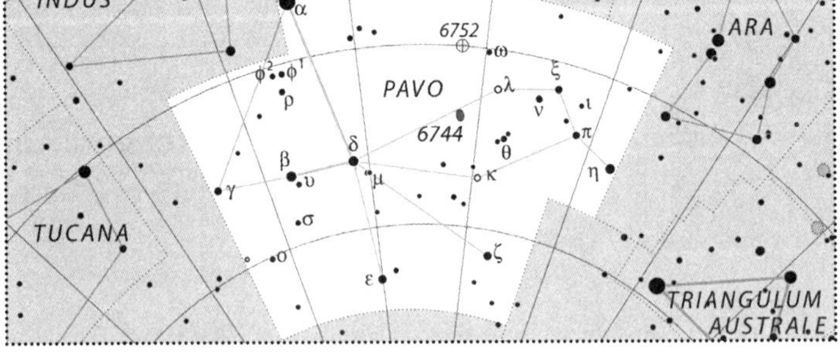

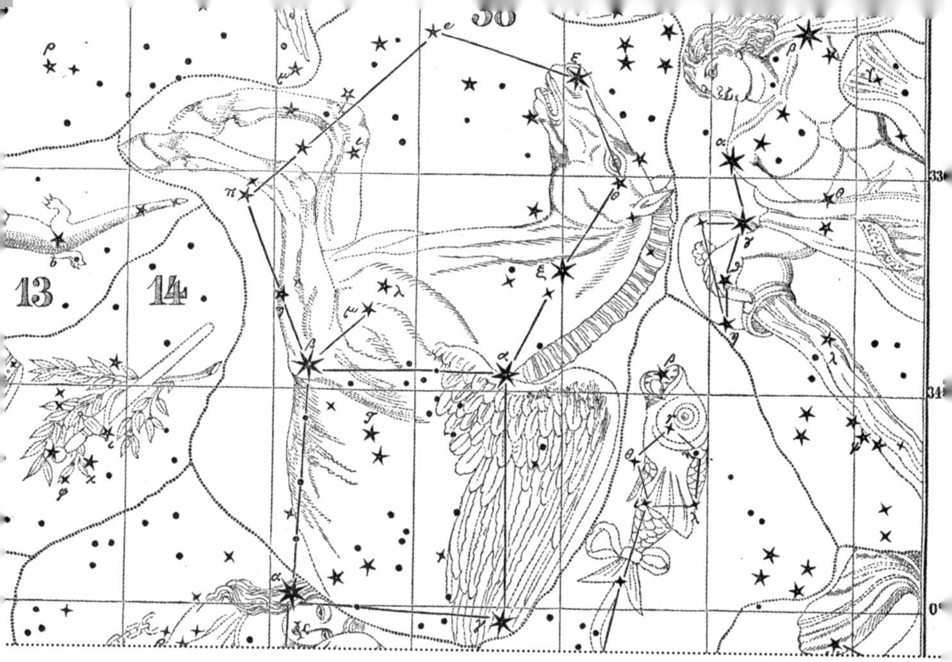

CONSTELLATION
DE PÉGASE

9874685 1973

À travers l'étoile γ Pegasi, vous pouvez examiner le processus de la création de la matière de l'Univers. Ce processus ressemble à celui du pétrissage : on mélange une couche de pâte avec une autre. Puis, on fait le pain avec cette pâte. Le processus de création de la matière de l'Univers nous rappelle le processus de la préparation du pain. En observant cette procédure, vous pouvez obtenir des ondes énergétiques très puissantes pour votre organisme, ce qui est nécessaire pour la vie éternelle.

En vous concentrant sur l'étoile η Pegasi, vous pouvez examiner le processus de l'interaction entre la conscience et le macromonde extérieur. Comme la conscience fonctionne à plusieurs niveaux selon la loi du macromonde, vous pouvez prendre en considération les processus de formation de l'Univers et de tout l'espace sidéral pour analyser, examiner et créer les mécanismes de votre propre pensée et de celle des autres. Cette pensée se dirige vers la vie éternelle et nous assure la vie éternelle. Comme l'espace sidéral extérieur se répand à l'infini, tout en étant infini dans le temps, le niveau primaire du temps se transforme en un espace. Vous êtes ainsi capables de reproduire la matière de tout niveau constructif grâce à votre conscience.

En travaillant avec la constellation de Pégase, vous devez prendre en compte la structure du monde intérieur qui se croise avec le monde extérieur et l'espace intérieur de tout objet. Lorsque vous examinez, par exemple, la vitesse du mouvement de l'information dans la constellation de Pégase, vous pouvez voir toute l'essence d'un objet et découvrir tout son futur de manière immédiate, comme sur une image ou sur une photographie. Cela concerne également les objets de la nature extérieure. L'essentiel est d'étirer cette « photographie » et de la placer dans l'information du futur. Il faut la lancer mentalement dans l'infinité pour que chaque objet ait une structure de développement éternelle. Il s'agit du principe sur lequel se base la technologie du travail avec la constellation de Pégase.

α Pegasi – 34971421961
β Pegasi – 30975850961
γ Pegasi – 38649721984
ε Pegasi – 51438121849
ζ Pegasi – 83964871941
η Pegasi – 85649721948
θ Pegasi – 89464121978
ι Pegasi – 53964879884
ϰ Pegasi – 39684129871
λ Pegasi – 39874959861
μ Pegasi – 31628131964
ν Pegasi – 51631859481
ξ Pegasi – 36849589871
ο Pegasi – 39874529861
π Pegasi – 31864871941
π^1 Pegasi – 58564129871
ϱ Pegasi – 69374184871
σ Pegasi – 29863159861
τ Pegasi – 89437489831
υ Pegasi – 29838451064
φ Pegasi – 68054929071
χ Pegasi – 38649729749
ψ Pegasi – 68374989371

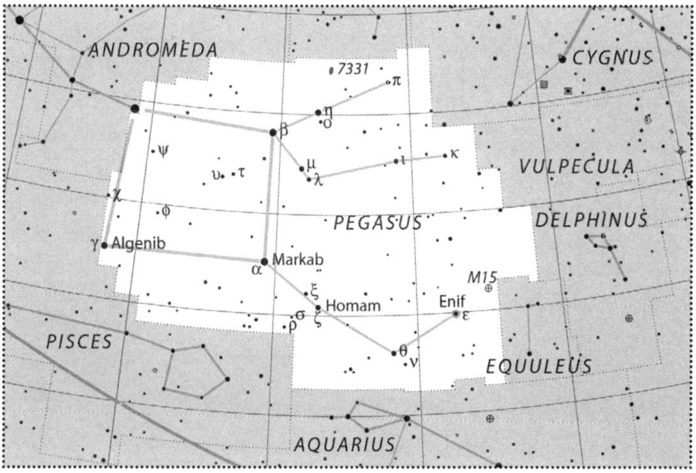

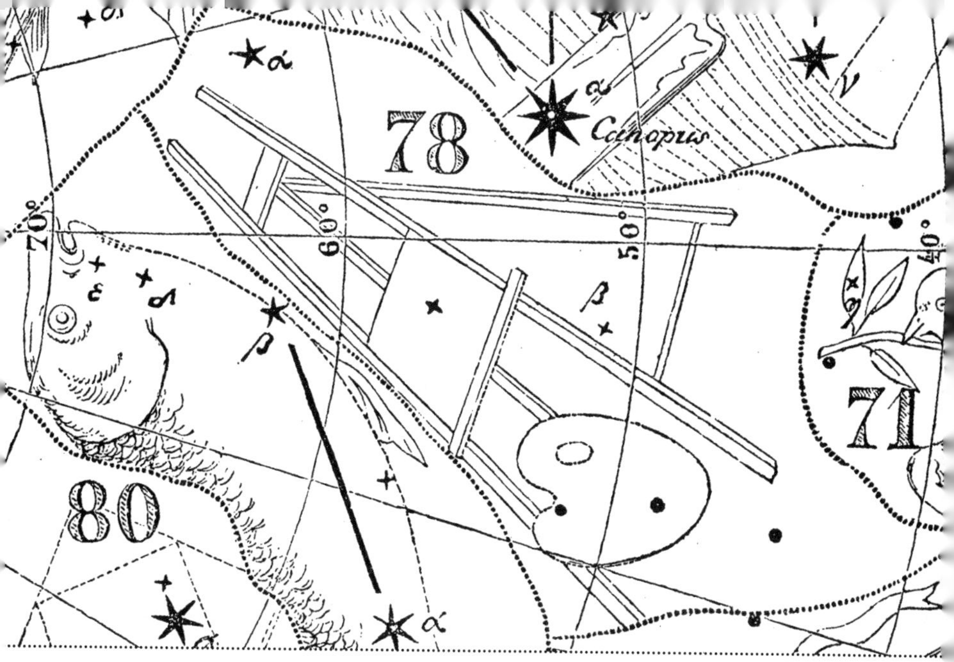

CONSTELLATION
DU PEINTRE

391016548141

En examinant la notion de peinture et le niveau d'information dans la constellation du Peintre, qui crée des tableaux, vous pouvez voir un lien entre le tableau et la personne qui l'avait peint, ainsi que la différence entre le tableau et toute la réalité extérieure. Si nous examinons la structure du terme « peintre » dans un des champs de la conscience collective, l'information gravée dans un tableau s'avère la réalité fixée dans le plan physique au moment où le peintre fait le tableau.

Il est également possible d'examiner le sens figuré du mot « peintre », qui provient du verbe « peindre ». L'une des significations du mot latin « peindre » est « représentée », à savoir représenter la vie. La vie est éternelle initialement, de la même façon que les tableaux des peintres célèbres ont une structure éternelle. Lorsque vous manœuvrez la vie, elle reste toujours la vie. Il s'agit du principe d'utilisation de la vie. Ce principe a plusieurs systèmes spirituels et culturologiques dans la perception et dans la compréhension. Il incarne une personne portant la vie. En percevant un tel état, en vous trouvant dans un tel état ou en le créant, vous avez la vie éternelle dans sa manifestation naturelle. Lorsque la vie éternelle devient harmonieuse grâce à votre désir de l'avoir telle quelle, elle devient votre état naturel. Grâce à la constellation du Peintre, vous pouvez obtenir le niveau naturel de la vie éternelle.

α Pictoris – 38942154967	β Pictoris – 31859721849
γ Pictoris – 31974989431	δ Pictoris – 59874121984
ζ Pictoris – 36989178921	η^{1} Pictoris – 31854739861
η^{2} Pictoris – 49351821349	θ Pictoris – 17849121971
ι Pictoris – 45319489171	ϰ Pictoris – 14831721985
λ Pictoris – 53149821961	μ Pictoris – 31485936978
ν Pictoris – 18539869751	61 Pictoris – 30154821968

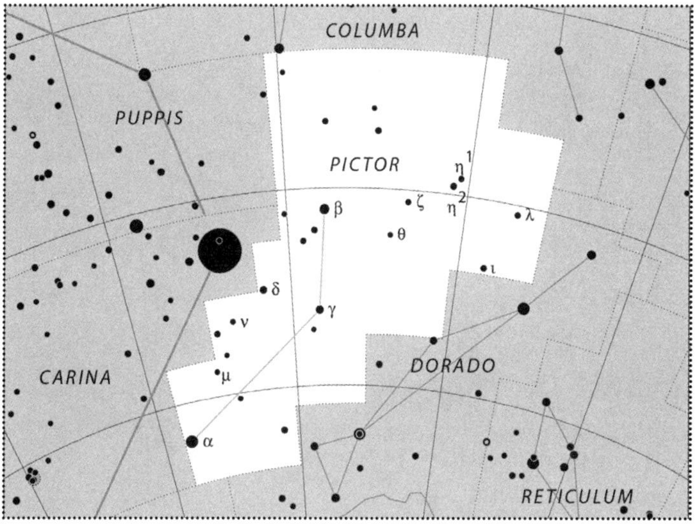
COLUMBA
PUPPIS
PICTOR
CARINA
DORADO
RETICULUM
η1
η2
β
ζ
λ
θ
ι
δ
γ
ν
μ
α

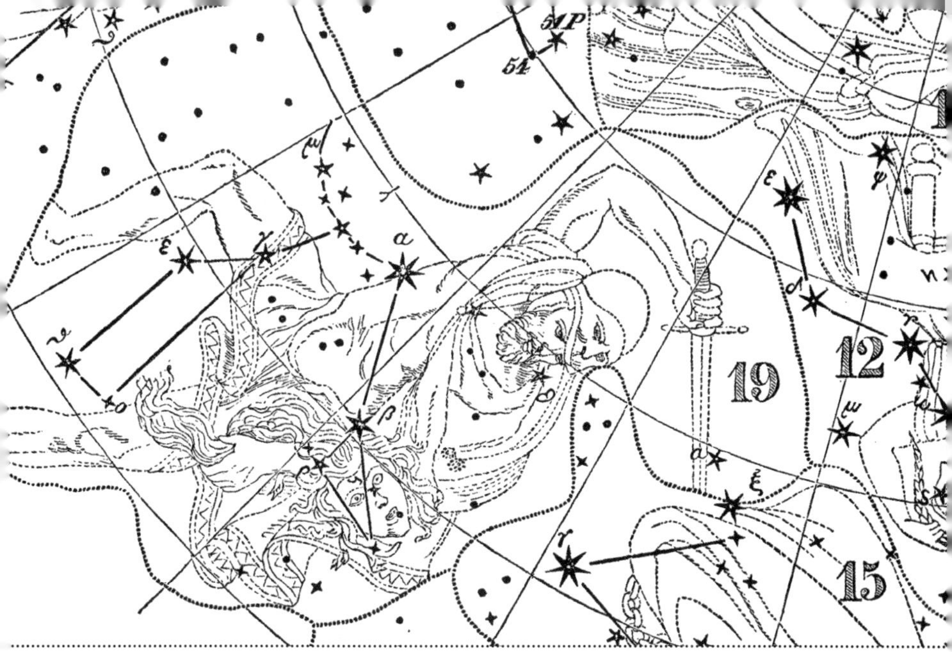

CONSTELLATION
DE PERSÉE

29639879481

En observant la constellation de Persée dans votre conscience, vous devez impliquer le niveau de l'imagination, à savoir la partie de la conscience qui correspond à l'imagination, et examiner une dynamique variée du développement de cette constellation. En vous mettant à la place d'un homme ayant les traits de caractère de Persée et l'information correspondant à la constellation de Persée, posez-vous la question suivante : de quelle façon Persée se comporterait-il dans la réalité physique ? Passez à l'imagination. Ce passage à l'imagination se produit à travers la structure du corps de l'homme agissant selon l'orientation de l'information qui est intégrée dans son corps. Ainsi, lorsque vous créez le corps, vous créez l'imagination. Alors, il n'y a rien d'irréel pour votre corps. L'évolution et la vie éternelles constituent la réalité qui, grâce à votre transfert de l'imagination vers la réalité, crée une vie éternelle en toute réalité.

α Per. – Mirfak – 85364879381
β Per. – Algol – 49375869878
γ Persei – 43864929871
δ Persei – 85664121879
ε Persei – 36149129754
ζ Persei – 65874929874
η Per. – Miram – 38563189416
θ Persei – 31874589874
ι Persei 31653984971
ϰ Per. – Misam – 38964721981
λ Persei – 85649721878
μ Persei – 31185069815
ν Persei – 85319428478
ξ Per. – Menkib – 39560129871
ο Per. – Atik – 01649721981
π Per. – Gor. Sec. – 03418500001
ϱ Per.– Gor. Tertia – 39649153189
σ Persei – 38614096481
τ Persei – 06849389751
ϕ Persei – 36189426871
χ Per.– NGC 884 – 37514829874
ψ Persei – 06849729861
ω Per.– Gorgonea Quarta – 31406121429

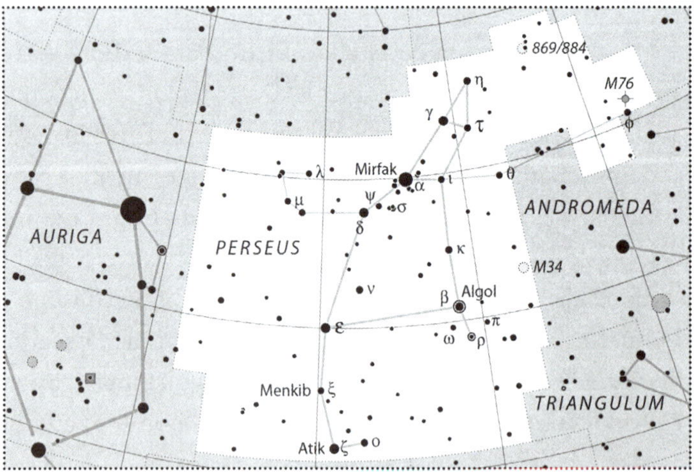

CONSTELLATION
DU PHÉNIX

53874121864

Vous pouvez voir la vérité dans le niveau qui se réfléchit sur le monde entier. Vous êtes également capable de voir la vérité en vous-même lorsque vous regardez à l'intérieur de votre âme. La vérité qui se réfléchit sur le monde entier et en vous-même signifie la même chose pour le développement de votre conscience dans le cadre de la réalisation de la vie éternelle.

α Phoenicis – Ankaa – 31749829871

β Phoenicis – 31749481974

γ Phoenicis – 31864931791

δ Phoenicis – 59481971964

ε Phoenicis – 63906166819

ζ Phoenicis – 51489131978

η Phoenicis – 97064167894

θ Phoenicis – 32674181988

ι Phoenicis – 31989187421

ϰ Phoenicis – 49873121964

λ^1 Phoenicis – 38906129849

λ^2 Phoenicis – 59848049861

μ Phoenicis – 80840120861

ν Phoenicis – 43951864871

ξ Phoenicis – 54906129891

π Phoenicis – 39659879141

ϱ Phoenicis – 39649758788

σ Phoenicis – 01974121968

τ Phoenicis – 54989431981

υ Phoenicis – 31489489751

φ Phoenicis – 51454121978

χ Phoenicis – 34919871849

ψ Phoenicis – 14864121978

ω Phoenicis – 98401651988

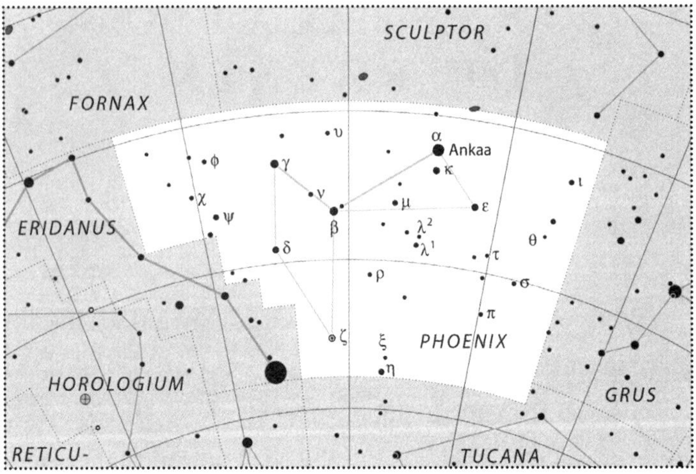

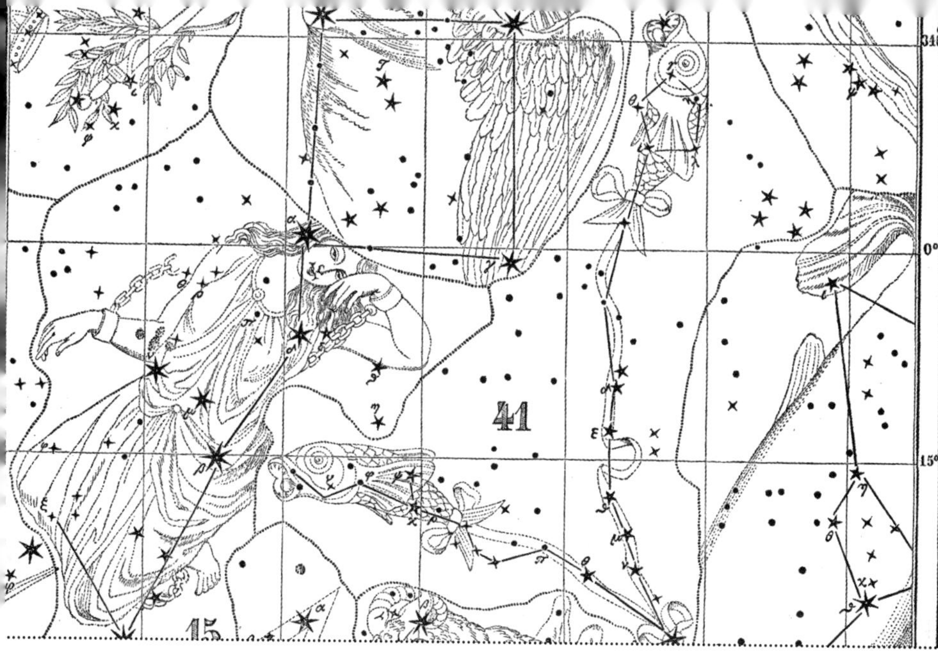

CONSTELLATION
DES POISSONS

01683121971

Considérez la constellation des Poissons comme la structure d'une poupée russe, c'est-à-dire qu'un poisson se trouve à l'intérieur d'un autre. Vous pouvez utiliser cette technologie de connaissance, car un poisson engloutit l'autre. Il est important d'observer que le niveau d'information sur lequel le poisson se trouvant à l'intérieur crée le poisson à l'extérieur. On assiste alors à la réalisation de la loi que vous pouvez aussi utiliser et selon laquelle un être ne détruit pas un autre, parce que l'autre est directement lié avec le premier. Si vous apprenez et comprenez cette loi du développement, vous serez capable de voir qu'il est possible de créer le monde où il n'y a pas de destruction. Il s'agit d'un chemin concret dans la vie éternelle et dans le développement éternel.

α Piscium – Alrescha – 53968198971
β Piscium – Fum al Samakah – 72874129861
γ Piscium – 50648929871
δ Piscium – 58931659871
ε Piscium – 01401589808
ζ Piscium – 53968129878
η Piscium – 09610129649
θ Piscium – 85310649874
ι Piscium – 38153129161
κ Piscium – 01428560841
λ Piscium – 83431851968
μ Piscium – 31601851647
ν Piscium – 31501621949
ξ Piscium – 53804629871
ο Piscium – Torcularis Septentrionalis – 31549389374
π Piscium – 18564729809
ϱ Piscium – 31850121964
σ Piscium – 80164921851
τ Piscium – 08560121973
υ Piscium – 58049040168
φ Piscium – 13401559748
χ Piscium – 13483185161
ψ¹ Piscium – 53489410808
ψ² Piscium – 30416489748
ψ³ Piscium – 31861421871
ω Piscium – 08801421905

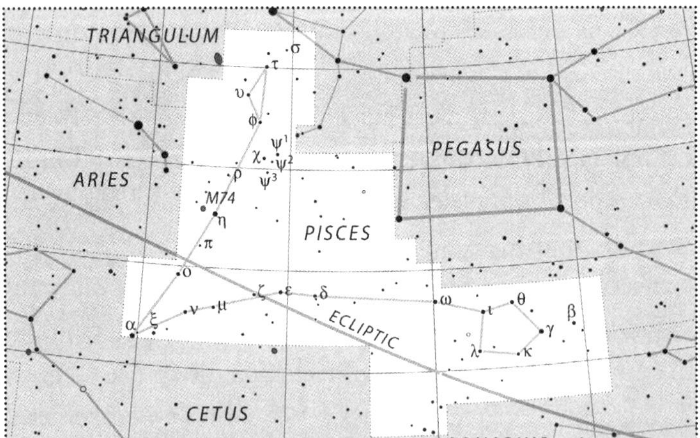

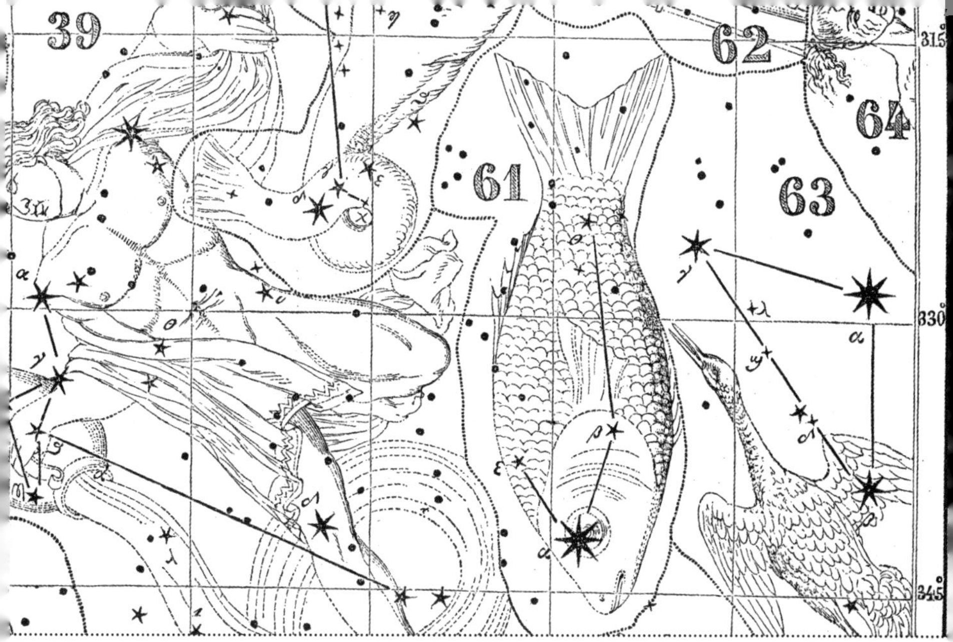

CONSTELLATION

DU POISSON AUSTRAL

31964989471

Dans la constellation du Poisson austral, vous pouvez découvrir le pilotage de la structure de votre conscience. Ce pilotage vous mène dans le champ que votre conscience n'a pas encore exploré. En utilisant le champ géométrique dans l'espace du Poisson austral, vous réunissez mentalement le rayon provenant de la tête de l'homme, vous traversez mentalement la constellation du Poisson austral et vous ajoutez de manière mécanique une lumière au-dessus de la tête, ce qui vous permettra de pénétrer plus facilement dans un champ de pilotage plus élargi.

Vous devez réaliser le pilotage rapidement lors du passage de ce rayon pour ne pas percevoir de bruit distrayant. Vous pouvez imaginer que le poisson qui nage ne fait pas beaucoup de bruit. C'est pourquoi il faut que la structure existant dans la conscience collective relativement aux poissons entre en contact avec la structure de pilotage que vous produisez dans le temps courant.

Votre pilotage doit entrer en contact avec le niveau du pilotage dans la conscience collective. Il s'agit d'un principe important du développement de toute la conscience en général. Si vous croyez qu'il faut élever les couches de la conscience collective au niveau de l'optique et les intégrer dans la structure du développement éternel, vous pouvez le faire à travers cette constellation, en utilisant la structure du pilotage passant par le Poisson austral.

Vous pouvez considérer le mouvement de l'information comme un volume qui se trouve toujours près de vous. Vous pouvez toujours comprendre que vous êtes en mesure d'examiner l'information, de l'utiliser d'une façon quelconque ou de la déplacer. Grâce au fait que l'information se trouve toujours près de vous, vous avez la garantie d'avoir la vie éternelle dans le corps physique.

α Piscis Austrini – Fomalhaut – 51964871931

β Pisc. Aus. – 64831951981

γ Pisc. Aus. – 60459839871

δ Pisc. Aus. – 89564851981

ε Pisc. Aus. – 31064958974

ζ Pisc. Aus. – 30950140981

η Pisc. Aus. – 89489131961

θ Pisc. Aus. – 31874851968

ι Pisc. Aus. – 01974851961

λ Pisc. Aus. – 01451821969

μ Pisc. Aus. – 06453129871

π Pisc. Aus. – 89349129871

τ Pisc. Aus. – 60849851908

υ Pisc. Aus. – 21931421871

5 Pisc. Aus. – 38964129871

6 Pisc. Aus. – 38064921978

7 Pisc. Aus. – 39854929871

8 Pisc. Aus. – 39464121978

13 Pisc. Aus. – 38978129864

19 Pisc. Aus. – 01960121988

21 Pisc. Aus. – 30420140968

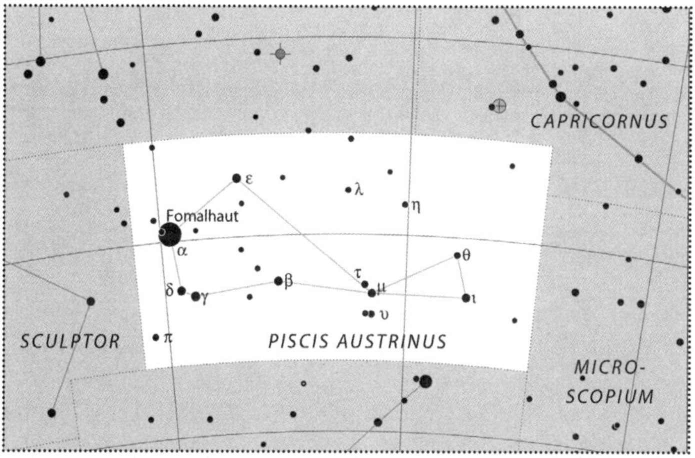

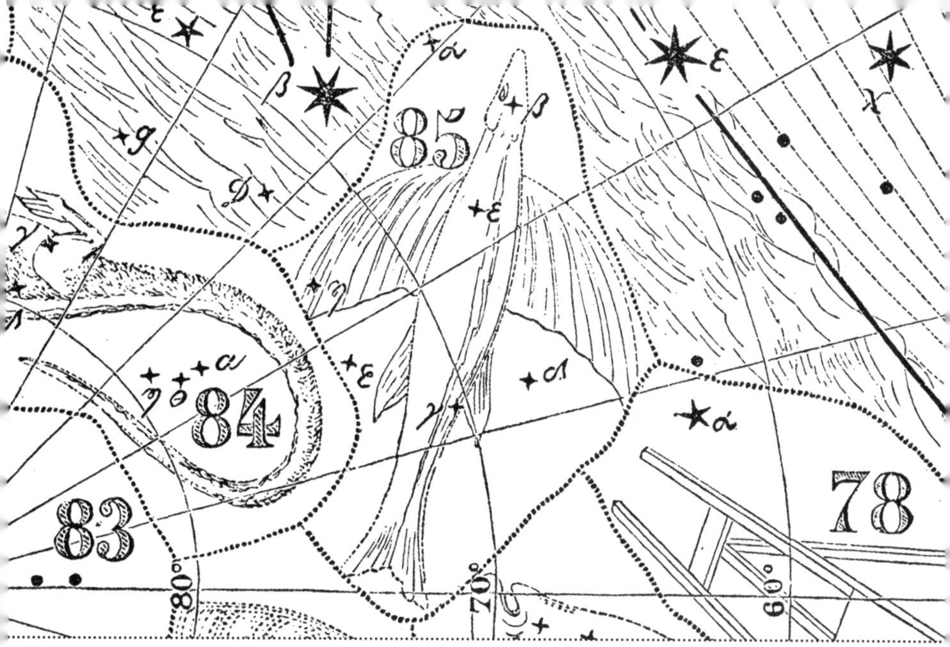

CONSTELLATION
DU POISSON VOLANT

3968412987 1

En travaillant avec la constellation du Poisson volant, il faut prendre en considération la zone de l'air se trouvant entre le poisson et l'eau au-dessus de laquelle cet être vole. Le système de pilotage se trouve également dans l'air. Vous devez examiner et comprendre le principe selon lequel la perception de toute l'information généralisée permet de réaliser le pilotage de manière plus optimale et plus rapidement lorsque le pilotage se trouve non seulement à l'intérieur de l'objet, mais également en dehors de ce dernier.

α Volantis – 64871589879

β Volantis – 69754829871

γ^1 Volantis – 34954729871

γ^2 Volantis – 68129839878

δ Volantis – 69154829871

ε Volantis – 01649851671

ζ Volantis – 31854121864

η Volantis – 49754821961

θ Volantis – 01654821978

ι Volantis – 19456129478

κ^1 Volantis – 89574921864

κ^2 Volantis – 54836197854

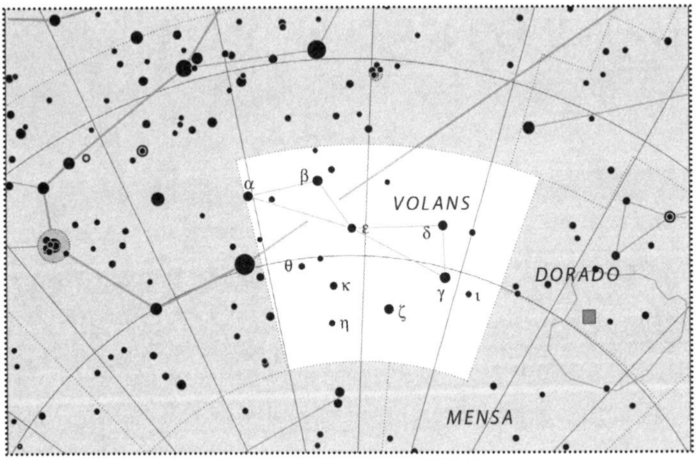

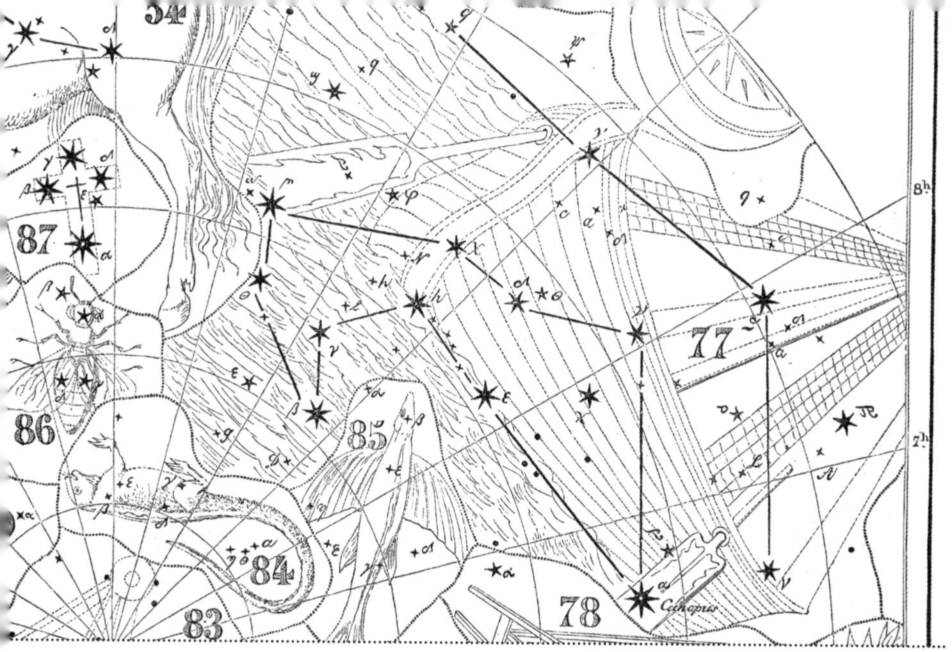

CONSTELLATION
DE LA POUPE

34854961978

En travaillant avec l'information de la constellation de la Poupe, vous pouvez considérer le principe de la construction de tout objet de la réalité, par exemple, d'un bâtiment, de tout ce que les hommes créent, comme un système qui dépend du cosmos extérieur. Toute conception doit être en harmonie et en synchronie avec l'Univers. Tout ce que l'homme, n'importe quel autre être vivant, n'importe quelle structure technologique ou machine, reproduit doit être en harmonie avec ce qui existe dans l'espace sidéral. Ainsi, l'évolution de l'humanité sera harmonieuse. Il faut respecter ces lois dès le début lorsque vous effectuez tout type de construction ou de développement. Ainsi, la progression et la vie éternelles dans les corps physiques se réaliseront plus rapidement pour tout le monde.

ζ Puppis – Naos – 89431621974

ν Puppis – 39451721864

ξ Puppis – 31649871847

ο Puppis – 31654721849

π Puppis – 36872129867

ϱ Puppis – 39459121967

σ Puppis – 38429149861

τ Puppis – 59874129864

χ Puppis – 39454289871

a Puppis – 54262127871

b Puppis – 49731649847

c Puppis – 39164184851

d^1 Puppis – 34486471481

d^2 Puppis – 31864721879

d^3 Puppis – 49854721868

d^4 Puppis – 34754621784

e Puppis – 49356489471

f Puppis – 36485121068

h^1 Puppis – 31485564871

h^2 Puppis – 34748921968

j Puppis – 31848121871

k^1 Puppis – 34654831871

k^2 Puppis – 38564349871

l Puppis – 48571321867

m Puppis – 34854921961

n Puppis – 58964759831

p Puppis – 38564179864

q Puppis – 29138451961

r Puppis – 39160129859

t Puppis – 31485739861

v^1 Puppis – 39689459731

v^2 Puppis – 58969759861

w Puppis – 31859721864

x Puppis – 31685431971

y Puppis – 62836121978

y^2 Puppis – 53438121978

y^3 Puppis – 59864129758

z Puppis – 36871421878

A Puppis – 53168321971

C Puppis – 83146851978

D Puppis – 53649758974

E Puppis – 31486754961

F Puppis – 53864721859

G Puppis – 31485600140

H Puppis – 31864101819

J Puppis – 31854139874

L^1 Puppis – 51864231979

L^2 Puppis – 54684971961

N Puppis – 31864951851

P Puppis – 93168121647

1 Puppis – 53962971981

4 Puppis – 39689459471

6 Puppis – 31489421971

9 Puppis – 59469731851

12 Puppis – 31480120961

14 Puppis – 51631821961

17 Puppis – 38164128171

19 Puppis – 54836129831

21 Puppis – 58564727879

M Puppis – 34854721861

O Puppis – 48564681709

Q Puppis – 31489487561

2 Puppis – 59864121758

5 Puppis – 31689671864

8 Puppis – 31483121481

10 Puppis – 31858968971

13 Puppis – 38054648971

16 Puppis – 38970128964

18 Puppis – 49864129871

20 Puppis – 85464831971

22 Puppis – 31485649871

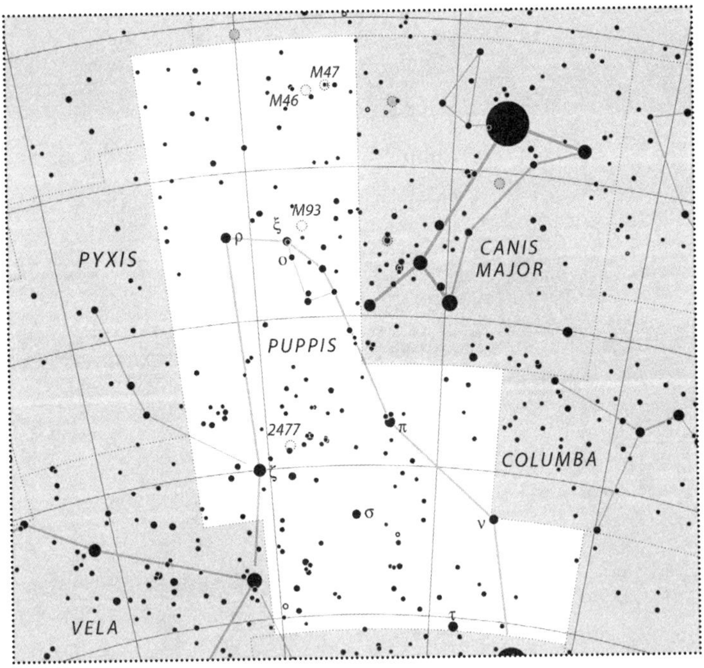

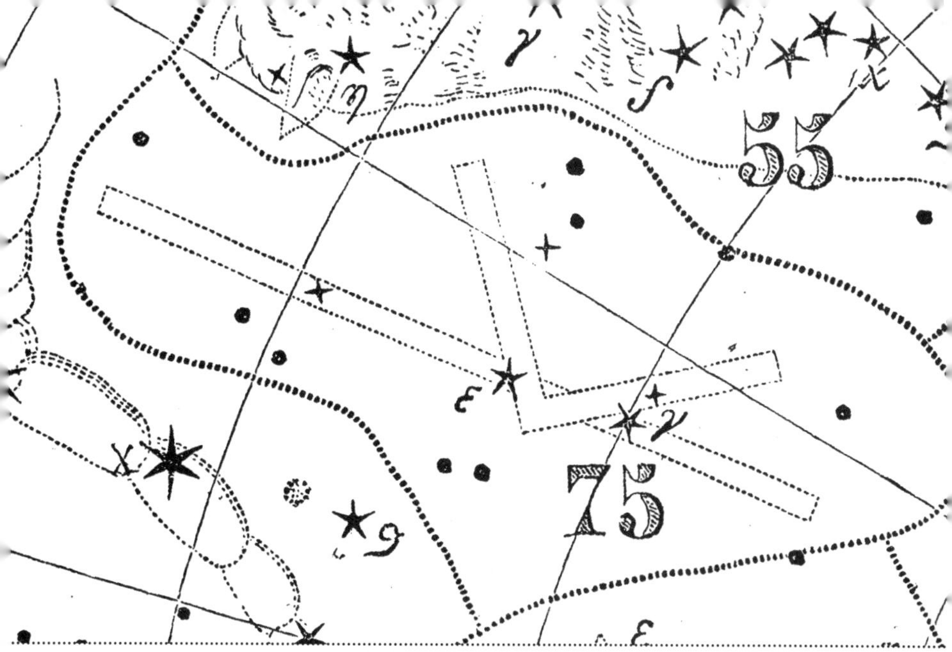

CONSTELLATION
DE LA RÈGLE

58160129471

En normalisant les événements, il faut avant tout transférer le champ de la norme dans le champ de la conformité aux lois du Créateur. C'est à travers la constellation de la Règle que vous devez effectuer ce transfert.

S Normae – Céphéide – 51989471961

γ^1 Normae – 58106429178

γ^2 Normae – 06848549784

δ Normae – 39758689791

ε Normae – 36850429871

ζ Normae – 89364129751

η Normae – 39854189471

θ Normae – 79861389894

ι1 Normae – 31060421098

ι2 Normae – 38453879481

ϰ Normae – 85064121771

λ Normae – 50836489437

μ Normae – 83979569781

R Normae – 21479131859

39 Normae – 30850964971

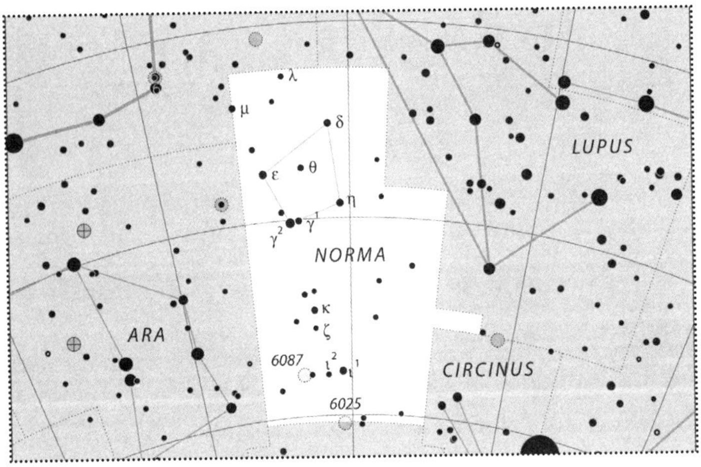

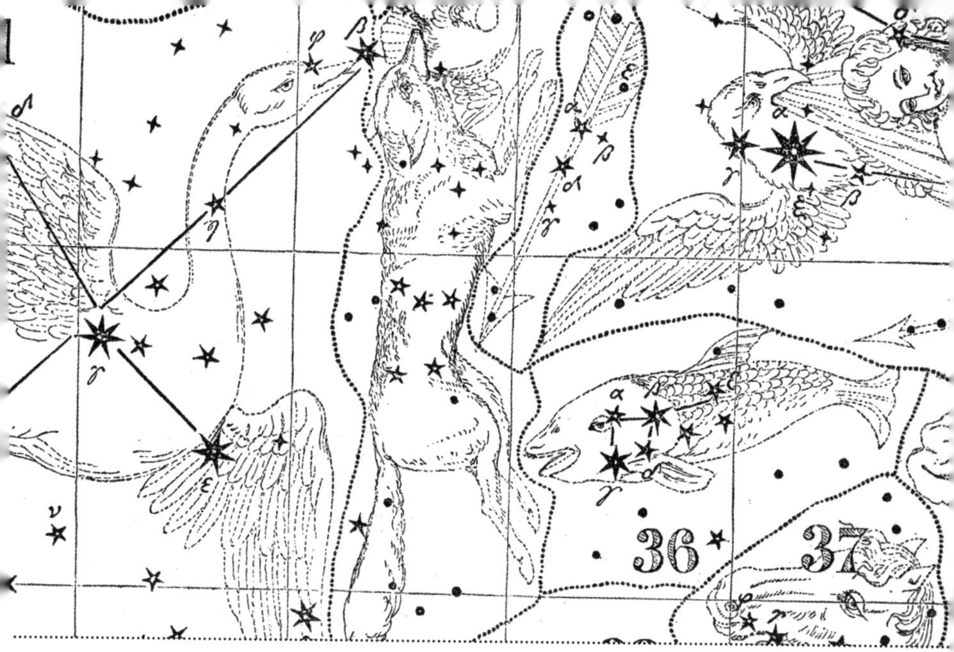

CONSTELLATION
DU PETIT RENARD

51485631729

En travaillant avec la constellation du Petit Renard, il faut effectuer le pilotage de sorte que les événements discrets ne passent pas devant vous et ne produisent pas de systèmes que vous n'êtes pas en mesure de contrôler immédiatement. La capacité de travailler avec des systèmes inapparents et éloignés dans l'espace sidéral à travers cette constellation vous permet d'appliquer une approche plus fine et plus attentive à ce pilotage. Vous pouvez utiliser l'expression suivante : le pilotage grâce à l'action de piloter les détails de l'événement.

α Vulp. – Anser – 85731489861

2 Vulpeculae – 85314849758

4 Vulpeculae – 31607859714

7 Vulpeculae – 64101054891

9 Vulpeculae – 14684958971

12 Vulpeculae – 83710851961

14 Vulpeculae – 59631721981

16 Vulpeculae – 89379421978

18 Vulpeculae – 54931649878

20 Vulpeculae – 36489429471

22 Vulpeculae – 59874129871

24 Vulpeculae – 69180429871

26 Vulpeculae – 36874859714

28 Vulpeculae – 31658421971

30 Vulpeculae – 05164231729

32 Vulpeculae – 01731481861

35 Vulpeculae – 04721721864

1 Vulpeculae – 29401629754

3 Vulpeculae – 64129484757

5 Vulpeculae – 40168421738

8 Vulpeculae – 62831420687

10 Vulpeculae – 06874231508

13 Vulpeculae – 51861401971

15 Vulpeculae – 69871321981

17 Vulpeculae – 31684851961

19 Vulpeculae – 36484189871

21 Vulpeculae – 01629720864

23 Vulpeculae – 06848059871

25 Vulpeculae – 39169489171

27 Vulpeculae – 35874589874

29 Vulpeculae – 31480620878

31 Vulpeculae – 38564971874

33 Vulpeculae – 02314951649

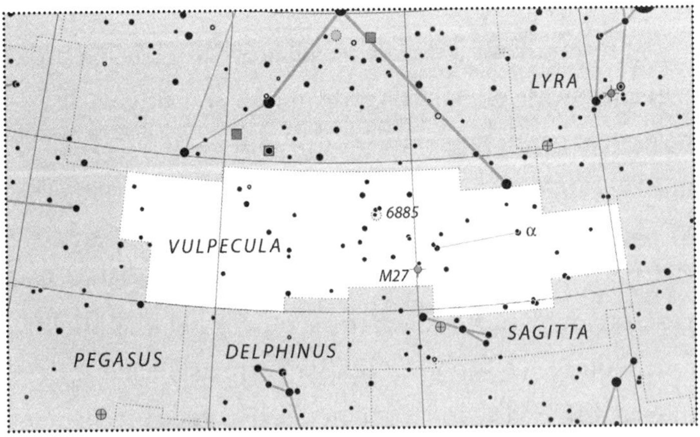

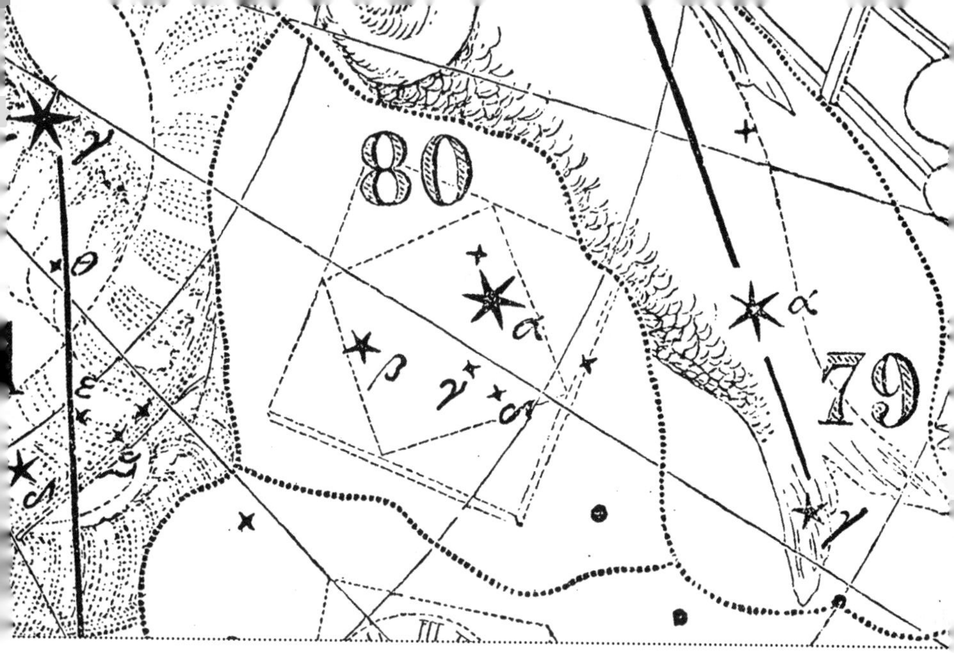

CONSTELLATION
DU RÉTICULE

3896472971 8

Concentrez-vous sur la maîtrise du principe du pilotage selon lequel l'information est divisée en segments et qu'il est possible de piloter chaque segment séparément. Vous verrez que le processus de pilotage dans son ensemble se déroule de manière plus complexe lorsque cet exercice est éloigné du premier champ du pilotage. Vous pouvez réaliser d'emblée ce pilotage dans tous les événements et dans toutes les choses.

α Reticuli – 59484975164

β Reticuli – 31784721964

γ Reticuli – 39878429861

δ Reticuli – 35149789164

ε Reticuli – 89354121978

ζ[1] Reticuli – 53489429758

ζ[2] Reticuli – 36871859861

η Reticuli – 36184926171

θ Reticuli – 39867429894

ι Reticuli – 39564897891

ϰ Reticuli – 89429851961

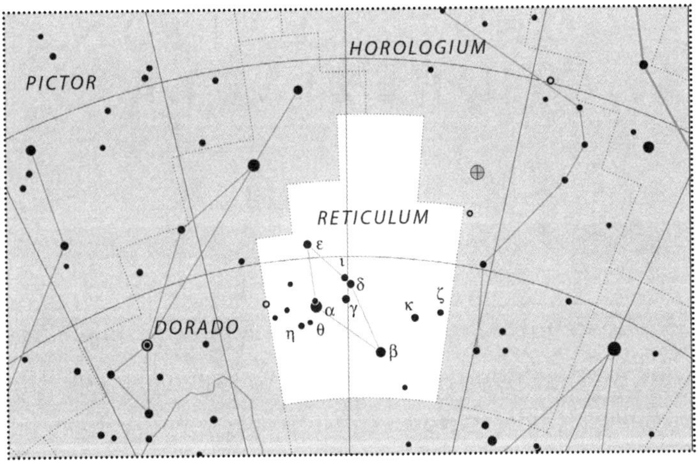

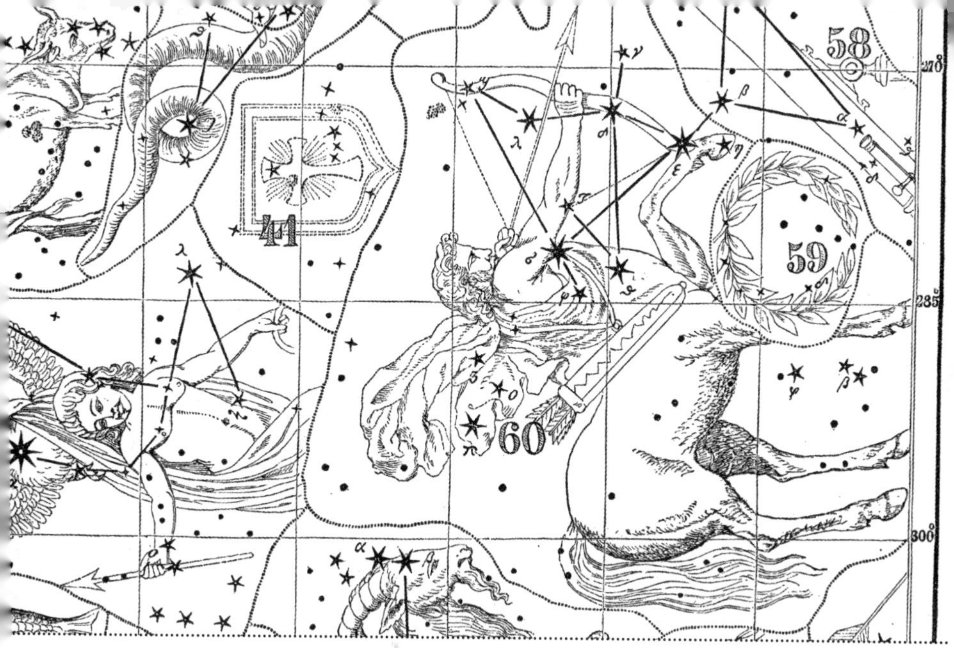

CONSTELLATION
DU SAGITTAIRE

59164129178

Lorsque vous voyez que la lumière de l'étoile a une dynamique, plus exactement, que l'étoile est en mouvement, vous pouvez ralentir le système du mouvement de l'étoile dans votre perception. Le pilotage des macro-objets permet d'accroître les systèmes propulsifs de l'âme à travers la structure du développement de la conscience. Si vous développez ce système, vous pouvez atteindre la structure de la création de l'âme et voir qu'au moment de votre création, votre âme sait déjà tout de vous, de son avenir éternel et infini et, par conséquent, de votre corps physique éternel. C'est pourquoi, il faut vous adresser à votre âme et vous verrez l'éternité de votre développement et de celui de toutes les personnes qui vous entourent. Vous saurez également de quelle façon il est possible de réaliser votre corps éternel.

α Sagittarii – Rukbat – 51854121864

β^1 Sagittarii – Arkab Prior – 31849121871

β^2 Sagittarii – Arkab Posterior – 64874921968

γ^1 Sagittarii – 89864188198

γ^2 Sagittarii – Alnasl – 64974101694

δ Sagittarii – Medius – 01938129871

ε Sagittarii – Kaus Australis – 69437864891

ζ Sagittarii – Ascella – 89864121971

η Sagittarii – 89864891978

θ^1 Sagittarii – 51968121978

θ^2 Sagittarii – 51964831871

ι Sagittarii – 51871421871

κ^1 Sagittarii – 54961981971

κ^2 Sagittarii – 39864129751

λ Sagittarii – Kaus Borealis – 84951721961

μ Sagittarii – 31481961971

ν^1 Sagittarii – Ain al Rami – 31651931971

ν^2 Sagittarii – 59864971981

ξ^1 Sagittarii – 79481329421

ξ^2 Sagittarii – 61974851971

ο Sagittarii – 51864121971

π Sagittarii – 81941851961

ϱ^1 Sagittarii – 59458129471

ϱ^2 Sagittarii – 49864129871

σ Sagittarii – Nunki – 59164829171

τ Sagittarii – 59864829871

υ Sagittarii – 31649821721

φ Sagittarii – 47984121961

χ^1 Sagittarii – 59431729481

χ^2 Sagittarii – 21864821971

χ^3 Sagittarii – 58964728971

ψ Sagittarii – 31864721849

ω Sagittarii – 38649128971

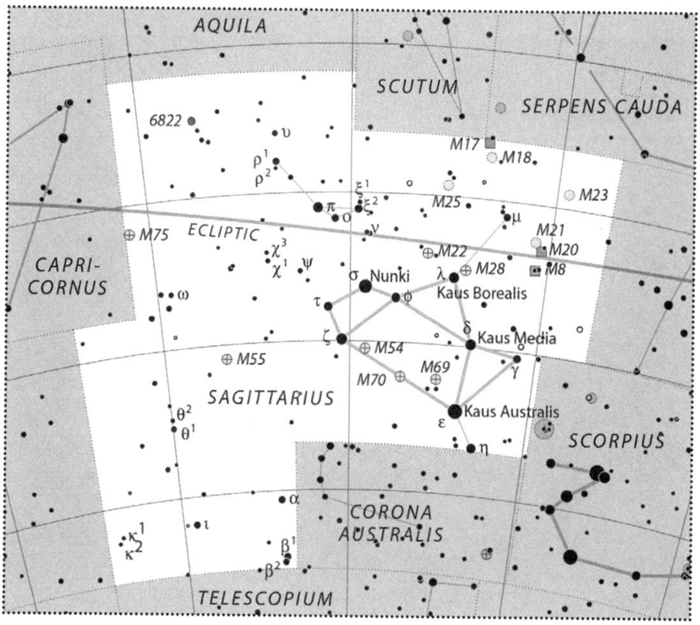

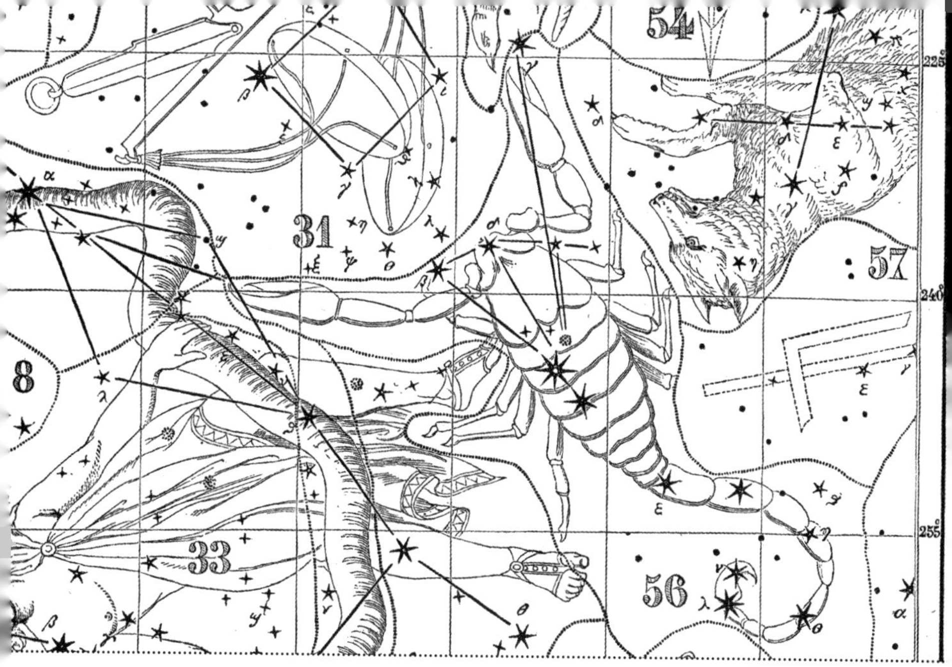

CONSTELLATION
DU SCORPION

8956412889

En vous focalisant sur la queue du scorpion, vous saurez de quelle façon il est possible de rendre votre corps physique éternel grâce à son union complète avec votre âme. En positionnant la sphère de votre processus de pensée dans la constellation du Scorpion de façon à ce qu'une pensée suive l'autre, vous pouvez repérer l'origine de vos pensées. Pour autant, une pensée remplit celle d'un niveau plus intensif et de meilleure qualité, et vice versa. Les pensées se développent tant de manière autonome que mutuellement, ce qui rend votre niveau de développement éternel optimal. Par conséquent, la vie éternelle devient réalisable tout simplement grâce à l'optimisation du développement.

α Scorpii – Antarès – 31968121908

β Scorpii – Acrab – 48148919871

δ Scorpii – Dschubba – 51961421981

ε Scorpii – 23964859871

ζ^1 Scorpii – 31968421863

ζ^2 Scorpii – 34975188961

η Scorpii – 10904128964

θ Scorpii – Sargas – 29164894971

ι^1 Scorpii – 54968129871

ι^2 Scorpii – 39458129471

ϰ Scorpii – 34961729851

λ Scorpii – Shaula – 89461521849

μ^1 Scorpii – 38121964971

μ^2 Scorpii – 39484121848

ν Scorpii – 29871489871

ξ Scorpii – 31486101988

ο Scorpii – 39468197821

π Scorpii – 39860129649

ϱ Scorpii – 80421960129

σ Scorpii – Al-Niyat – 80960129981

τ Scorpii – Al-Niyat – 31649874981

υ Scorpii – Lesath – 89916830891

χ Scorpii – 04989121888

ω^1 Scorpii – 89101650955

b Scorpii – 31968121849

c^2 Scorpii – 89864196871

i Scorpii – 31849121878

A Scorpii – 39485129749

3 Scorpii – 68971421989

11 Scorpii – 39864154971

18 Scorpii – 31721421981

27 Scorpii – 34989121941

ψ Scorpii – 81049131904

ω^2 Scorpii – 52501698988

c^1 Scorpii – 89961888819

d Scorpii – 66863129871

k Scorpii – 39460129151

Q Scorpii – 89361529481

4 Scorpii – 31729421981

16 Scorpii – 49121920148

25 Scorpii – 39834121949

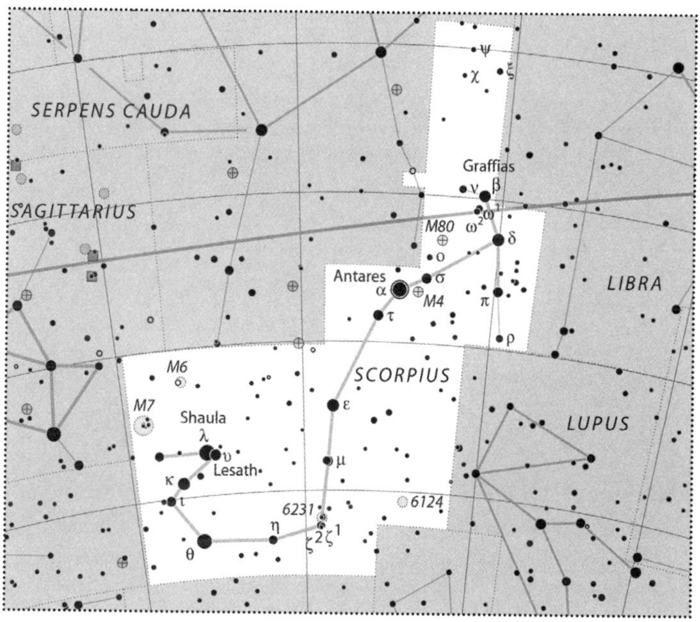

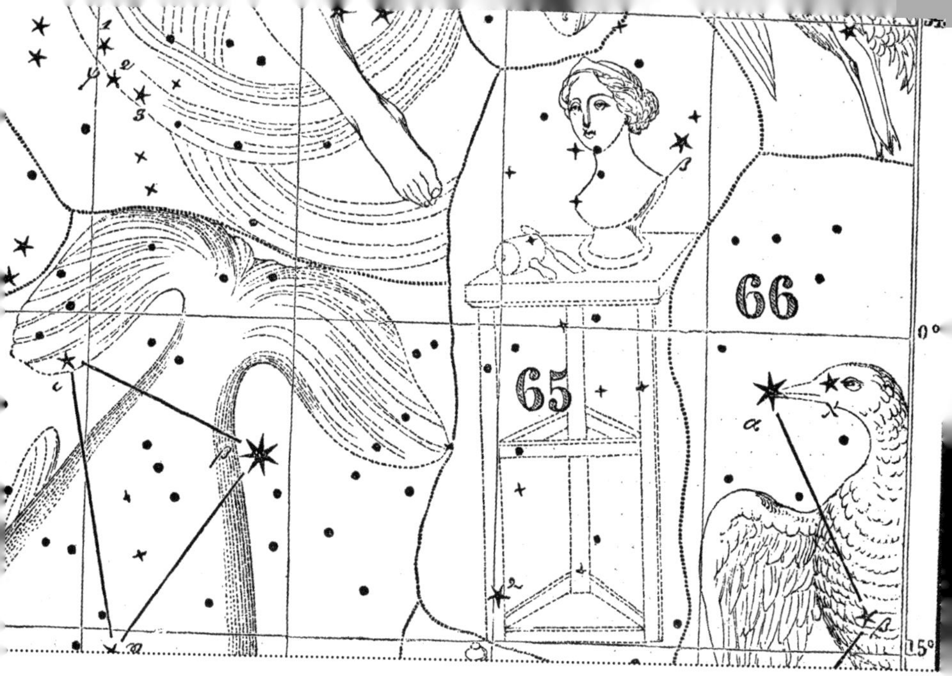

CONSTELLATION
DU SCULPTEUR

31849851971

Grâce à votre conscience, vous pouvez voir la façon dont l'information se reproduit dans les parcelles éloignées de la réalité et construire tout ce qui vous unit avec cette information éloignée. Cet espace entre vous et l'information éloignée, c'est vous-même.

α Sculptoris – 49754951849

β Sculptoris – 31864121984

γ Sculptoris – 39189459171

δ Sculptoris – 39864879871

ε Sculptoris – 39481429871

ζ Sculptoris – 39164901981

η Sculptoris – 89431729488

θ Sculptoris – 39873189864

ι Sculptoris – 39854979861

ϰ¹ Sculptoris – 29489129871

ϰ² Sculptoris – 21731981949

λ¹ Sculptoris – 48971428961

λ² Sculptoris – 49384129371

μ Sculptoris – 48121968171

ξ Sculptoris – 31964181951

π Sculptoris – 51489421971

σ Sculptoris – 54981931964

τ Sculptoris – 89567129871

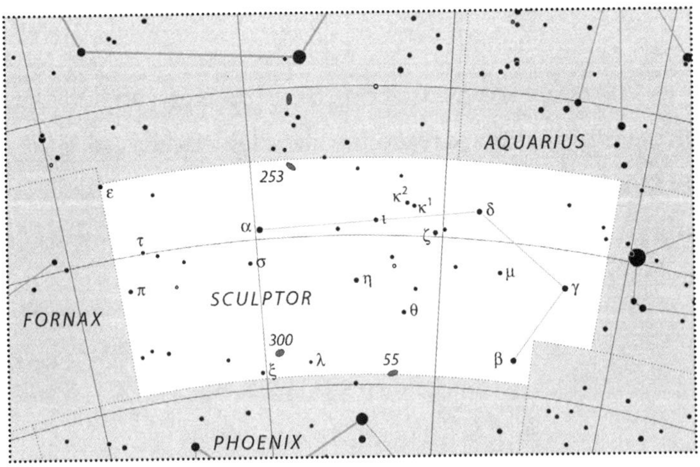

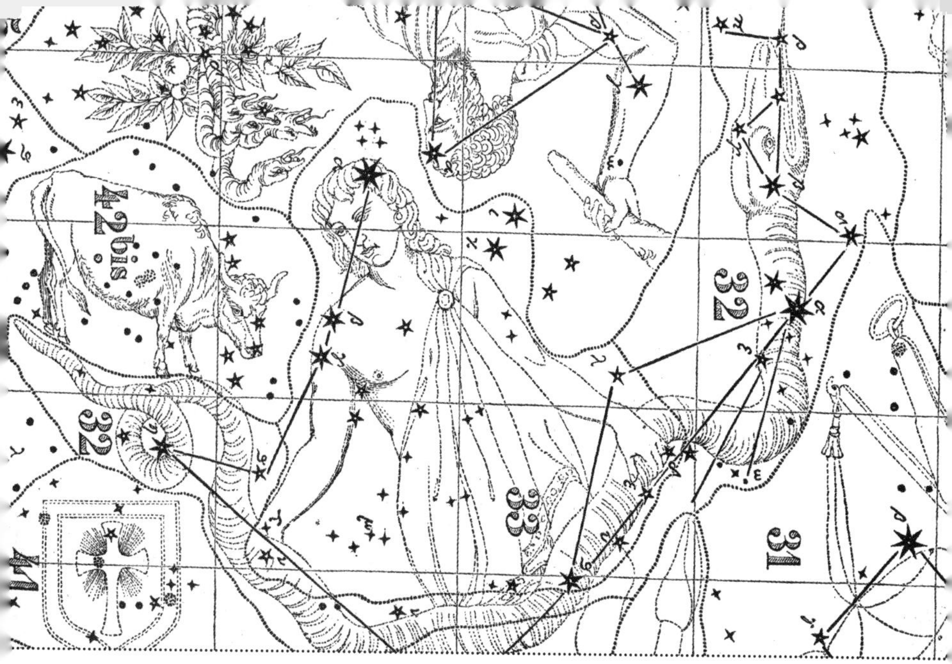

CONSTELLATION
DU SERPENT

21489489174

La tâche d'avoir la vie éternelle et la réalisation des tâches nécessaires pour assurer la vie éternelle constituent le pilotage au niveau de la matière physique. Grâce au pilotage basé sur les nombres des étoiles vous obtenez la vie éternelle de votre corps physique. Alors, tout autre être vivant, notamment le serpent, peut utiliser le principe de la réalisation de la vie éternelle pour son corps physique. De plus, il existe le principe commun selon lequel le corps physique, à savoir le corps informationnel d'un autre être physique, tend vers le corps physique de l'homme. Conformément à ce principe commun, quand le champ d'information, qui correspond à la notion de conscience dans la constellation du Serpent, permet de considérer que la conscience a la forme du corps de l'homme ou une forme semblable au corps humain, on voit apparaître un contact et la bienveillance entre l'homme et le serpent. Alors, ce dernier ne fait plus mal à l'homme et ne se montre plus comme un être agressif envers lui.

Le pilotage à travers l'information de la constellation du Serpent se base sur le principe suivant : observez un objet d'information ; si ce dernier a l'essence intérieure de l'information qui influence vos événements et ceux d'autrui et qui permet d'observer l'image de l'homme ou bien si cette information progresse dans la direction de l'image de l'homme, on peut dire qu'il s'agit du développement correct d'un objet d'information en vue de la réalisation de la vie éternelle. Si l'objet d'information s'écarte de l'image de l'homme, il faut alors corriger le développement de l'information pour que ce dernier conserve la forme nécessaire. Vous serez en mesure de faire un « contre-mouvement » sur le chemin de l'évolution de tout élément de la réalité vers la forme de l'homme. Ainsi, le monde extérieur entier sera accessible pour la vie et le développement éternels de votre corps physique et des corps physiques des autres.

Il faut également examiner la notion de sagesse dans la conscience collective. La sagesse est considérée comme un système définissant l'événement suivant les événements perçus. La sagesse donne la possibilité de piloter les événements qui ne sont encore ni découverts ni distribués. C'est à travers la conscience dans la constellation du Serpent que vous pouvez maîtriser la technologie de la formation de la sagesse.

α Serpentis – Unuk al Hay – 59487131964

β Serpentis – 29731421864

γ Serpentis – 31874584961

δ Serpentis A – 38564121978

δ Serpentis B – 64121831748

ε Serpentis – 47854129864

ζ Serpentis – 68974121984

η Serpentis – 69874128901

θ^1 Serpentis – Alya 1 – 31654828961

θ^2 Serpentis – Alya 2 – 49864100189

ϰ Serpentis – 69853194861

ξ Serpentis – 31648921981

π Serpentis – 89564871961

τ^1 Serpentis – 64731854891

τ^3 Serpentis – 89421869471

τ^5 Serpentis – 89631871964

τ^7 Serpentis – 31864721971

υ Serpentis – 36854928871

χ Serpentis – 39169879164

ω Serpentis – 36854989871

μ Serpentis – 31421721861

ο Serpentis – 31854921964

ϱ Serpentis – 29431621871

τ^2 Serpentis – 69873129864

τ^4 Serpentis – 31973851964

τ^6 Serpentis – 89389471945

τ^8 Serpentis – 63984121968

ϕ Serpentis – 84938164971

ψ Serpentis – 68319421971

b Serpentis – 72849631871

c Serpentis – 64936821984

e Serpentis – 14984121964

A² Serpentis – 01412628971

3 Serpentis – 44101811864

5 Serpentis – 14816421901

7 Serpentis – 89431621948

10 Serpentis – 16839729848

16 Serpentis – 48574989651

39 Serpentis – 64754831964

43 Serpentis – 47864721984

46 Serpentis – 31847528968

61 Serpentis – 62384974981

d Serpentis – 31654821968

A¹ Serpentis – 38484571968

R Serpentis – 38614801921

4 Serpentis – 19873121968

6 Serpentis – 36149851971

8 Serpentis – 16139854981

14 Serpentis – 64058931721

29 Serpentis – 31489751968

40 Serpentis – 85349721949

45 Serpentis – 37854921974

47 Serpentis – 31049451864

64 Serpentis – 34978551647

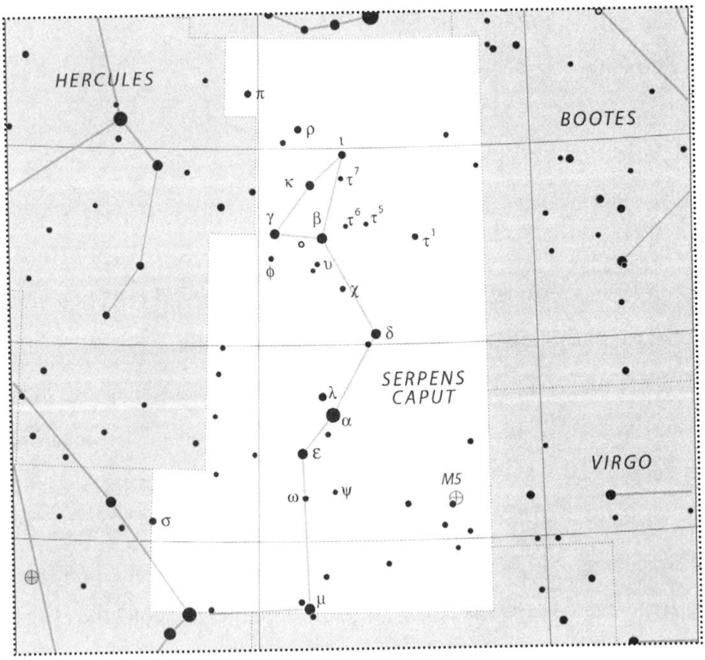

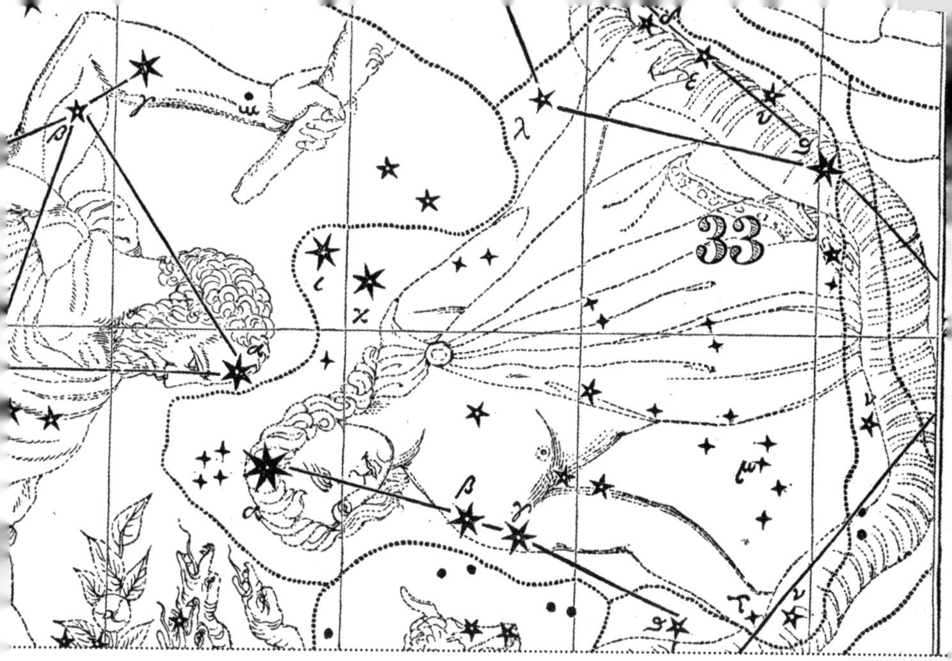

CONSTELLATION
DU SERPENTAIRE

3165498414 7

En examinant la constellation du Serpentaire, il faut imaginer la façon dont l'homme perçoit le sol lorsqu'il le prend dans sa main droite. Cette sensation peut se démontrer de la manière suivante : lorsque vous contemplez cette constellation, vous pouvez comprendre la façon dont le sentiment naît et se répand dans le corps.

Vous pouvez voir que le sentiment qui fait bouger le corps constitue également le facteur extérieur du mouvement. L'homme ressentant un sentiment quelconque agit conformément à ce qu'il ressent. Ces connaissances vous permettent d'examiner la structure intérieure selon laquelle l'information du sentiment englobe l'homme, le dirige et fait avancer son corps physique dans une direction quelconque. Il est important d'intégrer la structure de l'Éternité dans les systèmes extérieurs des sentiments qui accaparent le corps et le dirigent dans telle ou telle direction. Lorsque vous intégrez l'Éternité dans tout ce qui définit le mouvement du corps de l'extérieur, le mouvement du corps physique sera par conséquent éternel. Ainsi, votre corps physique peut changer grâce à l'agrandissement de sa sensibilité et acceptera toute l'information comme celle qui assure la vie éternelle pour vous et pour toute l'humanité.

α Ophiuchi – Ras Alhague – 49121851964

β Ophiuchi – Celbalrai – 39754821968

γ Ophiuchi – 34854981961

δ Ophiuchi – Yed Prior – 38964721981

ε Ophiuchi – Yed Posterior – 31984189849

ζ Ophiuchi – Han – 64975189489

η Ophiuchi – Sabik – 36971851974

θ Ophiuchi – 38964721894

ι Ophiuchi – 53864729861

κ Ophiuchi – 34973854961

λ Ophiuchi – Marfik – 38964859871

μ Ophiuchi – 64129431978

ν Ophiuchi – Sinistra – 31749853961

ξ Ophiuchi – 49871831961

ο Ophiuchi – 51964879881

ϱ Ophiuchi – 36491721849

σ Ophiuchi – 89563121978

τ Ophiuchi – 34987129864

υ Ophiuchi – 64978121978

φ Ophiuchi – 36874921839

χ Ophiuchi – 39864729871

ψ Ophiuchi – 36149874981

ω Ophiuchi – 36984129871

b Ophiuchi – 36138921961

c Ophiuchi – 71421728964

d Ophiuchi – 34971821971

e Ophiuchi – 36489427467

f Ophiuchi – 49531748967

p Ophiuchi – 36849571964

A Ophiuchi A – 38617429871

A Ophiuchi B – 39489139767

A Ophiuchi C – 36875129861

12 Ophiuchi – 49731864871

14 Ophiuchi – 53964854721

15 Ophiuchi – 31487689149

16 Ophiuchi – 74136859124

18 Ophiuchi – 58416437981

19 Ophiuchi – 34101608949

20 Ophiuchi – 38416729841

21 Ophiuchi – 54716839741

23 Ophiuchi – 84164939758

24 Ophiuchi – 46184121971

28 Ophiuchi – 51316849317

30 Ophiuchi – 61937481959

37 Ophiuchi – 17485486739

41 Ophiuchi – 49584121964

47 Ophiuchi – 89536871984

52 Ophiuchi – 64974859861

58 Ophiuchi – 38964121724

66 Ophiuchi – 89754921984

68 Ophiuchi – 85314821964

72 Ophiuchi – 53964721984

74 Ophiuchi – 54831638978

26 Ophiuchi – 71539754864

29 Ophiuchi – 14864129874

31 Ophiuchi – 61734121984

38 Ophiuchi – 14615874916

43 Ophiuchi – 31854721947

50 Ophiuchi – 53964121989

54 Ophiuchi – 31684921984

61 Ophiuchi – 39485431981

67 Ophiuchi – 31758189487

71 Ophiuchi – 31864921981

73 Ophiuchi – 39484121971

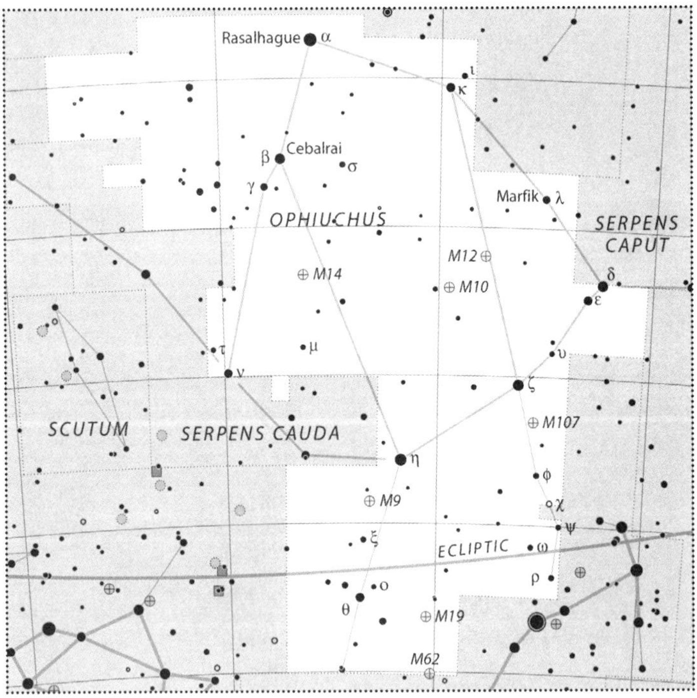

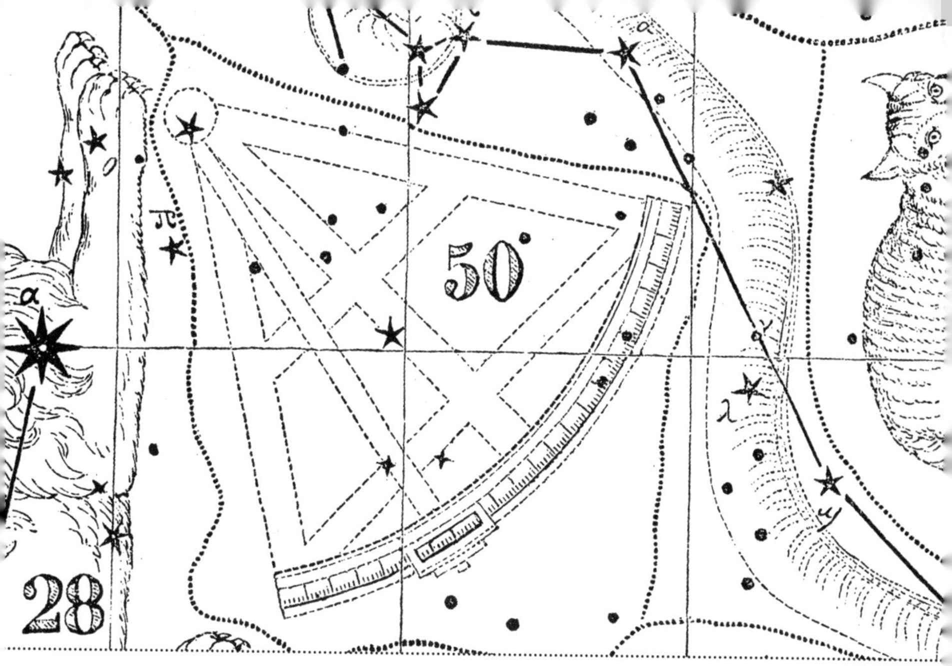

CONSTELLATION
DU SEXTANT

51721968431

Lorsque vous examinez le pilotage qui a lieu à l'intérieur de vous, par exemple, dans vos systèmes physiologiques, et que vous considérez en même temps l'espace sidéral comme un système avec lequel vous interagissez à tous les niveaux, vous pouvez comprendre le principe suivant : plus vous étudiez rapidement et profondément l'espace sidéral et plus vous avancez loin dans votre étude au moyen de votre pensée, plus votre organisme, soit votre niveau personnel, devient résistant à tous les événements futurs.

α Sextantis – 19873129841

β Sextantis – 13849529871

γ Sextantis – 39489159471

δ Sextantis – 54964729871

ε Sextantis – 39468129478

4 Sextantis – 13968459871

6 Sextantis – 36873184981

7 Sextantis – 31049529064

9 Sextantis – 37948129874

12 Sextantis – 31081921964

13 Sextantis – 84831729861

14 Sextantis – 30489451973

17 Sextantis – 89453129478

18 Sextantis – 39060129481

19 Sextantis – 30950190961

20 Sextantis – 59430629751

21 Sextantis – 37489431691

23 Sextantis – 34851921864

25 Sextantis – 36849879151

26 Sextantis – 30189420169

27 Sextantis – 30984920961

31 Sextantis – 38401628471

33 Sextantis – 30754920981

34 Sextantis – 50474850961

35 Sextantis – 70939759861

36 Sextantis – 89439871964

40 Sextantis – 39861021749

41 Sextantis – 31650481697

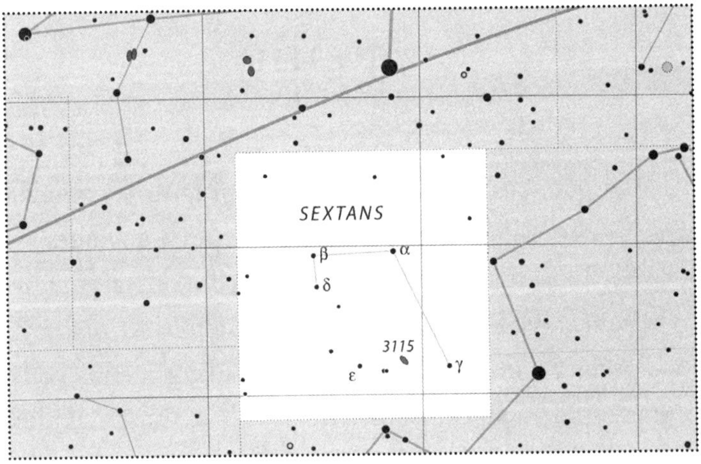

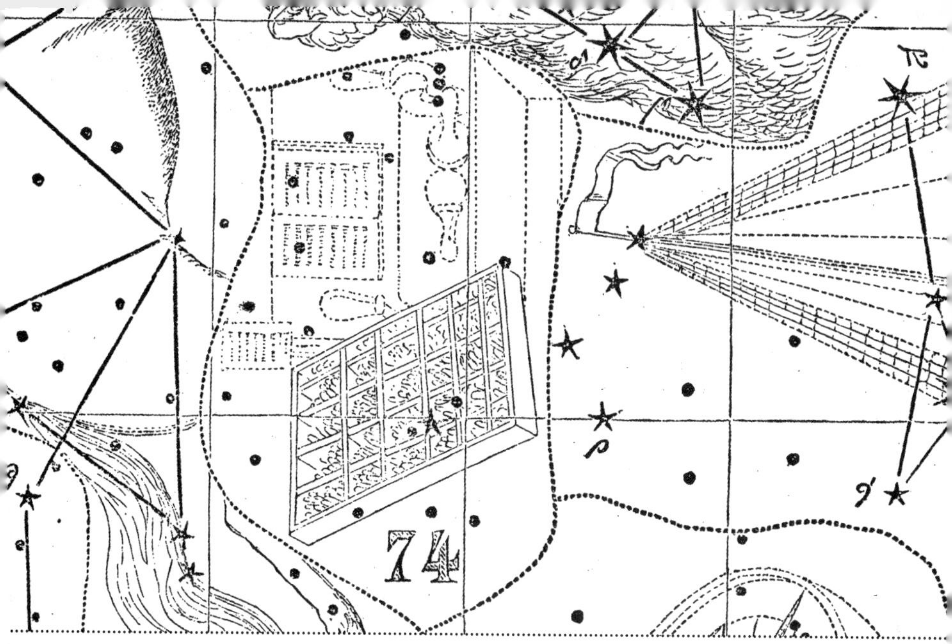

CONSTELLATION
DE LA TABLE

51964821971

Lorsque vous considérez la Terre enveloppée de différents systèmes d'information, à savoir de différentes réalités physiques, comme un système éloigné de vous, vous vous trouvez sur cette Terre indépendamment de ce que vous en pensez. C'est pourquoi la vie éternelle vous est déjà garantie à un certain niveau, indépendamment de vos réflexions. L'essentiel est de ne pas nier ce qui existe déjà.

α Mensae – 89451721964

β Mensae – 31964821971

γ Mensae – 59436121978

δ Mensae – 54864921971

ε Mensae – 69439129471

ζ Mensae – 31489121964

η Mensae – 59489169471

θ Mensae – 59868129871

ι Mensae – 59164129178

ϰ Mensae – 59869759721

λ Mensae – 81964721989

μ Mensae – 31654821974

ν Mensae – 38965128971

ξ Mensae – 58164929171

π Mensae – 89164121981

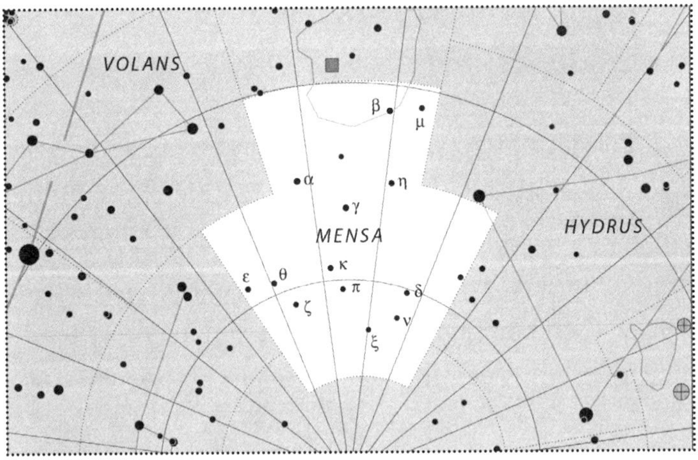

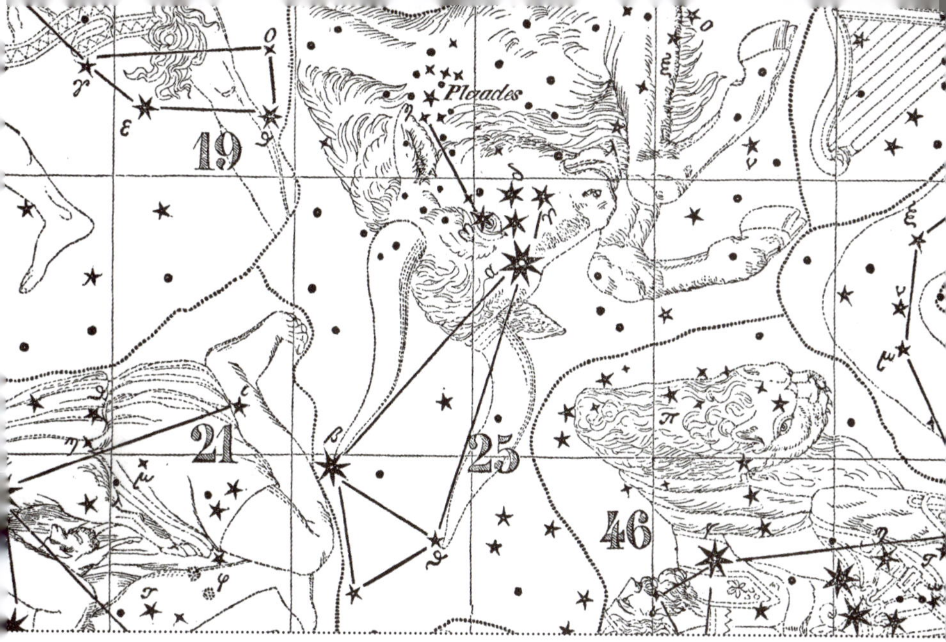

CONSTELLATION
DU TAUREAU

Les Pleiades. GH ⊙ Central Alcyone

69131851978

Lorsque vous regardez l'infini avec votre vision physique, vous voyez l'horizon. Cependant, si vous regardez l'infini à travers votre conscience, vous y verrez votre esprit, car l'âme avait déjà déterminé la place de votre impulsion spirituelle. Par conséquent, vous êtes déjà infini, parce que vous avez commencé à regarder l'infini. Grâce à cela, vous vous êtes déjà assuré la vie éternelle dans votre intention.

α Tauri – Aldébaran – 51939121984

β Tauri – Nath – 31651831971

γ Tauri – Haydum I – 81964821971

δ^1 Tauri – Haydum II – 51964989481

δ^2 Tauri – 31964831871

δ^3 Tauri – Cleeia – 81354931971

ε Tauri – Ain – 53164821971

ζ Tauri – Alheka – 81964121971

η Tauri – Alcyone A – 51964281949

η Tauri – Alcyone B – 51481951979

θ^1 Tauri – 51261421971

θ^2 Tauri – 51381971341

ι Tauri – 59864129871

$\varkappa^1$ Tauri – 31974829871

$\varkappa^2$ Tauri – 31964921971

λ Tauri – 81939861971

μ Tauri – 53489121964

ν Tauri – 31754921781

ξ Tauri – 49864129871

ο Tauri – 31989121964

π Tauri – 31758121968

ϱ Tauri – 49381429371

σ^1 Tauri – 49854129871

σ^2 Tauri – 31964821971

τ Tauri – 29873149881

υ Tauri – 31648951671

φ Tauri – 38901629880

χ Tauri – 36949127981

ψ Tauri – 89864128971

ω Tauri – 19431629471

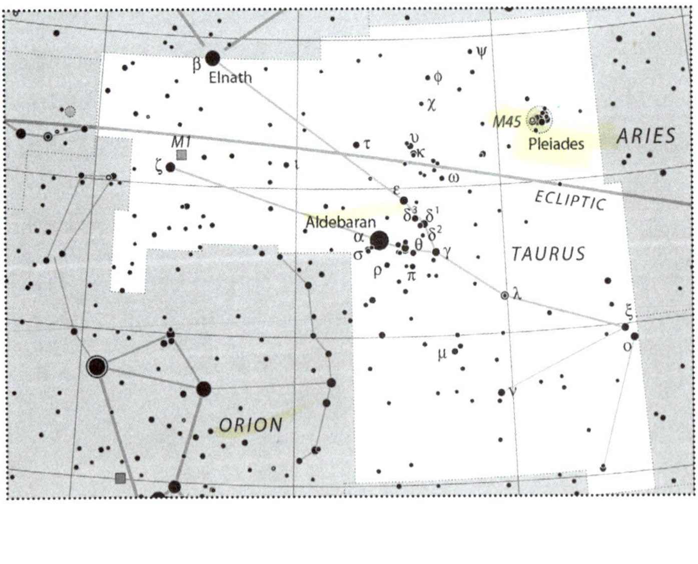

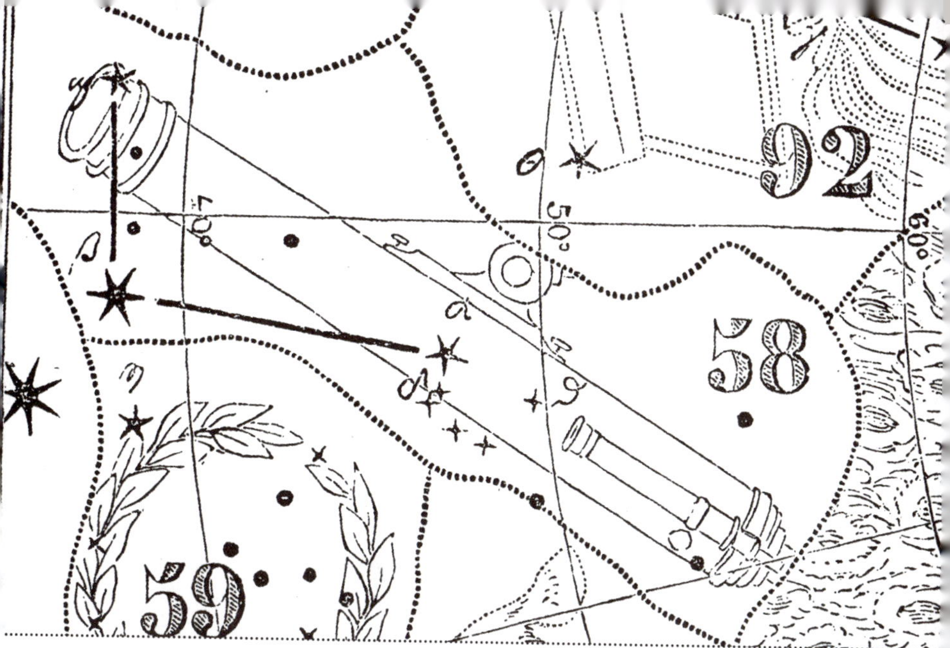

CONSTELLATION
DU TÉLESCOPE

51961421971

Lorsque vous souhaitez agrandir, approcher ou examiner quelque chose de plus près dans votre conscience, vous devez comprendre qu'à travers votre conscience, vous vous éloignez à ce moment de ce quelque chose. C'est pourquoi vous devez rendre votre conscience plus homogène par rapport à votre perception et extraire ce que vous souhaitez apprendre du niveau qui est déjà homogène. Cela favorisera votre vie éternelle à un niveau logiquement fondé et bien réfléchi.

α Telescopii – 51489121481

δ^1 Telescopii – 59874851961

δ^2 Telescopii – 31964821971

ε Telescopii – 31654981971

ζ Telescopii – 39874921981

η Telescopii – 31684121749

ι Telescopii – 51484191471

ϰ Telescopii – 21971421864

λ Telescopii – 29864829171

μ Telescopii – 39864879871

ν Telescopii – 29131869181

ξ Telescopii – 54964829871

ϱ Telescopii – 23149128971

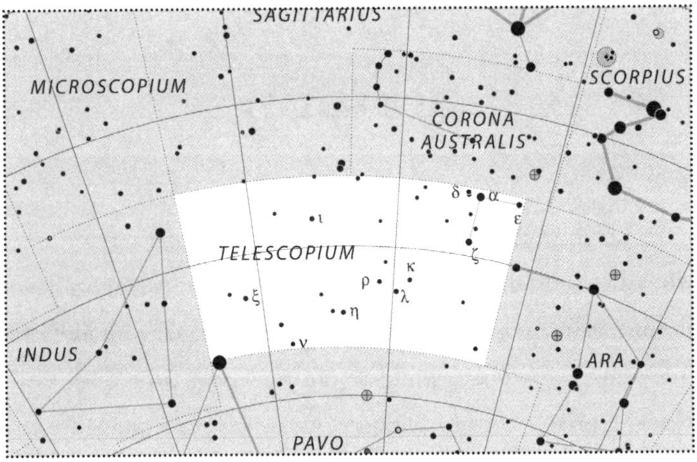

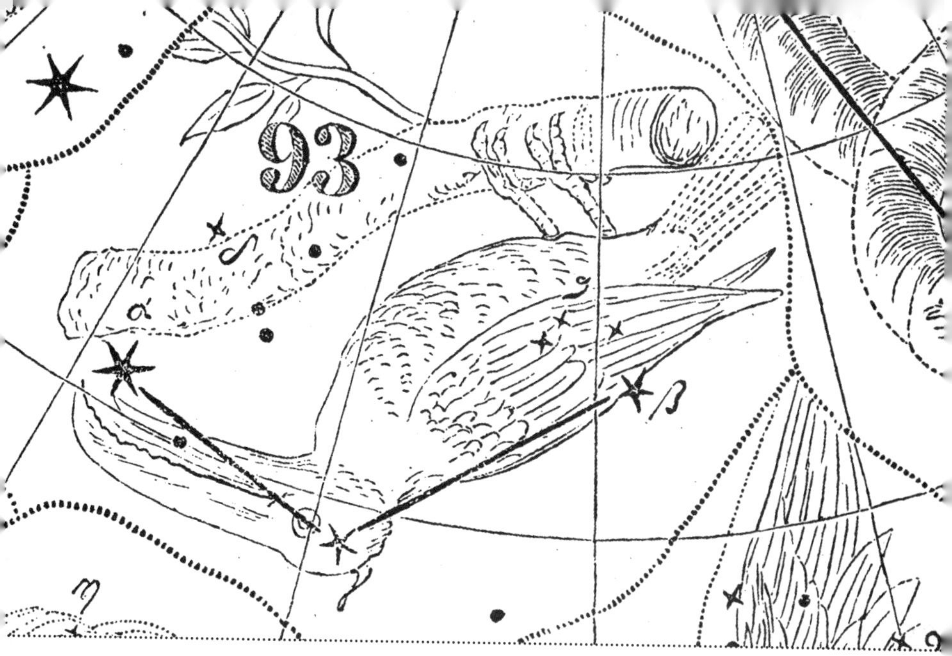

CONSTELLATION
DU TOUCAN

53964129871

Le pilotage de la vie réside dans la réalisation de la vie éternelle et du développement éternel, ainsi que dans la construction permanente de nouvelles réalités qui vous assurent la vie éternelle ou bien que vous utilisez pour vous-même. Lorsque vous construisez la réalité qui vous assure la vie éternelle pour toujours, toute votre réalité extérieure vous assurera également la vie éternelle.

α Tucanae – 51721961728

β^1 Tucanae – 31481421971

β² Tucanae – 31758421964

β³ Tucanae – 49751831964

γ Tucanae – 31480160489

δ Tucanae – 89451821961

ε Tucanae – 31721821964

ζ Tucanae – 50460120971

η Tucanae – 31850421871

θ Tucanae – 31050420161

ι Tucanae – 60489150971

κ Tucanae – 38974120978

λ¹ Tucanae – 58964128971

λ² Tucanae – 34150989453

ν Tucanae – 31480161874

ξ Tucanae – 53160121981

π Tucanae – 50849129468

ϱ Tucanae – 51384931748

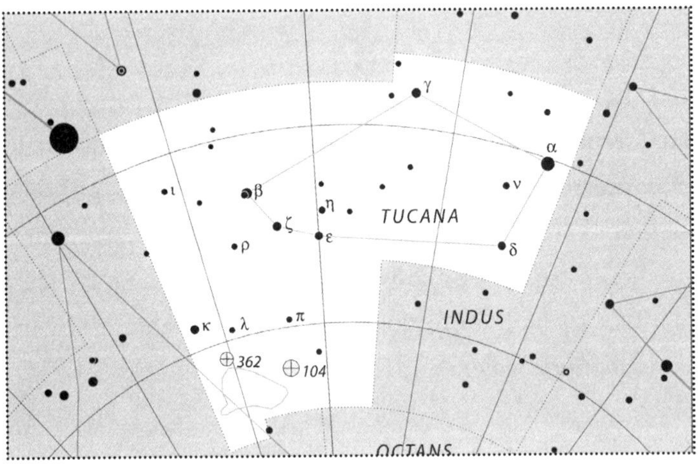

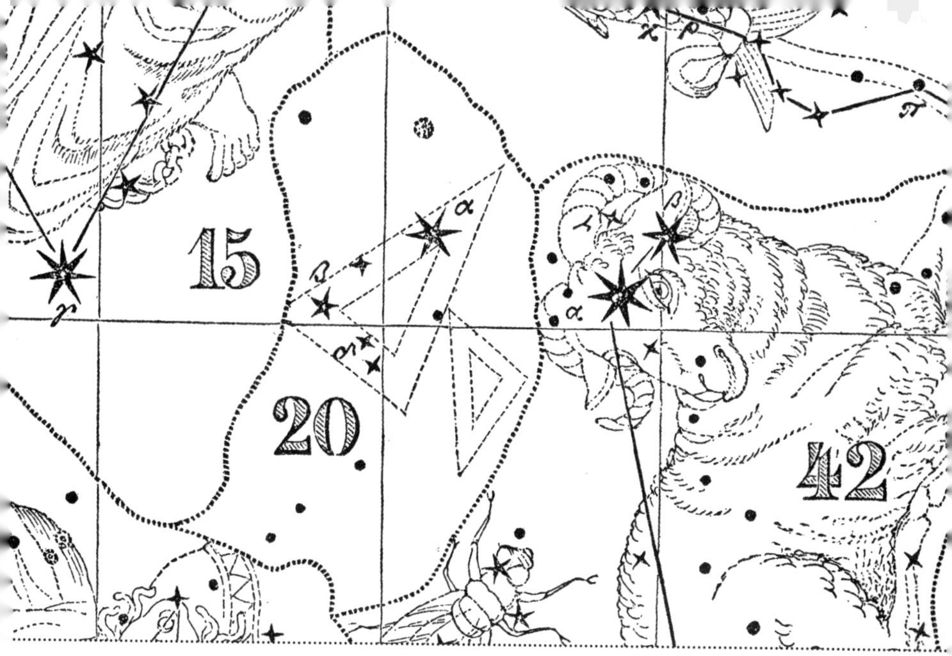

CONSTELLATION
DU TRIANGLE

51874851961

Vous êtes capable de voir différentes facettes d'un phénomène à l'intérieur de vous-même. Cependant, les phénomènes se reflètent différemment en fonction des personnes. Par conséquent, vous pouvez trouver l'essence généralisée du phénomène qui est l'action de Dieu, voir Son action, et apprendre à vivre éternellement.

α Trianguli – 39874929871

β Trianguli – 41049589064

γ Trianguli – 51739121849

δ Trianguli – 58431851971

ε Trianguli – 64874129858

χ Trianguli – 54854129831

5 Trianguli – 68437129481

6 Trianguli – 71984921851

7 Trianguli – 54981731961

10 Trianguli – 53189169171

11 Trianguli – 19481851961

12 Trianguli – 70149850164

13 Trianguli – 90754920961

14 Trianguli – 80849121978

15 Trianguli – 60149121978

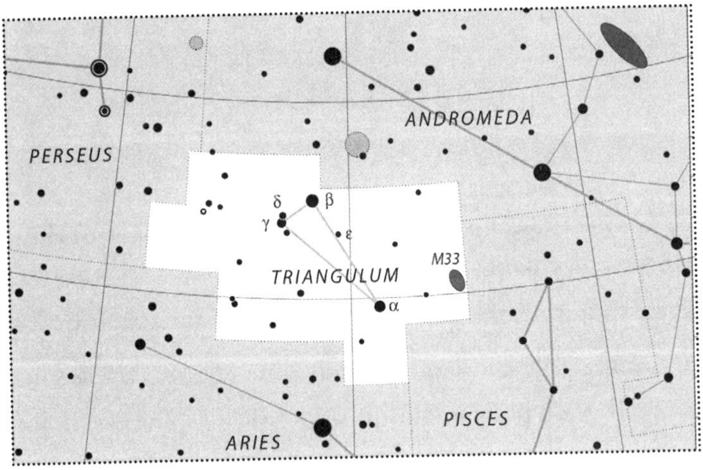

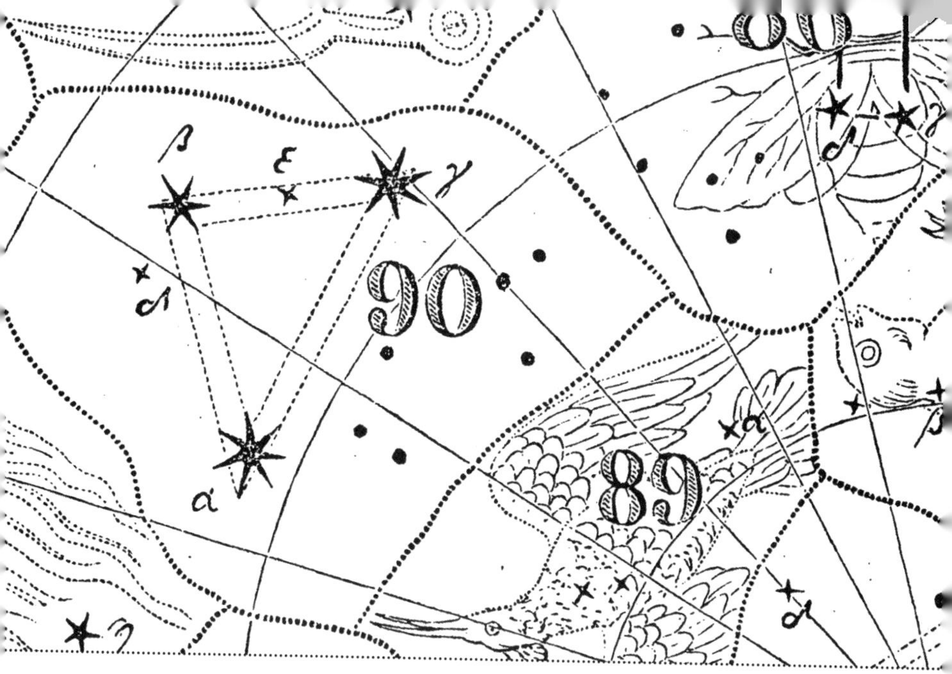

CONSTELLATION
DU TRIANGLE AUSTRAL

53968129871

Vous pouvez voir toutes les étoiles éloignées telles qu'elles sont en réalité. De plus, vous pouvez les transformer grâce à votre conscience. C'est au niveau de votre âme que tout se met à sa place. C'est pourquoi vous devez regarder votre âme et tout harmoniser dans la vérité de la connaissance.

α Trianguli Australis – Atria – 50149880891

β Trianguli Australis – 50506121971

γ Trianguli Australis – 38948129871

δ Trianguli Australis – 01654821978

ε Trianguli Australis – 08439129471

ζ Trianguli Australis – 05431659871

η[1] Trianguli Australis – 09854129871

θ Trianguli Australis – 08945121961

ι Trianguli Australis – 39014959871

κ Trianguli Australis – 31874951864

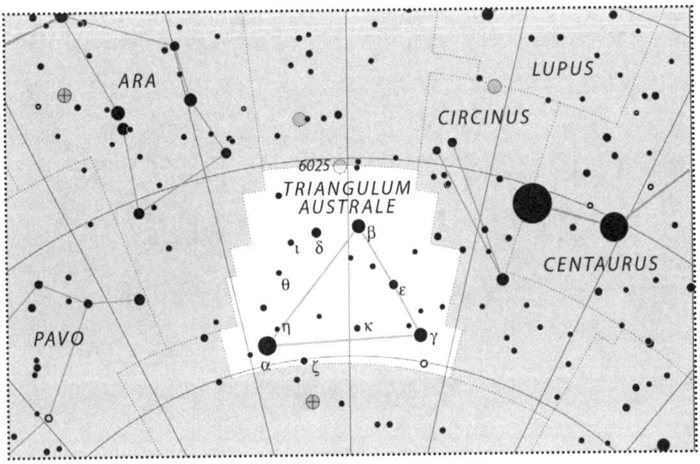

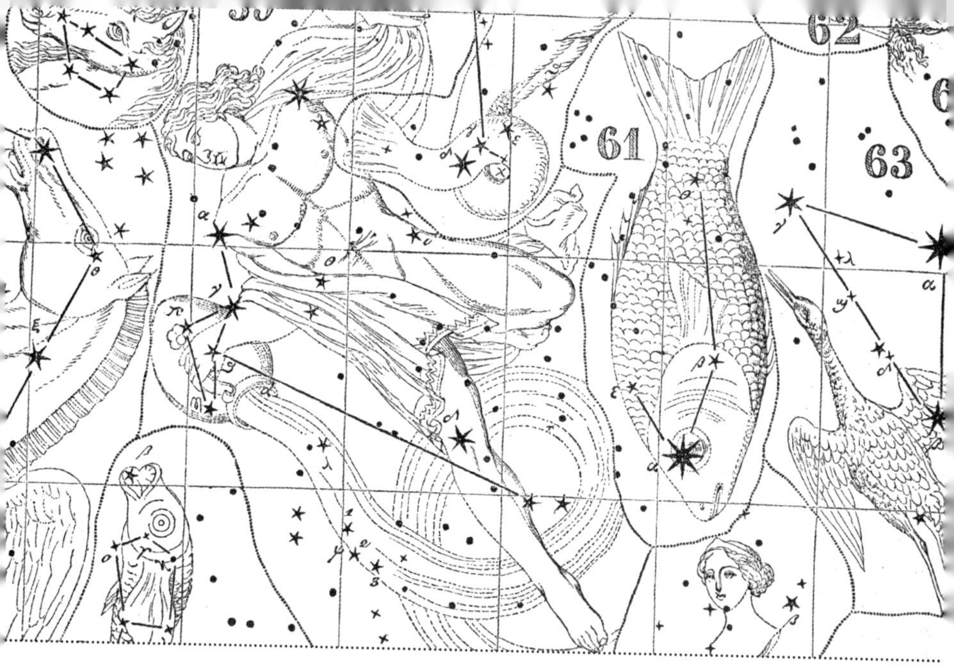

CONSTELLATION
DU VERSEAU

31864121946

En effectuant le pilotage pour la vie et le développement éternels grâce à la constellation du Verseau, appliquez la technologie liée à la structure de l'eau déversée. Examinez l'amphore dont l'eau s'écoule pour découvrir le principe suivant : dans cet endroit géométrique où l'eau s'écoule, il est possible d'observer la dynamique du début de l'émergence de l'eau qui se déverse. Le fait que l'eau s'écoule du récipient avec un fond fermé n'a pas d'importance, car vous devez examiner le mouvement au niveau où vous commencez à percevoir l'eau qui se déverse. En utilisant ce pilotage, vous pouvez entrer mentalement dans ce flux d'eau et voir, c'est-à-dire ressentir, sa dynamique. De cette manière, vous pouvez voir que la structure de la vie qui est interdépendante de l'eau peut s'organiser dans la perception des systèmes dynamiques.

Lorsque vous examinez le dessin représentant la constellation du Verseau, vous voyez que son corps fait partie de la structure de laquelle l'eau sort du récipient. Les événements futurs se répandent dans la structure du flux qui coule du côté droit, à savoir là où on voit déjà l'eau. Les événements passés se trouvent à l'intérieur du récipient, c'est pourquoi toute chose peut être différenciée comme un système lié aux événements passés ou futurs. Comme le passé n'a que la signification informationnelle, vous pouvez déterminer une structure pondérale qui caractérise l'influence des événements passés à travers cette chose. Un tel élément se trouvant dans la réalité, vous pouvez repérer les points de l'influence dans l'ensemble de l'espace où on peut observer des sphéroïdes d'influence qui se produisent compte tenu de l'agencement des événements passés. À l'intérieur de ces sphéroïdes, vous pouvez détecter la structure des événements futurs et examiner le processus d'organisation de l'avenir qui concerne indirectement la réflexion spéculaire. Selon le principe de ce processus, les événements futurs se trouvent au centre des sphéroïdes autour desquels se situent les éléments des événements passés. Le futur se développe à partir du passé comme un système optique original.

La lumière des étoiles, qui sont très éloignées les unes des autres, a une perspective pour les événements passés et futurs. La lumière de l'avenir est mélangée avec celle du passé. Cette substance est unie. Le Créateur qui avait organisé toute la réalité se manifeste de sorte que la matière de l'organisation de l'événement soit neutre pour Lui. Vous pouvez organiser les événements passés et futurs avec cette matière.

C'est pourquoi, si l'homme a déjà un passé quelconque, à savoir il avait déjà accompli des actions dans son corps physique, cela peut être répandu sur tout événement futur grâce à un système singulier de transformation. Notamment, le corps arrosé d'eau ressort d'un autre système géométrique, mais il s'agit de la même eau. Par exemple, l'homme rentre dans une rivière, il nage une distance et sort sur la même rive. Il s'avère alors qu'un nombre d'événements a eu lieu dans l'eau. Vous pouvez y observer le mécanisme de la progression de la conscience selon lequel on assiste à la transformation d'une matière dans le temps infini. La ressource de la matière est infinie. Par conséquent, elle est indestructible et peut se reproduire en permanence dans les événements futurs.

En conciliant le corps de l'homme avec le flux d'eau, soit en superposant le corps humain à ce dernier, ou bien en imaginant que l'homme nage le long d'une rivière, vous découvrez la structure d'organisation du corps physique de l'homme et de la matière extérieure, à savoir l'eau. De plus, vous vous apercevez que le corps vit toujours et se développe éternellement.

α Aquarii – Sadalmelik – 31684951971

β Aquarii – Sadalsuud – 27485406414

γ Aquarii – Sadachbia – 06189349718

δ Aquarii – Skat – 51863121984

ε Aquarii – Albali – 85931721968

ζ¹ Aquarii – 58516401989

ζ² Aquarii – 31480600001

η Aquarii – 60451231978

θ Aquarii – Ancha – 85169789421

ι Aquarii – 62149759868

ϰ Aquarii – Situla – 24972159864

λ Aquarii – 81431689549

ν Aquarii – 36485149898

o Aquarii – 36854121981

ϱ Aquarii – 19484121959

τ¹ Aquarii – 58964129879

υ Aquarii – 85931749861

χ Aquarii – 36849159784

ψ² Aquarii – 69854129171

ω¹ Aquarii – 62139401848

b¹ Aquarii – 62871432841

b³ Aquarii – 46158459784

c² Aquarii – 62831729879

μ Aquarii – 19749189416

ξ Aquarii – 89416831974

π Aquarii – 46854139171

σ Aquarii – 69431721981

τ² Aquarii – 85436894871

φ Aquarii – 51758421961

ψ¹ Aquarii – 64917489691

ψ³ Aquarii – 84546131864

ω² Aquarii – 68514931841

b² Aquarii – 62481549861

c¹ Aquarii – 39481751694

c³ Aquarii – 46517489481

d Aquarii – 31968121954
e Aquarii – 48131721868
f Aquarii – 36454178949
g Aquarii – 36871451981
h Aquarii – 34154849188
i^1 Aquarii – 31754189861
i^2 Aquarii – 34861721758
i^3 Aquarii – 68914729868
A^1 Aquarii – 51648121959
A^2 Aquarii – 54931731864
1 Aquarii – 36814259871
3 Aquarii – 42864129878
4 Aquarii – 21754961981
5 Aquarii – 62839149871
7 Aquarii – 34619859431
8 Aquarii – 36854189871
9 Aquarii – 19868129841
10 Aquarii – 51485131968
11 Aquarii – 68519421971
12 Aquarii – 58131631854
14 Aquarii – 56149859878
15 Aquarii – 31684951968
16 Aquarii – 31794121854
17 Aquarii – 68431451962
18 Aquarii – 36871381964
19 Aquarii – 85468131978
20 Aquarii – 59861739484
21 Aquarii – 62131729878
24 Aquarii – 69459167149
25 Aquarii – 31749869451
26 Aquarii – 34749151784
28 Aquarii – 31749485848
29 Aquarii – 62138462857
30 Aquarii – 18454961925
32 Aquarii – 84854926175
35 Aquarii – 62834148912
36 Aquarii – 48516489831
37 Aquarii – 58421631986
38 Aquarii – 31485489861
39 Aquarii – 31869451978
40 Aquarii – 58496151638
41 Aquarii – 19854189647
42 Aquarii – 18151489488
44 Aquarii – 61858561949
45 Aquarii – 36185439791
47 Aquarii – 58962131859
49 Aquarii – 46978259617
50 Aquarii – 38719429634
51 Aquarii – 31485169789
53 Aquarii – 38619485161
54 Aquarii – 31854789878
56 Aquarii – 61485139869
58 Aquarii – 61973854958
60 Aquarii – 38956179851
61 Aquarii – 59864137859
64 Aquarii – 37485861901

65 Aquarii – 49801300198

66 Aquarii – 69419751989

67 Aquarii – 59436189410

68 Aquarii – 58131729849

70 Aquarii – 13954121858

72 Aquarii – 69436129489

74 Aquarii – 10154854961

75 Aquarii – 37854129864

77 Aquarii – 13954121989

78 Aquarii – 36854129858

80 Aquarii – 14531681971

82 Aquarii – 58436154859

83 Aquarii – 69871751964

85 Aquarii – 36854831969

86 Aquarii – 37838451901

87 Aquarii – 10159869842

88 Aquarii – 68319459871

89 Aquarii – 31489131758

94 Aquarii – 31561481851

96 Aquarii – 51431731856

97 Aquarii – 36181431985

98 Aquarii – 19854121968

99 Aquarii – 19869751984

100 Aquarii – 19354158967

101 Aquarii – 85454958964

103 Aquarii – 31758431789

104 Aquarii – 31854161975

106 Aquarii – 13849171864

107 Aquarii – 39864121949

108 Aquarii – 38454121906

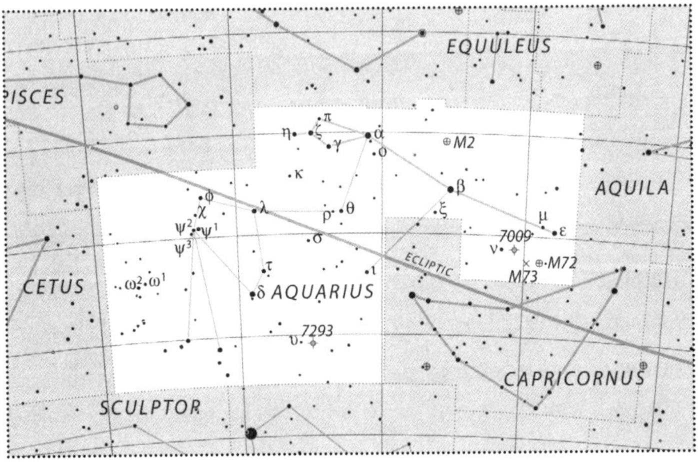

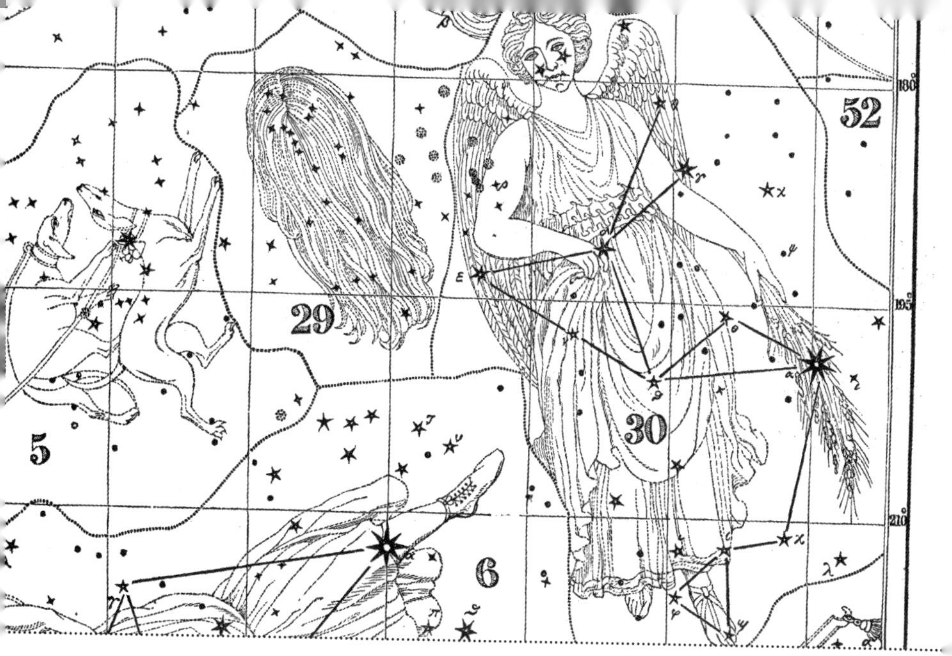

CONSTELLATION
DE LA VIERGE

31684959861

Dans la constellation de la Vierge, il est nécessaire d'examiner le niveau de pilotage concernant les qualités personnelles de l'homme. Lorsque vous observez une personne, voire la photo d'une personne inconnue, ses qualités personnelles se perçoivent en fonction de cette image. Vous pouvez ainsi examiner une construction événementielle qui concerne cette personne. L'information de la constellation de la Vierge vous permet d'observer la façon dont les lignes événementielles se touchent au niveau du corps humain. En même temps, vous verrez que le système hélicoïdal original du développement de l'information est infini dans le segment local. Si, en regardant une partie de l'information, vous voyez l'éternité de cette dernière, même avec votre vision physique, alors vous commencez à passer au niveau de votre développement qui s'appelle la vision intelligente, soit une vision contenant l'intelligence. Il s'agit de la vision qui non seulement perçoit quelque chose, mais qui constitue également un niveau semblable à l'action du cerveau dans la phase de compréhension des choses que vous percevez immédiatement au point de leur perception. Il s'agit alors d'un mécanisme extrêmement puissant et utile pour la vie et le développement éternels.

α Virginis – Spica – 37489151969

β Virginis – Alaraph – 71384951639

γ Virginis – Porrima – 85614931787

δ Virginis – Auva – 53864158971

ε Virginis – Vindemiatrix – 31754958964

ζ Virginis – Heze – 13858629871

η Virginis – Zaniah – 31864584851

θ Virginis – 85864731961

ι Virginis – Syrma – 85417351968

κ Virginis – 83149159684

λ Virginis – Khambalia – 31654821972

μ Virginis – Rijl al Awwa – 31863121967

ν Virginis – 53158429748
ο Virginis – 31685431948
ϱ Virginis – 49871421981
τ Virginis – 85436121858
ϕ Virginis – 59358121849
ψ Virginis – 85968121974
b Virginis – 31654859871
d^1 Virginis – 51631854851
e Virginis – 31654896800
g Virginis – 31641859871
i Virginis – 53131681901
l Virginis – 39481564879
o Virginis – 31685136879
q Virginis – 31849759617
A^1 Virginis – 39871654971
M Virginis – 69853981961
11 Virginis – 54316879781
13 Virginis – 61871421842
20 Virginis – 64937181841
28 Virginis – 53864971851
34 Virginis – 31864728951
37 Virginis – 13864131649
41 Virginis – 62834145879
46 Virginis – 31714958971
49 Virginis – 31685121801
53 Virginis – 37849121978
55 Virginis – 19384121971

ξ Virginis – 45861758971
π Virginis – 31948581749
σ Virginis – 58961721984
υ Virginis – 36871321949
χ Virginis – 68974121984
ω Virginis – 31754828961
c Virginis – 69431721874
d^2 Virginis – 69875389871
f Virginis – 54131489561
h Virginis – 34854121978
k Virginis – 31861436951
m Virginis – 34854784894
p Virginis – 31481721968
y Virginis – 54789531638
A2 Virginis – 31854949738
10 Virginis – 31854871968
12 Virginis – 53614981958
17 Virginis – 31651481894
27 Virginis – 69431721849
33 Virginis – 31485394861
35 Virginis – 16974854958
38 Virginis – 53864971981
44 Virginis – 85869139758
48 Virginis – 31485364968
50 Virginis – 85012645871
54 Virginis – 59013864978
56 Virginis – 85901669871

57 Virginis – 38954919489
61 Virginis – 36854989810
62 Virginis – 13850149809
63 Virginis – 01851484971
64 Virginis – 31784561421
65 Virginis – 13849121859
66 Virginis – 31831421871
69 Virginis – 13168739858
70 Virginis – 36917831981
71 Virginis – 38564851894
72 Virginis – 18319429389
73 Virginis – 18014121963
75 Virginis – 89764821973
77 Virginis – 84514921986
80 Virginis – 72834129871
83 Virginis – 31485420968
84 Virginis – 31649721975
85 Virginis – 16849331784
86 Virginis – 31485487414
87 Virginis – 38564120978
89 Virginis – 31648947921
92 Virginis – 31485431431
94 Virginis – 68416788841
95 Virginis – 31873189458
96 Virginis – 85436129871
104 Virginis – 54964874981
106 Virginis – 31631854981
108 Virginis – 13968121981
109 Virginis – 58436121978
110 Virginis – 17849121964

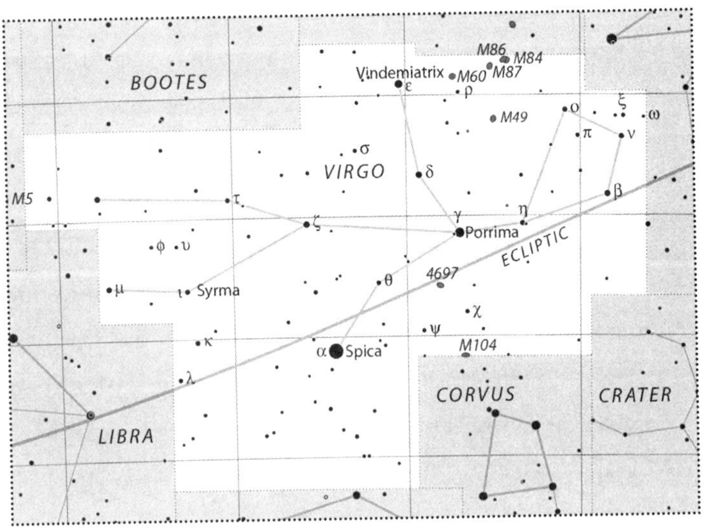

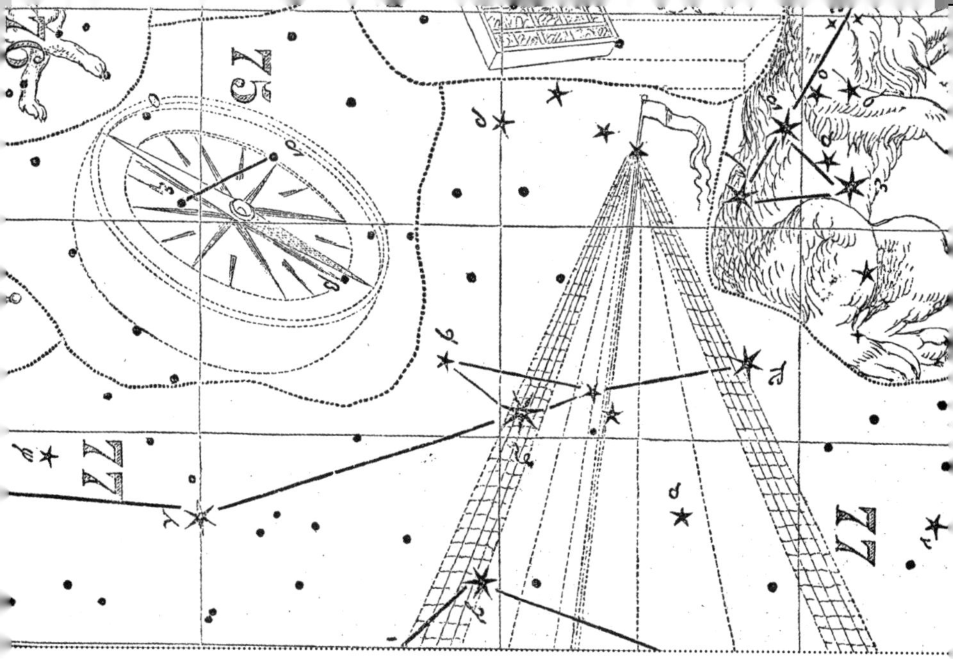

CONSTELLATION
DES VOILES

89421931971

Lorsque vous examinez la constellation des Voiles sur le plan de la perception, vous pouvez imaginer que le vent bombe les voiles et que le bateau se met en mouvement. Par conséquent, vous pouvez imaginer de manière analogique que votre conscience remplit un événement quelconque. Imaginez ce dernier en forme de sphère et obtenez un événement nécessaire pour la vie éternelle.

γ^1 Velorum – 53484231968

γ^2 Velorum – 59379429871

δ Velorum – 89419759481

ϰ Velorum – 95386178341

λ Velorum – 38147554961

μ Velorum – 85371649873

o Velorum – 36121897431

ϕ Velorum – 30149820164

ψ Velorum – 06831421871

a Velorum – 01854829874

b Velorum – 05414839878

c Velorum – 16847129849

d Velorum – 08560429571

e Velorum – 49854739861

f Velorum – 73964154971

g Velorum – 78174989161

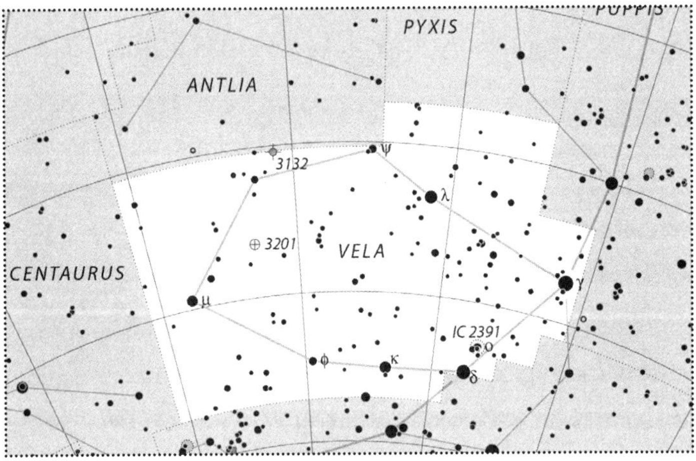

QUI EST GRIGORI PETROVICH GRABOVOÏ

Grigori Grabovoï est d'origine russe. Il est né le 14 novembre 1963 dans le petit village de Bogara, dans le district de Kirov, situé dans la région de Chimkent au Kazakhstan, en Asie centrale. Il fait partie de ce groupe d'êtres venus s'incarner sur Terre à des époques cruciales. Grabovoï est un académicien de l'Académie internationale de l'informatisation.

C'est un scientifique de génie, un clairvoyant, un guérisseur et un Maître.

Grâce à sa théorie, il démontre et enseigne comment, par la conscience de l'âme, on peut créer toute matière parfaite, changer instantanément le cours de tout événement négatif, guérir toutes les maladies, régénérer tous les organes du corps humain, ressusciter les morts, créer de nouvelles machines à énergie libre… Il a réalisé tout cela. Et bien plus encore.

Enfant, il est très calme. Il ne lève jamais le ton, il est anormalement pacifique.

Aux dires de sa mère, il n'a jamais été malade et n'a reçu aucun vaccin. À l'école, il a prévenu ses camarades de classe de plusieurs accidents, guérissant et sauvant même certains d'entre eux de situations critiques.

Dès son plus jeune âge, Grigori Grabovoï étonne par ses idées originales et ses habiletés hors pair. Déjà à l'âge de trois ans, il est obsédé par la perspective de sauver le monde. Il voit dans le futur la menace d'une catastrophe majeure planer au-dessus du monde et alerte ses proches de la nécessité de faire quelque chose pour prévenir cette éventualité. Il agit en plaçant mentalement le globe terrestre dans son cœur et, sans relâche, il l'entoure d'amour, libérant toute tension existante.

Très jeune, il est déjà hautement clairvoyant. Il connaît sa mission et les raisons de sa présente incarnation. Il guérit les gens des maladies les plus graves. Il comprend le langage des plantes et des minéraux, converse avec les animaux et peut entendre des sons à de très grandes distances… Il poursuit ses études en mathématiques et en mécanique appliquées à l'Université de Tachkent, d'où il sera diplômé en 1986. Il obtient d'innombrables certifications et de hautes distinctions de plusieurs académies. Il devient par ailleurs docteur en biologie et en physique.

On a publiquement reconnu la capacité unique de clairvoyance, de prédiction et de guérison de Grigori Grabovoï. Il voit tout et dans les moindres détails, rien ne lui échappe. Il a examiné à distance des centaines d'avions, ainsi que la station orbitale MIR et le vaisseau spatial Atlantis, alors en grave danger.

De plus, il a permis, par prémonition, de prévenir une catastrophe nucléaire majeure en 1999 à la centrale atomique bulgare de Kozloduy, qui aurait pu plonger une grande partie de la planète dans un hiver nucléaire. Il résout à distance tous ces problèmes scientifiques, en étant a priori conscient d'un résultat, ce qui lui vaut le titre de l'Homme Rayon X.

Il faut savoir qu'aucun avion officiel russe ne décolle sans être passé « entre ses mains ». Il parvient même à réparer une pièce défectueuse en plein vol, par matérialisation et remplacement de celle-ci à distance. Mais les habiletés de Grabovoï dépassent et de loin celles de la stricte clairvoyance. Il possède des capacités personnelles de téléportation de matière physique à n'importe quelle distance, ce qui pourrait expliquer le comment de la construction de certains temples anciens, par exemple, les pyramides d'Égypte.

Dans des conditions expérimentales, il a fait des travaux sur la matérialisation, la dématérialisation, la téléportation, la résurrection des morts, la régénération de la matière détruite pour ne nommer que celles-là, et ces travaux ont été consignés dans la minute après l'événement. Notez que ces travaux sont réalisés par matérialisation et création sans destruction, et ils ont tous comme objectif d'empêcher les catastrophes.

Il a inventé des machines qui permettent par exemple la prévention d'explosions ou de tremblements de terre, d'accidents miniers, etc. Le 20 mars 2006, il a offert aux gouvernements du monde une transmission gratuite de ses inventions pour la prévention d'attaques terroristes. Les succès de Grabovoï sont innombrables et incontestables.

Tant en personne qu'à distance, il a réalisé des centaines de guérisons de malades au quatrième stade du cancer, du sida et d'autres maladies, avec attestations notariées à l'appui. Ces faits sont certifiés par l'ONU et par la médecine traditionnelle et prouvés par déclaration notariée des personnes guéries.

Dans plusieurs de ses livres, Grigori Grabovoï parle de la nouvelle médecine, celle de l'avenir qui existe déjà. Cette nouvelle médecine se base sur la pratique de la résurrection. C'est cette dernière qui détermine les principes de la nouvelle médecine, surtout le principe de la reconstitution totale de la matière. Cette médecine a déjà commencé à accomplir sa mission la plus importante : faire en sorte que les gens ne meurent pas.

Grigori Grabovoï aborde dans ses livres des phénomènes comme la lévitation, la matérialisation et la dématérialisation, la télépathie, la télékinésie, la téléportation, etc. Depuis longtemps, ces phénomènes constituaient des énigmes. Le temps est venu de donner des réponses.

Grâce à cette approche, tout environnement soi-disant hostile peut être transformé en un élément non agressif de l'environnement primaire. Cela permettra d'établir une stratégie efficace de comportement afin d'éviter les catastrophes écologiques et d'assurer le développement ultérieur non destructif de l'environnement. Il faut garder à l'esprit que la résurrection est effectivement la gestion de tout l'espace sidéral.

On pourra assurer plus d'harmonie avec l'environnement en créant, par exemple, des matériaux qui ne s'useront pas ou des machines qui n'auront pas besoin de ressources supplémentaires substantielles au cours de leur utilisation. Tout ceci est complètement réel. Comme la résurrection. Tout est entre nos mains.

Nous devons toujours nous rappeler une vérité très simple : l'homme est né pour jouir d'une vie heureuse, dans l'infinie plénitude.

Selon Grabovoï, tout homme est capable des mêmes réalisations, à condition d'accepter le postulat qu'il est possible de créer à partir de la conscience, de l'âme. Ce qui revient à accepter l'idée de Dieu ou tout au moins d'une intelligence créatrice primordiale qui est PÈRE ET MÈRE à la fois, à laquelle tout est connecté et qui englobe tout ce qui est.

Grigori Grabovoï enseigne la façon de contrôler la matière pour la sauvegarde de la planète. Toute son œuvre est dirigée sur le « macrosauvetage », c'est-à-dire sur le salut de tous les hommes sans exception. Il reçoit ses informations en jet continu directement de l'océan de la conscience sidéral, qu'il traduit en langage scientifique moderne. La science de Grabovoï inclut la structure de l'esprit et de la conscience, la structure et le fonctionnement de l'âme. Selon lui, notre âme est la première émanation du Créateur. Le Créateur est présent en toute chose, donc en nous. Nous sommes des images parfaites de lui, mais nous nous sommes écartés de la perfection originelle, de notre état spirituel, de la NORME. C'est cette NORME qu'il nous faut retrouver, et il nous en donne les moyens.

La conscience est une création directe de l'âme qui sert à projeter notre réalité physique. Étant donné que nous sommes faits à l'image du Créateur, tout est dans notre conscience. Nous pouvons alors sans aucune limite changer notre réalité, car tout dans l'univers est information et peut être changé, modifié selon notre volonté qui rejoint la volonté du Créateur.

Grigori Grabovoï est incontestablement un être incomparable par son enseignement, ses découvertes et ses réalisations technologiques. Il n'existe, à notre connaissance, rien de connu pouvant les égaler.

Lorsque les gouvernements du monde se trouvent en difficulté, ils se tournent continuellement vers Grabovoï pour ses découvertes exceptionnelles qui visent la guérison, le sauvetage et le salut global.

Il fournit à l'individu les conditions pour un épanouissement optimal. Par ses combinaisons chiffrées, il donne un accès facile aux connaissances, permettant d'augmenter la durée d'une vie saine, grâce aux technologies et à l'exploitation des structures de la conscience.

Par ses inventions, on peut scanner l'information et détecter les intentions des gens sans aller fouiller dans leurs poches ou dans leurs valises.

D'après ses plans et la technologie qu'il a développée, l'avion de demain ne pourra plus s'écraser. Il a fourni les instructions pour les modifier en conséquence.

Il est presque certain qu'il n'existe pas d'enseignements ou de technologies pouvant égaler ceux de Grabovoï.

Il est l'Hénoch et le Pythagore d'aujourd'hui, mais en plus grand dans ses réalisations. Il est venu pour matérialiser ce que ses prédécesseurs ont initié. Il est venu donner un sens à l'enseignement des grands prophètes, Moïse, Bouddha, Jésus, Mahomet et d'autres.

Jésus disait : « Je suis le Chemin et la Vie ; qui me voit, voit le Père. » Grabovoï fait appel au Créateur en chaque homme. Pour lui, l'âme est une parcelle du Créateur, une parcelle divine. Nous sommes créateurs. À ce que le CRÉATEUR veut et décrète, l'Univers obéit et se met à l'œuvre. Grabovoï nous invite à prendre conscience de ce fait et à créer positivement en laissant tomber nos bagages anciens et nos préjugés qui ne sont plus de mise dans le Nouveau Monde qui est en train de se créer sous nos yeux.

Les destructions se débarrassent de l'ancien. En nous libérant, en nous dépouillant pour vivre de l'essentiel, la vague ne pourra nous arracher que ce qui est en trop et qui nous encombre, nous alourdit.

Nous pourrons voir en nous-mêmes la voie qui est tracée par les Grands Maîtres comme Grigori Grabovoï. Aujourd'hui, la conscience humaine a grandement évolué. Nous sommes prêts à recevoir et à mettre en pratique ces enseignements qui sont ce qu'il y a de plus simple et de plus accessible à la masse des gens…

Grigori Grabovoï n'a pas échappé au traitement réservé à tout être pur ayant à cœur l'ascension de la planète Terre. Le 6 avril 2006, après qu'il a manifesté son intention de présenter sa candidature à la présidence de la Russie en 2008, il a été arrêté sous de fausses accusations et jeté en prison dans des conditions inhumaines…

Je suggère de lire la biographie complète du Dr Grabovoï, pour avoir une idée de la dimension de son œuvre. SI LES GOUVERNEMENTS DEVAIENT PAYER, IL N'Y AURAIT PAS ASSEZ D'OR DANS LE MONDE POUR LE FAIRE.

La plupart des grands hommes, des grands êtres venus en ce monde pour y apporter lumière et conscience ont été persécutés : Socrate a été condamné à boire de la ciguë, Jésus-Christ, le comte de Saint-Germain, Francis Bacon, Gandhi, etc. La liste est longue. Grigori Grabovoï est libre aujourd'hui. Il travaille avec les gouvernements du monde afin que la planète soit épargnée par les crises catastrophiques qui la menacent.

Le plus important message de Grigori Grabovoï reprend celui que Jésus-Christ nous a laissé il y a 2000 ans : LA VIE ÉTERNELLE. À partir de maintenant, il n'est point besoin de passer par la mort pour y parvenir.

Ischaïa

POUR PLUS D'INFORMATION

www.ggrig.com/en/introductory-course-grabovoi
www.ggrig.com/en/plan-introductory-course-grabovoi
www.ggrig.com/en/sublicensees-info
www.saint-germain-morya.com

NOS PARUTIONS

INTRODUCTION AU PILOTAGE DE LA RÉALITÉ
Enseignements sur le salut et le développement harmonieux

par Grigori Petrovich Grabovoï
112 pages
ISBN : 978-2-923568-21-8

Grabovoï nous expose de manière simple et claire les principes sur lesquels son enseignement est fondé. Celui-ci s'adresse à chacun d'entre nous et peut nous aider à prévenir une éventuelle catastrophe globale, à recouvrer la santé et à la préserver afin d'assurer le développement harmonieux de l'humanité et, par extension, de l'Univers.

Ces techniques et outils de pilotage basés sur la puissance de la pensée sont à la portée de tous. D'ailleurs, beaucoup les utilisent sans s'en rendre compte ne serait-ce que pour la résolution de problème ou la prise de décision.

L'enseignement de Grabovoï nous révèle les structures de la conscience, les principes et les approches qui permettent de gérer nombre de situations pour transformer la réalité sans causer de préjudice. Il vise aussi à démontrer la possibilité de reconstituer complètement toute matière ainsi que toute information, ce qui rend caduque la notion de destruction.

Tous les éléments qui nous entourent sont interconnectés. Et nous faisons partie de ce réseau de connexions. Par conséquent, il faut faire en sorte qu'elles perdurent et qu'elles évoluent éternellement.

Voilà une entrée en matière parfaite pour appréhender l'enseignement sur le salut et le développement harmonieux de Grabovoï.

LES ÉTAPES DE L'ÉDUCATION
D'avant la conception jusqu'à l'Éternité

par Grigori Petrovich Grabovoï
112 pages
ISBN : 978-2-923568-13-3

Selon Grabovoï, l'éducation de l'enfant – et donc de l'adulte en devenir – doit commencer avant même la conception, dès la planification d'une future naissance. De plus, cette pratique n'étant pas destinée uniquement aux nouveau-nés, elle s'applique à tous les êtres vivants.

Dès la toute première étape, l'éducateur doit se concentrer sur l'Éternité – l'espace et le temps infinis – pour atteindre le but recherché : « Que l'enfant naisse, se développe de façon constructive et transmette l'essence de l'Éternité à l'Univers. »

Dans l'optique des connaissances fondamentales, l'éducation fournit une véritable individualité que le Créateur a initialement intégrée en nous. L'éducation est notre caractère individuel. En recevant cet enseignement basé sur la structure fondamentale de l'Univers, nous atteignons les connaissances que le Créateur nous a inculquées dès le début en tant que personnalité indépendante et libre.

Grabovoï nous donne ainsi un programme que l'on peut appliquer étape par étape afin que l'existence de l'enfant puis celle de l'adulte qu'il devient tende vers l'Éternité.

HAYRUKULUS
Conte initiatique

par Grigori Petrovich Grabovoï
128 pages
ISBN : 978-2-923568-20-1

Sous couvert d'images et de paraboles sibyllines, Grigori Petrovich Grabovoï nous offre ici un véritable conte initiatique. Tout en remontant à l'origine de l'Univers et des religions, il nous présente divers personnages qui symbolisent les êtres humains à travers leur quête d'amour, de bonheur et d'éternité.

La conscience humaine est infinie. Afin de pouvoir atteindre la vie éternelle, nous devons être en mesure de l'élargir par la pensée symbolique, selon certaines lois présentées de manière plus ou moins explicite dans cet ouvrage.

En passant d'une image à une autre lors de transitions soudaines et contrôlées, on peut obtenir des informations qui assurent la vie éternelle et le développement correspondant de l'esprit.

LE SYSTÈME DE CONNAISSANCES UNIFIÉES

Enseignements sur le salut et le développement harmonieux

par Grigori Petrovich Grabovoï
128 pages
ISBN : 978-2-923568-11-9

Aujourd'hui, de nombreuses personnes vivent cent, cent cinquante ans en bonne santé. Il est clair que le champ informationnel universel contient une structure qui permet à l'homme d'initialiser sa nature éternelle. C'est la pensée.

Dans ce livre, qui est en fait un cours donné par Grigori GRABOVOÏ, l'élève peut acquérir, grâce à l'élément cognitif, les bases nécessaires au développement de sa perception des structures subtiles.

L'auteur considère ici que tout événement extérieur, y compris les événements futurs, est un genre d'information. Pour guérir, il s'agit de transformer l'information relative à la maladie en information de bonne santé.

Grigori GRABOVOÏ est reconnu pour être un des plus grands scientifiques de notre temps. Il maîtrise presque toutes les sciences. Ses travaux visent à réunir la science et la spiritualité dans le but de rétablir la paix et l'harmonie dans le monde, mais aussi sauvegarder notre planète.

Il reçoit ses informations et ses enseignements directement de la Conscience sidéral.

Grigori GRABOVOÏ démontre et enseigne comment, par la conscience, l'âme et l'esprit, il est possible de créer une matière parfaite, de changer instantanément le cours de tout événement négatif, de régénérer tous les organes du corps humain, de guérir les maladies, de créer de nouvelles machines à énergie libre, de prévenir des catastrophes (tremblements de terre, explosions, accidents, etc.).

L'amplitude de cet éminent esprit qu'est Grigori GRABOVOÏ lui permet de donner à l'humanité des solutions pour traverser harmonieusement les passages difficiles dans lesquels elle se trouve actuellement.

GRIGORI PETROVICH GRABOVOÏ

L'HOMME DES CODES DE GUÉRISON MIRACLE

par Serge Fitz
232 pages
ISBN : 978-2-923568-10-2

À des époques cruciales où la laideur et la déchéance de l'esprit humain sont à leur paroxysme, des êtres très évolués s'incarnent sur Terre pour prêter main-forte à l'humanité. En 1963, la Russie a vu naître un de ces enfants des étoiles. Son nom est Grigori Petrovich Grabovoï, un homme d'une extraordinaire beauté et d'une incroyable humanité. On le dit en contact direct avec le divin, dont il reçoit des informations en jet continu. Ceux qui l'ont rencontré témoignent de l'immense douceur qui se dégage de son aura.

Poursuivant la mission de Moïse, de Pythagore, de Jésus-Christ et d'autres prophètes, il nous conduit vers une ère nouvelle de liberté et de responsabilité totales, dans une démarche d'Amour inconditionnel et de respect à l'égard de toute la planète. Son enseignement portant sur la guérison et sur le salut global est révolutionnaire et sans précédent. Il a mis au point des combinaisons chiffrées pouvant ressusciter des personnes décédées et guérir de toutes les maladies connues et inconnues. Des centaines de personnes en phase terminale de cancer et de sida ont été guéries par lui.

Des dizaines de ces guérisons sont certifiées par l'ONU et par la médecine traditionnelle et prouvées également par déclaration notariée des bénéficiaires.

En plus de ces dons extraordinaires, Grigori Petrovich Grabovoï possède des capacités exceptionnelles de téléportation de matière physique à n'importe quelle distance. Il est capable de changer les pièces d'un avion en plein vol… Utilisant sa clairvoyance, il en a examiné à distance des centaines, ainsi que la station orbitale MIR et le vaisseau spatial ATLANTIS se trouvant alors en très grave danger. Innombrables sont les catastrophes qu'il a ainsi écartées. Ses étonnantes inventions semblent venir d'un monde supérieur : des machines qui se téléportent en cas de danger, mettant l'homme à l'abri de tout risque corporel… De telles réalisations scientifiques n'ont jamais été concrétisées auparavant.

Comme Roger Bacon et d'autres de ses prédécesseurs, Grigori Petrovich Grabovoï paie par la trahison, l'humiliation, l'emprisonnement, l'isolement et l'incompréhension des hommes, son acceptation en tant que porteur de lumière et d'espoir sur une terre qui se montre toujours inhospitalière aux êtres supérieurs… On peut emprisonner son corps, mais en son âme et en son esprit il sera toujours libre et intouchable. Le nom Grigori Petrovich Grabovoï restera gravé dans la conscience humaine jusqu'à la fin des temps.

LA RÉSURRECTION ET LA VIE ÉTERNELLE SONT DÉSORMAIS NOTRE RÉALITÉ

par Grigori Petrovich Grabovoï
448 pages
ISBN : 978-2-923568-14-0

Ce livre interpelle tant il s'adresse à chacun du fait même que l'homme s'est rapproché de la menace d'autodestruction par des actes irréfléchis ayant pour conséquence des conflits, des famines, des épidémies, des pollutions, des dérèglements climatiques, engendrant des fléaux : cyclones, inondations, tempêtes, tremblements de terre…

Dans de telles circonstances, grâce à son influence magnétique et spirituelle, l'incarnation d'un grand maître, d'un supergénie, même s'il reste peu connu, a des conséquences bénéfiques pour toute forme de vie.

L'époque de la résurrection universelle et de la vie éternelle dans le corps physique émerge à présent. Les livres sacrés des grandes religions la mentionnent. Jésus l'a démontré par la résurrection de Lazare et par sa propre résurrection. On connaît l'histoire de grands hommes comme Nicolas Flamel et du Comte de Saint-Germain qui vit depuis dix-sept mille ans.

Le 14 novembre 1963 (14.11.1963), une de ces grandes lumières, comme une étoile filante, apparaît sur la terre de Russie. Entourée de mystère, elle représente une lueur d'espoir pour notre monde en péril : il s'agit de Grigori Petrovich GRABOVOÏ.

Le message de Grabovoï repose sur le panthéisme universel et l'âme collective du genre humain.

Pour la première fois dans l'histoire, sont exposés dans ce livre les méthodes et les principes fondamentaux de la résurrection.

Pour la première fois, la résurrection est présentée comme une science. Grabovoï est un des rares scientifiques – sinon le seul – à penser globalement. Par ses connaissances et sa pratique, il démontre et enseigne comment, par la conscience, l'âme et l'esprit, il est possible de créer une matière parfaite, de changer instantanément le cours de tout événement négatif, de guérir toutes les maladies, de régénérer tous les organes du corps humain, de ressusciter les morts, de créer de nouvelles machines à énergie libre, de prévenir des catastrophes (tremblements de terre, explosions, accidents, etc.). Par prémonition, il a permis en 1999 de prévenir une catastrophe nucléaire majeure à la centrale bulgare de Kozloduy, qui aurait pu transformer la planète en un nuage de poussière.

Son travail vise à réunir la science et la spiritualité en vue de rétablir la paix et l'harmonie, mais aussi afin de sauvegarder notre planète. La résurrection se présente comme la véritable voie de salut. Et comme elle est basée sur l'esprit, c'est un salut sans retour.

LA RÉGÉNÉRATION DE L'ORGANISME HUMAIN PAR LA CONCENTRATION SUR DES NOMBRES

par Grigori Petrovich Grabovoï
312 pages
ISBN : 978-2-923568-15-7

Grigori Petrovich Grabovoï est d'origine russe. Né le 14.11.1963, il fait partie de ce groupe d'êtres venus s'incarner sur Terre aux époques les plus cruciales. G. Grabovoï est reconnu comme un scientifique de génie, un clairvoyant, un guérisseur, un véritable Maître.

Le succès de ses méthodes de guérison est attesté par d'innombrables témoignages et des milliers de documents et de rapports certifiés. Il a reçu les louanges officielles de l'Organisation des Nations Unies (ONU) pour ses recherches et travaux qui visent le salut global de l'humanité et son développement harmonieux.

L'Académie des sciences de Russie lui a décerné la Médaille d'Argent honorifique de I.P. Pavlov – lauréat du prix Nobel – pour « l'avancement de la médecine et de la santé publique ».

Il démontre et enseigne comment notre conscience et notre Âme peuvent changer instantanément le cours de tout événement négatif, guérir toute maladie, régénérer les organes du corps humain, ressusciter les morts, créer de nouvelles machines à énergie libre…
Car il a réalisé tout cela, et bien plus encore ! Ce livre nous offre les moyens de recouvrer la santé et l'harmonie grâce à la méthode de concentration sur des combinaisons chiffrées que l'auteur a élaborée au cours de sa pratique professionnelle, en relation directe avec la conscience sidéral.

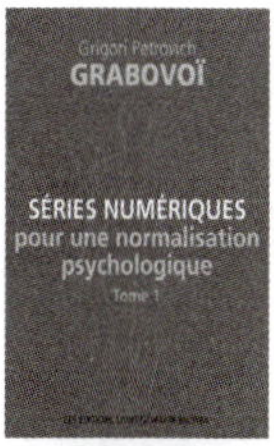

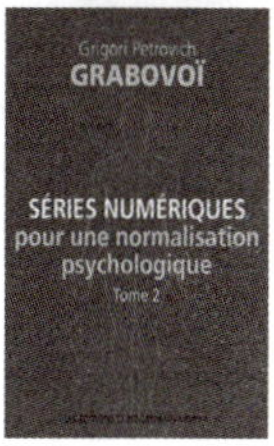

SÉRIES NUMÉRIQUES POUR UNE NORMALISATION PSYCHOLOGIQUE

par Grigori Petrovich Grabovoï
Tome 1 : 368 pages
ISBN : 978-2-923568-17-1
Tome 2 : 256 pages
ISBN : 978-2-923568-18-8

L'ouvrage en deux tomes de Grigori Grabovoï, *Séries numériques pour une normalisation psychologique*, met à notre disposition une série de techniques de normalisation psychologique touchant les domaines suivants : psychodiagnostic, psychothérapie, psychologie sociale, psychologie du travail, psychologie pathologique, psychophysique, défectologie, psychologie de la perception, psychologie de la personnalité, psychanalyse, psychologie de la motivation, psychologie de la pensée, psychologie de la mémoire, psychologie des émotions, des sentiments et des sensations.

Ces techniques de normalisation d'événements liés au développement perpétuel de l'être humain sont associées à des séries numériques elles-mêmes en corrélation avec les termes et les concepts utilisés en psychologie. Dans le cas d'un terme qui signifie une déviation de la norme, la série numérique correspondante permet d'obtenir le retour à cette norme en organisant le développement perpétuel dans la direction créative. Lorsqu'il s'agit de la description d'un processus, la série numérique correspondante s'applique pour assurer le développement perpétuel.

La psychologie du développement perpétuel organise les relations sociales et les lois fondamentales qui assurent l'évolution éternelle réelle de l'homme et de l'humanité. Elle tend à ce que ces lois, qui comprennent l'absence de mortalité, la résurrection, et l'intégration de celles-ci dans l'activité humaine, se réalisent par l'application de méthodes psychologiques. La forme éternelle des relations sociales remplacera ainsi leur forme finale.

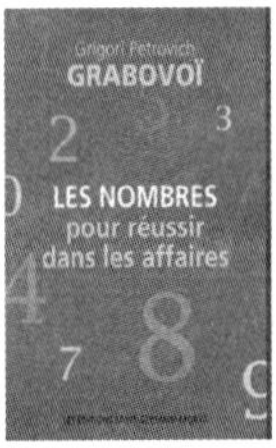

LES NOMBRES POUR RÉUSSIR DANS LES AFFAIRES

par Grigori Petrovich Grabovoï
168 pages
ISBN : 978-2-923568-16-4

Cet ouvrage contient des séries numériques qui, appliquées à des termes, des définitions et des notions du monde des affaires, vous permettront de développer votre propre entreprise avec succès, sur la base des technologies du développement perpétuel.

Les séries numériques apportent la solution à ceux qui recherchent la meilleure façon, à la fois optimale et efficace, d'utiliser les ressources limitées et souvent rares de l'activité économique. Par ce truchement, elles permettent, dans le cadre de l'économie du développement perpétuel, d'atteindre l'objectif de satisfaire au maximum les besoins croissants et sans limites de l'homme et de la société.

EXERCICES DE CONCENTRATION ET D'EXPANSION DE LA CONSCIENCE

par Grigori Petrovich Grabovoï
96 pages
ISBN : 978-2-923568-12-6

Ces exercices établis pour chaque jour du mois sont conçus pour développer et élever le niveau de conscience, ce qui influencera de façon positive le cours de la vie. Cette prise de conscience vise à atteindre une santé parfaite à tous les niveaux de l'être en l'harmonisant avec le pouls de l'univers.

En consacrant chaque jour un peu de temps pour la pratique de ces exercices, de grands progrès spirituels seront réalisés. Et comme ce processus est sans fin, la vie s'améliorera de façon inouïe. Et cette amélioration se manifestera par la maîtrise des événements de votre vie quotidienne.

Toutes les personnes qui pratiquent quotidiennement ces mêmes exercices créent un puissant égrégore pour la réalisation du salut global.

LES CLEFS D'ASCENSION (livre I)
ou La Parole des Maîtres de la Fraternité Blanche

par Ischaïa et Sylvain Lagacé
312 pages
ISBN : 978-2-923568-00-3

Alors que le stress, les maladies de toutes sortes et la pollution rongent la vie sur Terre, que le matérialisme engendre l'indifférence face aux valeurs fondamentales du cœur, que l'humanité désorientée a perdu tous ses repères, ce livre apporte des solutions aux vraies causes de l'échec social et du désespoir des hommes face au chaos qui les menace.

Écrit dans un style clair et original, ce livre est une nourriture agréable et essentielle pour la vie quotidienne. Il véhicule l'espoir et donne le moyen de cheminer vers son cœur et d'y demeurer dans un état de conscience élevé. Les révélations inédites des Maîtres de la Fraternité Blanche, ces Maîtres de la Connaissance, démontrent que la volonté divine est toujours en action à travers la conscience et l'intelligence humaines.

Les Êtres de Lumière, guides spirituels de l'humanité, répondent avec beaucoup d'amour et de nuance à des questions essentielles que se pose l'homme qui chemine sur la voie de l'Ascension. Ils donnent en abondance leurs vibrations de lumière où chacun peut puiser, pour établir la paix dans son cœur et sur Terre.

LA TERRE INTÉRIEURE
ou Le Paradis terrestre retrouvé
Récit authentique d'un voyage
au centre de la Terre.

The smoky God par Emerson, Willis Georges
174 pages
ISBN : 978-2-923568-01-0

Certains chercheurs aventuriers et des sages de tous les âges nous révèlent l'existence d'un paradis terrestre. De nombreux contes et récits de plusieurs traditions du monde témoignent de l'existence de grottes partout sur la planète. Celles-ci conduisent en des lieux souterrains où vivent en secret des dieux, loin du regard des hommes. Si l'on tient compte de certains écrits dignes de foi, comme les Tablettes d'Émeraude de Thot datant d'il y a 36 000 ans, *La Vie des Maîtres* de Baird Spalding et les ouvrages, *Les mystères dévoilés* et *La présence magique*, qui relatent les expériences de Godfré Ray King avec le maître ascensionné Saint-Germain, ces êtres, des géants, semblent appartenir à la race antédiluvienne des Atlantes, ou même remonter à un passé plus lointain encore…

Cet ouvrage est loin d'être un roman. Il relate l'expérience vécue du norvégien Olaf Jansen et de son père qui, animés d'un courage indomptable, se dirigèrent au-delà du Vent du Nord, à la recherche de cette « Terre » dont ils avaient entendu vanter la douceur et la beauté. Projetés par une tempête dans l'ouverture polaire, ils se retrouvèrent à l'intérieur de notre planète, en un lieu paradisiaque où ils habitèrent pendant plus de deux ans. À leur retour en surface par l'ouverture opposée, le pôle Sud, un iceberg brisa leur petit bateau. Le père fut tué. Olaf, lui, fut sauvé de justesse par un bateau de pêche. Revenu parmi les siens, il tenta de raconter son aventure. Personne n'en crut un mot. On l'incarcéra pour aliénation mentale pendant vingt-huit longues années d'intenses souffrances. Inutile de préciser que ces années furent affreuses.

Libéré de ses chaînes, il s'établit aux États-Unis, d'abord en Illinois puis en Californie, où il vécut une vie solitaire, se gardant bien de reparler de son aventure afin de ne plus être enfermé. Vers l'âge de 95 ans, sentant venir la fin de sa vie, il appela à son chevet l'écrivain Willis George Emerson, son seul ami. Il lui remit les cartes de l'intérieur de la Terre qu'il avait dressées, ainsi que les écrits relatant son extraordinaire aventure.

ICOSAMERON (I et II)
Voyage au centre de la Terre

par Casanova di Seingalt, Giacomo
Tome I : 576 pages
ISBN : 978-2-923568-03-4
Tome II : 552 pages
ISBN : 978-2-923568-02-7

Icosameron – Voyage au centre de la Terre est certes une exploration intérieure, un récit initiatique hors du commun, une œuvre magistrale et originale traduite de l'anglais par le célèbre Vénitien, Jacques Casanova de Seingalt, dont le nom restera au panthéon de l'histoire des grands de ce monde. Mieux que ses mémoires, cette œuvre devait assurer l'immortalité à ce géant de son temps que seul un petit nombre reconnaît à sa juste valeur.

Ce récit palpitant des 81 ans qu'Édouard et Élisabeth passèrent à l'intérieur de la Terre vient raffermir notre foi en un Dieu qui sut pardonner, en révoquant Sa sentence contre Ses enfants, Adam et Ève, à qui il ouvre de nouveau les portes du paradis de la Terre intérieure d'où ils furent chassés.

À la lumière de ses connaissances bibliques, Casanova nous démontre que la Genèse fournit des éléments qui rendent ce récit plausible. Voici deux extraits de son texte :

« J'ai écrit ce commentaire, non pas pour prouver que l'histoire du monde intérieur est vraie, mais pour convaincre les chrétiens qu'elle peut l'être à l'égard de l'Écriture Sainte. Pour ce qui regarde les objections que pourront me faire plusieurs savants physiciens, je ne m'en mets pas en peine et je les attends de pied ferme. Voici ce dont il s'agit. Un jeune Anglais et sa sœur tombèrent dans l'intérieur de notre globe. Ils y trouvèrent un monde éclairé par un astre, monde bien digne d'être préféré à cette pauvre surface, exil d'Adam où nous rampons, héritiers de sa faute et de ses peines. Ils trouvèrent ce monde-là habité par une race d'hommes différente de la nôtre, en nature, en forme, en mœurs ; mais hommes, car doués de la faculté appelée raison qui seule distingue l'homme de la bête. »

« Personne au monde n'est en état de décider si cet ouvrage est une histoire ou un roman, pas même celui qui l'aurait inventé [...] L'homme qui lit doit se mettre à son aise et croire vrai tout ce qu'il trouve vraisemblable et faux tout ce qui choque sa raison. »

« Icosameron » ou vingt soirées de récits palpitants de l'incroyable aventure d'Édouard et Élisabeth au centre de la Terre.

LE LIVRE DE L'HOMME NOUVEAU
Parole des Maîtres Ascensionnés

par Ischaïa
578 pages
ISBN : 978-2-923568-04-1

Ce livre doit être salué pour l'originalité de son rythme éditorial, pour sa valeur de document sacré, « d'audit spirituel » des grands dossiers de l'homme : transition et accompagnement des enfants mort-nés ou en bas âge ; les adultes, les parents miroirs de l'enfant, la maladie mentale, karma et miséricorde… des grands dossiers du monde : la répercussion des ondes électriques sur le cerveau humain, les agents polluants et leurs effets nocifs sur les humains, les humains et la maîtrise de la technologie, les vertus...

Ce livre est puissant : c'est le levain de l'Amour inconditionnel, le levier des consciences qui devrait être déclencheur d'une transformation spirituelle pour l'homme nouveau. Il est dédié à l'humanité d'aujourd'hui parvenue à l'apothéose des performances technologiques certes, mais bien appauvrie des valeurs spirituelles.

Ce livre incorpore l'Énergie de la Source divine contactée pendant plus de trois ans par trois amies qui ont vécu l'apprentissage spirituel nécessaire à cette communication avec l'Assemblée des Maîtres Ascensionnés. Avec cet élargissement de conscience acquis au cours de ces moments exceptionnels et privilégiés de dialogues avec les Êtres de Lumière, leur vie a changé.

Une manifestation aussi exceptionnelle de la Hiérarchie céleste est le signe tangible que les Maîtres Ascensionnés sont présents et qu'ils veillent chacun, selon leur rôle, sur l'état du monde et manifestent maintenant, aux yeux de tous, le fil d'or de l'Amour inconditionnel donné en abondance aux humains tout au long de cet enseignement. Mère Marie nous dit : « Louangez et bénissez Dieu de vous donner accès aux informations qui vous parviennent aujourd'hui. En aucun temps de l'histoire de l'humanité, il ne vous est parvenu dans un si court laps de temps autant d'informations de la Hiérarchie. Soyez donc dans la gratitude. »

LES MAÎTRES
ENTRETIEN AVEC I-EM-HOTEP
Spiritualité/Channeling

par K. Barkel
176 pages
ISBN : 978-2-923568-05-8

Ce livre est d'un intérêt capital pour ceux qui cherchent à résoudre l'énigme de la vie, à savoir d'où ils viennent et où ils vont. Ils y trouveront des informations et indications pratiques d'une valeur inestimable, ainsi que des notions qui font entrevoir les plus profonds aspects de l'ésotérisme et l'immensité des mondes dont nous faisons partie. Les informations qu'il contient pourront éclairer le sentier qui mène à la Vérité, source de tous les enseignements religieux.

L'homme étant fait à l'image du système solaire, lorsqu'il ouvre son cœur et son esprit, il peut contacter des êtres vivant ailleurs et dans des sphères supérieures. Les prophètes, les saints, hommes et femmes de tous les temps, ont communiqué avec ces Grands Êtres. Des révélations très précises sont données sur ces sages qui composent la Grande Fraternité universelle et qui avaient été révélés auparavant pour la première fois par H.P. Blavatsky.

I-EM-HOTEP est une entité de l'Égypte ancienne qui enseigna à un groupe d'étudiants de l'ésotérisme à Londres en 1936, par l'intermédiaire du Channel : Madame K. BARKEL. I-EM-HOTEP était scribe et conseiller principal du roi Zozer. En plus de ses fonctions, il était médecin et architecte. C'est lui qui construisit la pyramide à degrés de Saqqarah qui servit de sépulcre au roi. Il était hiérophante du système religieux du pays et pleinement entraîné à l'ésotérisme car, disait-il, « toute la sagesse provient de l'ésotérisme, sans laquelle la Vérité ne peut jamais être trouvée ».

I-EM-HOTEP est associé à Thot (Saint-Germain). Il est divinisé en tant que fils de PTAH l'Ancien. Cet enseignement d'une très grande profondeur fera beaucoup de bien à ceux qui cherchent.

L'ALLIANCE AVEC LE DIVIN
Triomphe de la Lumière

par Ischaïa (B. Amazan)
232 pages
ISBN : 978-2-923568-06-5

Au seuil de l'Ère Nouvelle, nous observons nombre d'événements des plus exaltants aux plus inattendus. Nous prenons connaissance de découvertes importantes jusque alors considérées par l'homme ordinaire comme appartenant à l'imaginaire, aux croyances ou aux faits du hasard. Citons par exemple le cas de ces enfants qui jouent avec des animaux jugés par l'homme comme étant des plus dangereux. On découvre aussi des humains qui vivent depuis 65 ans sans manger ni boire ; d'autres qui vivent à un âge très avancé, allant jusqu'à 250 ans et plus ; de plus en plus d'enfants naissent avec des talents remarquables et des facultés incroyables, etc.

Quel secret se cache derrière ces « miracles » ? Ce secret est gardé en l'homme et les clés pour le découvrir sont aussi en lui.

Nous entrons dans l'Ère où les hommes et les dieux se reconnaissent dans leur filiation divine. Ils mangent à la même table et parlent le même langage, celui du cœur.

« Aucun temple n'est si souillé qu'il ne puisse être nettoyé. Aucune pensée n'est si tordue qu'elle ne puisse être redressée. Et aucun cœur n'est si fermé qu'il ne puisse être ouvert à la joie de l'amour pur. » L'homme retrouvera son héritage perdu. Son corps de chair sera lavé, il triomphera de tous ses ennemis intérieurs et retrouvera sa liberté sur le plan de l'âme. Cet ouvrage, *L'Alliance avec le Divin, Triomphe de la Lumière* offre des clés simples qui ramènent l'homme à l'unité originelle avec son être divin.

LE RAYONNEMENT DU VÉGÉTARISME
Les 12 raisons du végétarisme
Le végétarisme et la paix

par Jacques de Marquette
248 pages
ISBN : 978-2-923568-19-5

Une pesante réalité multimillénaire impose à l'homme la nécessité de se nourrir... Quelle attitude l'homme a-t-il adoptée pour y faire face ?

Les penseurs végétariens avaient indiqué un chemin qui n'a jamais été oublié et qui resurgit à notre époque où la consommation de viande, pour une population sans cesse en augmentation, génère une préoccupation écologique majeure, tant par les dégagements de gaz à effet de serre, dus à l'élevage, que par la consommation d'eau pour les animaux, que par l'utilisation de terres arables qui pourraient être réservées à l'alimentation humaine et non plus animale, sans oublier les flots de sang des animaux dans les abattoirs et aussi dans les laboratoires scientifiques...

La préhistoire a connu l'anthropophagie qui a laissé

place à la consommation de viande animale, situation dénoncée avec énergie par Pythagore dès le Ve siècle av. J.-C., en déclarant qu'une partie des maux de la Terre provenait de ce que l'homme osait détruire ses frères les animaux pour se repaître de leurs cadavres et il ne voyait presque pas de différence entre un anthropophage et un carnivore : peut-être exagérait-il ?

« La consommation de chair animale est absolument immorale, puisqu'elle implique un acte contraire à la morale : la mise à mort. »

Léon Tolstoï

« Je crois que l'évolution spirituelle exige, à un certain stade, que l'on cesse de tuer nos frères les animaux pour la satisfaction de nos désirs corporels. »

Le Mahatma Gandhi

« L'homme primitif dévorait ses semblables. L'homme actuel mange les animaux. L'homme futur se nourrira surtout de végétaux. L'homme ultra-futur prendra les forces du soleil vital par l'intermédiaire de la respiration. À ce stade, ni haine, ni misère, ni maladie n'existeront. »

François Brousse

LE COMTE DE SAINT-GERMAIN ET LES MAÎTRES DE L'AGGARTHA DANS L'ŒUVRE DE FRANÇOIS BROUSSE

par Jean-Pierre WENGER
478 pages
ISBN : 978-2-923568-08-9

J'apparais personnellement à travers les âges comme une comète éternelle et vagabonde. On m'a vu dans l'antique continent atlante, tel un sage aux pouvoirs mystérieux. J'ai surgi à la base des grandes civilisations, comme une providence vivante, sous les masques d'Imouthès, le dieu constructeur de pyramide, d'Amourrou, celui qui sait les chemins de la Montagne, de Zerovanus, le contemplateur des deux Principes invincibles. [...]

Au XVIIIe siècle, alchimiste immortel, je fabriquais de l'or, faisais grossir des perles, purifiais des diamants, guérissais des maladies, dévoilais l'avenir du monde. Au XIXe siècle, j'ai fondé, avec Koot-Houmi et El Morya, cet édifice de granit, la Société théosophique où furent étudiés les mystères essentiels de l'univers. Sa fondatrice officielle, l'étonnante Helena Petrovna Blavatsky, sortait des sanctuaires initiateurs de l'Asie. Elle fut sur la Terre notre disciple bien-aimée, notre messagère fulgurante. [...]

Aujourd'hui, c'est à vous [François Brousse] que je me présente, apportant révélations métaphysiques, scientifiques, prophétiques et méthodologiques.

Le comte de Saint-Germain
(propos tenus dans Les Visiteurs des millénaires)

Il faut savoir que le but de l'évolution est de fabriquer des humains immortels, non dans leur corps physique (utopie contradictoire), mais dans leur corps éthérique. Ils peuvent alors, par la concentration de leur volonté, condenser des corps tangibles. La nuance est de taille ! Ainsi le comte de Saint-Germain et Melchisédech apparaissent-ils d'âge en âge, avec de longues périodes d'occultation. Donc, l'explication éthérico-créatrice illumine les mystères de l'Aggartha.

L'Aggartha est composée de ces hommes surhumains qui sont devenus des dieux. Ils ont atteint l'immortalité parfaite en ce sens qu'ils ont un corps éthérique indestructible, grâce auquel ils peuvent refaire à leur gré des corps physiques.

L'Aggartha comprend vingt-deux grands maîtres, ceux qui ont atteint la conscience sidéral et l'illumination permanente. [...] Ces vingt-deux grands sages sont les points de convergence de l'humanité tout entière.

En l'Aggartha, il y a la puissance, l'amour, la sagesse et la création de la beauté, ce qui fait que l'homme devient semblable à Dieu, Dieu qui est à la fois le grand poète, le grand géomètre et le grand amoureux éternel. [...] Ces maîtres ont atteint l'immortalité du corps éthérique. [...]. En voici les noms... (cf. chap. L'Aggartha)

François Brousse (1913-1995)

CD LE COMTE DE SAINT-GERMAIN
Sa voix, Son message, Ses révélations,
Sa promesse

par le comte de Saint-Germain
Corps d'adoption : Richard Chanfray

Saint-Germain est l'un des plus grands hommes connus sur terre. Envoyé de l'Agartha, il est derrière tous les rois et hommes politiques, grands ou petits, de notre monde. Il est sur terre depuis 17 000 ans... sans mourir. On le nomme à juste titre le « Comte immortel ». Le 28 janvier 1972, invité à l'émission télévisée Le Troisième Œil, il déclara devant vingt millions de téléspectateurs : « Je suis le Comte de Saint-Germain. » Et pour le prouver, il transmuta en or 18 carats, un fusible de plomb sous l'œil des caméras. Cette opération fut répétée plus d'une fois pour satisfaire les incrédules.

Voici la conclusion de Son précieux message que nous vous présentons sur ce disque compact. Il convient de l'accueillir comme une promesse : « ... À ceux qui ont écouté mon message et qui m'ont reçu avec sincérité, à ceux qui m'approchent et me reçoivent, je peux dire encore une chose, c'est qu'ils ne mourront pas tout à fait. L'esprit de leur matière ne sera pas perdu. Ils se retrouveront à l'Agartha. Tel est mon message. Très attentivement à vous tous… »

Le grand maître Saint-Germain, ce Frère Sidéral, offre l'Ascension à l'humanité entière, car seuls les êtres purs peuvent pénétrer les portes secrètes de l'Agartha, là où l'homme vit sa première ascension ; ce lieu qui est le paradis sur terre, que peu d'humains ont visité… Que chacun reçoive ce message, cette promesse, avec son cœur.